新物理学選書

共形場理論と1次元量子系

新物理学選書

共形場理論と1次元量子系

Conformal Field Theory and One-Dimensional Quantum Systems

川上則雄・梁成吉 著

Norio Kawakami & Sung-Kil Yang

岩波書店

まえがき

量子力学が誕生してから，物質の示す諸現象をミクロな立場から理解することが可能になり，物性物理学という大きな研究分野が形成されている．その研究テーマも，超伝導，磁性，量子液体などのオーソドックスなものから，最先端の実験技術に支えられたメゾスコピック系の話題など，たいへん豊富になっている．また，これらの現象を扱う理論的な方法も急速に進展しており，物性論のスタンダードな理論に加えて，素粒子論で発展してきた場の理論やスーパーコンピュータを用いた計算物理の方法などの強力な計算法が導入されている．

時代を問わず物性理論で常に中心的な課題となっているのは，いわゆる多体問題とよばれているものである．たとえば，固体中には多くの電子が存在し，互いに相互作用しながら運動している．この相互作用は，電子間の直接的なCoulomb 相互作用であったり，あるいはフォノンを介しての有効的なものであったりする．この相互作用に起因する多体効果(あるいは電子相関効果)が，先に述べた多様な物性現象の本質を担っているといっても過言ではない．物性物理学の理論研究の大きな目的は，この多体問題をどのように定式化し現象の本質を記述するかという点に集約されると思われる．

最近，このような多体問題の中で，特に低次元系の物理現象に多くの興味が集まってきている．その中でも1次元電子系や1次元量子スピン系などはこの典型例であり，近年めざましく研究が進展している．この理由の一つとして，半導体における超微細加工技術の進歩によって，1次元電子系とみなせる系が人工的に作成可能になったことがあげられる．さらに，強磁場中の2次元電子系で実現される量子 Hall 系のエッジ(端)状態には，より理想的な1次元電子系が実現されることもわかっている．このような1次元電子系では，いわゆる朝永–Luttinger 流体とよばれる量子状態が実現しており，通常の電子系とは異なる多彩な現象が観測されている．また，1986 年の高温超伝導の発見を契機に低次元系での電子相関効果の重要性が再認識され，その典型例として1次元電子系の理解が大きく進んだことも見逃せない．高温超伝導物質の探索に刺激され，多くの酸化物で1次元相関電子系，1次元量子スピン系，梯子型スピン系などが発見されており，高温超伝導のメカニズム解明にも関連して精力的な研究が進められている．これらのホットな話題を中心として，従来は数理的な模型と考えられがちだった1次元量子系の物性研究に大きな進展がもたらされており，物性理論の進展に強いインパクトを与えている．特に興味深いのは，1次元量子系のなかでも強い相関を持つ系の性質である．このような系では，電子相関と低次元量子ゆらぎがからみあい，従来とは異なった興味深い現象が観測されている．

このような1次元の相関電子系あるいは量子系を理論的に取り扱うことは易しい問題ではない．まず第一に，3次元系で物理現象をうまく説明してきた平均場近似が，1次元系の場合には大きな量子ゆらぎのため破綻する．また，通常の摂動論も1次元系では発散をともなうことが多くうまく機能しない．このような事情により，1次元量子系の物理を理解するためには，量子ゆらぎの効果を正確に取り入れる非摂動論的な扱いが特に重要となってくる．

低次元量子系の相関効果を扱うには，一般に場の理論を用いた方法が有効となってくる．特に，本書が対象としている1次元量子系では共形場の理論がその威力を発揮し，非摂動的な理論を用いて量子臨界現象を詳しく調べることが可能となる．また，1次元量子系では平均場理論などの近似法が使えない一方で，厳密解を求めることができる場合があり，これも1次元量子系を研究する上で欠かせない方法論である．共形場の理論や厳密解の方法には，それぞれ得意不得意とする部分があるが，これらをうまく組み合わせればともにその威力を発揮する．

共形場の理論は主に素粒子物理学で発展してきた理論で，物性研究者にはあまりなじみのないものではある．しかし，統計物理，物性物理に現れる臨界現象を解析する最も基本的な枠組みであることが1980年代後半から強く認識されるようになり，これらの分野で多くの成果を生み出してきた．共形場の理論は，1980年代後半に素粒子の弦理論の基礎を与えるものとしてその研究が飛躍的に進展し，美しい理論体系が構築されている．共形場の理論は，一見すると物性物理や統計物理との関わりあいがないように思われるが，臨界現象というキーワードを通して，これらの分野に強力な解析方法を提供している．特に，本書の対象としている1次元量子系では，時空(1+1)次元の臨界現象がその主役をなし，ここに2次元の共形場の理論が登場することになる．共形場の理論はそれだけで強力な解析手法となっているが，これに従来からのボゾン化法や厳密解の方法などを組みあわせることにより，1次元量子系や2次元古典系の研究に，系統的でかつ強力な研究手段を提供する．

本書は，主に1次元量子多体系の系統的な研究方法として，共形場の理論，厳密解，ボゾン化法などを入門的に解説することを目的としている．大まかに分けて，本書は3つの部分からなっている．まず前半部分で，共形場の理論に関する基礎的な事柄を説明する．数学的な詳細にはあまり立ち入っていないが，物性物理，統計物理に共形場の理論を応用するために必要なことがらについて詳しく書いてあるので，専門的な論文を読み進めるのにも十分役に立つと思う．次に，1次元量子系に関する朝永の模型やBethe仮説法などの厳密解の方法を詳しく解説する．これに関しても，通常の論文では省略されている基礎的な計算過程が示してあるので，読みごたえがあると期待している．ここで，共形場の理論や厳密解の応用として，1次元強相関電子系の臨界現象を議論し，朝永–Luttinger流体とは何か，さらにこの概念が共形場の理論でどのように定式化されるかについて詳しく説明する．最後に共形場の理論の具体的応用例として，量子Hall効果のエッジ状態や近藤効果などについてもふれる．この部分は，現在ホットな話題を物性論に提供している部分であり，今後の研究の進展がさらに期待される分野である．

このような共形場の理論や厳密解の方法などは，その美しい枠組みとは裏腹に難解なものと思われがちであるが，物理的に明解な枠組みで与えられているので，きっちり理解すればその奥深さに魅了される読者も多いことと思う．また，数理的に偏ったものではなく，実際の物理系や理論模型の解析に容易に応用できる実践的な方法なのである．

本書の読み方として共形場の理論，厳密解と順次読んでいくことも考えられるが，後半の1次元量子系の話題を読み流してみて，それから，共形場の理論，厳密解の必要な部分を逐次勉強していくというのも効率のよい読み方であると思う．物性論，統計力学に関する日本語の教科書はたくさん出版されているので，そのような基礎的な教科書と本書を併用する形で利用すれば，1次元量子系の理解がさらに深まることと期待している．

今後とも，1次元量子系の研究は精力的に進められ，ますます大きな研究分野に発展していくであろう．このような系を扱う理論として，本書で紹介する共形場の理論，ボゾン化法，厳密解の方法などは，今後の理論研究の進展の鍵となっているように思われる．本書が，1次元量子系の勉強を始めたり，また研究を進める上で何かの参考になれば幸いである．

本書の内容は，著者らが共に京都大学基礎物理学研究所に在職していた1989年以来の共同研究に基づくものである．この研究の間，多くの方々から貴重なご教示，コメント，そして励ましを頂いた．これらの方々に感謝の意を表したい．とりわけ，本書の出版をお薦めくださった長岡洋介先生，吉川圭二先生に心からお礼申し上げたい．また，原稿の段階から出版までご苦労をお掛けした吉田宇一氏をはじめとする岩波書店編集部のみなさんに深く感謝する．

1997年10月

川上則雄
梁　成吉

目　次

量子臨界現象と共形不変性

近年，低次元の物性現象の解明にあたり素粒子理論の研究で開発されてきた場の量子論の方法がたいへん有効であることがますます認識されてきている．ここでは，共形場の理論と統計力学系や物性系のつながりが臨界現象を通して自然に現れてくることを復習する．また，本書を読み進む上で必要となる1次元量子系に関する基本事項としての「量子ゆらぎ」と「量子臨界現象」についてまとめておく．

1.1　はじめに

素粒子物理の研究では，多様な素粒子現象とそれを引き起こす相互作用を理解することが重要である．そのための研究手段として，場の量子論は必須である．しかし，素粒子理論においては，場の量子論の方法論としての役割もさることながら，場の量子論それ自身が深い数学的構造をもつ研究対象となっている．新しいタイプの場の量子論の研究が進み理解が深まると，その場の量子論に基づく新たな研究方法が開発される．この過程をくり返しながら，この50年の間に多くの重要な研究成果が蓄積されてきた．

場の量子論は相互作用による粒子の生成・消滅過程を記述する数学的手法を与えるので，素粒子理論のみならず多体問題を扱う物性理論や統計力学にも広く応用されている．“古典的” な一例を挙げるとすれば，場の量子論の摂動展開における Feynman ダイアグラムによる定式化は，Green 関数の方法として多体問題の研究に不可欠なものとなった．

最近，低次元系を対象とする固体物理の分野で「電子相関」や「量子ゆらぎ」の効果が本質的な役割を担う面白い現象が数多く出現してきている．たとえば，高温超伝導や量子 Hall 効果では，2 次元面上の多体電子系が問題となっており，そこでは Coulomb 相互作用による電子相関が本質的な役割を果たしている．さらに次元がひとつ下がった 1 次元量子系では量子ゆらぎの効果が際立ち，その結果として，たとえば量子スピン系の Haldane ギャップのような現象が起こる．また，相関とゆらぎの効果を顕著に反映する 1 次元相関電子系においては朝永–Luttinger 流体が実現される．

このような低次元物性現象を場の量子論によって取り扱うとき，従来のダイアグラムに基づく摂動展開の方法はその有効性を失う．すなわち，これらの現象では相互作用とゆらぎが本質的であり，場の理論の問題としては非摂動効果をいかに記述するかという問題になる．場の量子論の非摂動的解法は素粒子理論においても最も重要な課題である．量子 1 次元系の場合は共形場の理論と Bethe 仮説法によりこの問いに答えることが可能になってきた．

これと並行して，Haldane ギャップが実際に観測されるなど，1 次元量子系は物性論の大きな実験舞台となっている．技術の急速な進歩にともない 1 次元系に関する多くの興味深い実験データが蓄積されてきているのである．たとえば，半導体を用いて 1 次元電子系が人工的に実現，制御できるようになり，この系に特徴的な電子相関効果を観測できる段階にまで到達した．

今日，量子 1 次元系の物理を共通テーマとして，場の理論の非摂動的解析と物性物理の最先端の実験が直接絡まり合う段階へと急速に研究が進んできているといえるだろう．

1.2　臨界現象と共形場の理論

摂動論を越えて，場の量子論が物性理論，統計力学と深く関わってくる物理現象は 2 次相転移にともなう臨界現象である．その様子を説明するために，例として d 次元格子上の古典統計模型を考え，i を格子点の座標，S_i を秩序変数とする．たとえば，2 次元 Ising 模型なら S_i は上向き，下向きのスピン変数で，ハミルトニアンは近接相互作用をもっている(図 1.1)．

温度 T が十分高い高温領域では熱的ゆらぎの効果が大きく系は無秩序状態に

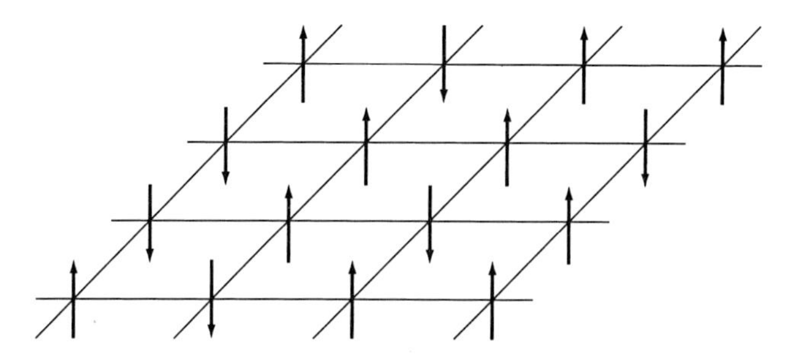

図 **1.1**　2次元 Ising 模型

ある．その結果，2点相関関数は

$$\langle S_i S_j \rangle \sim e^{-|i-j|/\xi(T)}, \qquad |i-j| \gg 1 \tag{1.2.1}$$

のように，距離 $|i-j|$ が大きくなるにつれて指数関数的に減衰する．ここで $\xi(T)$ は秩序の程度を示す相関距離である．さて，ある臨界温度 T_c 以下では，系は秩序状態に2次相転移するものとしよう．このとき相関距離 $\xi(T)$ は

$$\xi(T) \sim (T-T_c)^{-\nu}, \qquad T \searrow T_c \tag{1.2.2}$$

に従って発散する．ここで ν は相関距離の臨界指数(critical exponent)である．臨界点 $T=T_c$ の直上では，相関関数は

$$\langle S_i S_j \rangle \sim |i-j|^{-(d-2+\eta)}, \qquad |i-j| \gg 1 \tag{1.2.3}$$

のようにべき的な減衰(power-law behavior)を示す．η はこの相関関数を特徴づける臨界指数である．

格子上の統計模型には相関距離 ξ と格子間隔 a という2つの長さが存在する．格子間隔はミクロの長さのスケールを決めている．一方，相関距離は系の多体協力現象を反映する物理量であり，系の長さのスケールの基準を与えている．したがって，臨界点近傍の $\xi \gg a$ の領域における長波長のゆらぎは，格子間隔 $a \to 0$ としたある連続的な場の理論によって記述されることになる．このとき，(1.2.3) にみられる臨界点での相関関数の長距離の振舞いは，模型のミクロな詳細に依らず，空間次元，スピン状態数，対称性等の“本質的”な条件によって決まってくる．これが臨界現象の**普遍性**(ユニバーサリティ(universality))の概念であり，Wilson のくり込み群の方法によって精密化される．そして相関関数はそのユニバーサリティ・クラスに対応する連続的な場の理論から求められるものと考えられる．

この場の理論はどのような対称性を持つべきであろうか．まず臨界現象を特徴づける基本的な対称性としての (a) スケール不変性が現れる．これは，空間の座標に依らない一様な長さのスケールの変換に対する不変性である．また臨界系が一様，等方であれば (b) 並進対称性と (c) 回転対称性も実現される．さらにミクロな系が (d) 近距離相互作用をもつとしよう．そうすると，(a)～(d) のもとでは，空間の各点の局所近傍の様子は変えずに，空間の各点ごとの局所的なスケール変換のもとでの不変性が期待される．これが**共形不変性**(conformal invariance)であり，臨界現象を記述する場の理論はこの共形不変性をもつ共形場の理論(conformal field theory，略して CFT)である．

ここで場の理論の観点から相関距離というものを解釈しておく．場の理論の質量ギャップ m と相関距離は

$$m = 1/(\xi a) \tag{1.2.4}$$

の関係にあることが知られている．m は最も軽い粒子の質量で，この粒子の 1 粒子状態が真空からの最低励起状態である．(1.2.4) を示すには場の理論を経路積分で定式化し，2 点相関関数を転送行列を用いて表せばよい．ここで，a を固定して $T \searrow T_c$ とすると，$\xi \to \infty$ となるので質量ギャップはゼロになる．すなわち臨界極限では場の理論は有限の質量をもたず，共形変換に対して不変な理論になっている．そして，ユニバーサリティ・クラスを分類することは共形不変な場の理論の分類の問題と等価である．

共形不変性が最初に臨界現象に応用されたのは，1970 年の Polyakov の論文においてである．共形不変性は任意次元の臨界現象で成立するが，とくに 2 次元(時空(1+1)次元)の場合は決定的な役割を果たす．2 次元では 3 次元以上の場合と異なり共形変換が無限種類存在し，共形不変性が無限次元の対称性になるからである．この事実を深く堀下げ，2 次元共形場の理論を定式化したのが Belavin, Polyakov, Zamolodchikov (略して BPZ)の 1984 年の重要な仕事である[*1]．

2 次元共形場の理論の研究は，この 10 年の間に飛躍的な進展を遂げた．2 次

---

*1　A. A. Belavin, A. M. Polyakov and A. B. Zamolodchikov, *Nucl. Phys.* **B241** (1984) 333

元古典系や1次元量子系への応用においては，臨界現象を解析する新しい手段として大きな成果をもたらした．共形場の理論により，相関関数の臨界指数などの計算にも系統的に手がつけられるようになり，厳密解と場の理論の協力で1次元量子系の臨界現象の理解が大きく進展してきたのである．本書では，この共形場の理論に基づいて1次元量子臨界系の物理を解説する．

1.3　1次元量子多体系の基礎

以下の2つの節では1次元量子系の物理を学ぶ上で欠かせない基本知識を整理しておく．

1.3.1　量子ゆらぎ

まずウォーミングアップとして，1次元の量子ゆらぎの話題から始める．一般に，有限温度では量子的なゆらぎに加えて，熱的なゆらぎの効果も現れる．そこで，量子効果が顕著にみえるようにするために，系を絶対零度で考察してみよう．1次元系を描写するのによく図1.2に示したような，スピン鎖が用いられる．

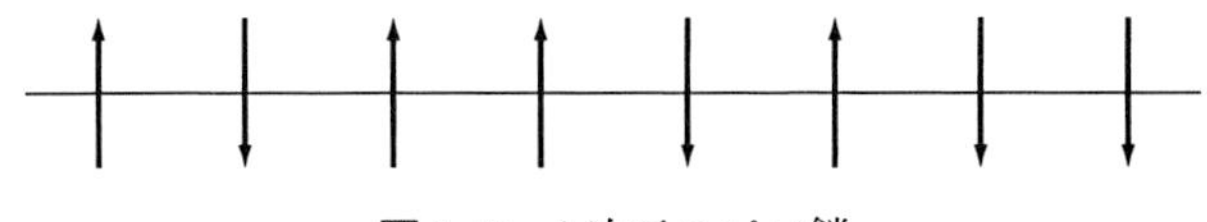

図1.2　1次元スピン鎖

簡単のため，スピンは各格子点に固定され，それぞれ上向きと下向きの状態を取り得るものとする．これはIsing模型とよばれる古典スピン系でハミルトニアンは

$$H = J \sum_{\langle ij \rangle} S_i^z S_j^z \tag{1.3.1}$$

で与えられる．ここで和は隣どうしのスピン対に関して取るものとする．$J < 0$ のとき，基底状態はスピンがすべて同じ向きに揃った状態が安定で，強磁性状態である．一方，反強磁性相互作用の場合は，互い違いにスピンが整列したNéel状態が基底となる．この古典モデルに対して，スピンの反転プロセスの効

果を取り入れたHeisenberg模型

$$H = J\sum_{\langle ij\rangle} \boldsymbol{S}_i \cdot \boldsymbol{S}_j = J\sum_{\langle ij\rangle}\left[S_i^z S_j^z + \frac{1}{2}(S_i^+ S_j^- + S_i^- S_j^+)\right] \qquad (1.3.2)$$

を考える．ここに新しく導入された項が隣合うスピンを反転させる．このハミルトニアンを強磁性の状態に作用させてみると，すべてのスピンが揃っているため反転プロセスは起こらず，状態は変化しない．したがって，量子系の場合も古典系と同じく強磁性状態が基底状態となる．一方，Néel状態にHeisenbergハミルトニアンを作用させると隣合うスピンの反転(スピン・フリップ)が起こり，次から次へと新しい状態が生成される．したがって，Néel状態は固有状態でなくなる．

このように，スピン・フリップによって，古典的な秩序状態が乱されることは，一般に**量子ゆらぎの効果**とよばれている．量子ゆらぎが存在することは次元に関係のない事実であるが，この量子ゆらぎの深刻さは次元に大きく依存する．たとえば3次元系ではこの反転プロセスによって単純なNéel状態は基底状態となれないものの，依然としてスピンが互い違いに揃った反強磁性の基底状態が実現すると期待される．ただしこの場合，量子ゆらぎの効果で各格子点のスピンの大きさが有効的に縮むことになる．2次元の場合は微妙であるが正方格子の系では，基底状態は反強磁性であると考えられている．一般には格子の形に依存して複雑な様相を呈し，たとえば三角格子系はフラストレーションの研究対象となっている．一方，1次元系では上記の量子ゆらぎの効果がたいへん大きくなるため，基底状態はNéel状態を完全に壊してスピンがバラバラに向いた状態となる．ただし，スピン相互作用に異方性がある場合，基底状態はIsing的な反強磁性状態になりうる．

1.3.2　量子臨界系と共形不変性

絶対零度における等方的な1次元反強磁性量子スピン模型について一般に次の2つの場合が知られている：

(i)　基底状態はスピン秩序を持たない“乱れた状態”であり，基底状態からの素励起としてギャップを持たない音波的なモードが存在する．

(ii)　基底状態がスピンの乱れた状態であるところは(i)に似ているが素励起

にギャップがある.

(i) では，量子効果でスピンの長距離秩序が壊されている．しかし基底状態からの励起にギャップがないことは (1.2.4) で $m=0$ であることを意味する．よって，離れたスピンどうしがもつ相関距離は発散し，相関関数は (1.2.3) のようにべきで減衰する．（この意味でほとんど秩序化しかかった状態であり，これは“擬秩序”の状態とよばれることもある.）相関距離が無限大となるため，この系は絶対零度で臨界現象を示しているのである．このような性質をもった系のことを**量子臨界系**(quantum critical system)とよぶ．典型的な例としてスピンの大きさが“半整数”の Heisenberg 模型が知られている．この他にも 1 次元量子系の多くのものは臨界系として分類される.

この 1 次元量子臨界現象が本書の主テーマであるので，もう少し説明しておこう．Heisenberg 模型 (1.3.2) のように近距離スピン相互作用をもつ 1 次元および 2 次元量子スピン系では有限温度で相転移が起こらないことが厳密に証明されている．これは「Mermin-Wagner の定理」として有名な臨界現象の理論における基本定理である*2．したがって，1 次元の場合には絶対零度が臨界点になり，(i) がこれに対応している.

さて，1 次元量子系では，空間は不連続な格子点から成っており，一方，時間 t は連続である．すなわち，空間方向と時間方向ではまったく性質が違うという異方性をもっている．どのようにして両者の間に折り合いをつけ，2 次元（時空 (1+1) 次元）連続時空上の記述にできるのだろうか．相関距離が無限大になる絶対零度の臨界点直上では，格子間隔は無視でき空間方向を連続座標 x におきかえて考えることができる.

次に時間方向を考えるために，特殊相対性理論を思い出そう．時空の座標として (x, ct) を用いると，Lorentz 不変性は (1+1) 次元時空の座標回転の下での不変性と理解できる．ここで c は光速で，質量ゼロの光子が走る速度である．臨界現象におけるギャップをもたない低エネルギー素励起は，まさにこの光子のような役割を果たし，素励起の速度 v が光速に対応する．こうして量子臨界系から座標 $(x_1, x_2) = (x, vt)$ をもつ回転不変な連続 2 次元時空上の場の理論へ

*2 N. D. Mermin and H. Wagner, *Phys. Rev. Lett.* **17** (1966) 1133

移行できる．そこで共形場の理論を用いて臨界現象を調べることができるようになる．ギャップをもたない素励起のエネルギー E と運動量 k は

$$E = v|k| \tag{1.3.3}$$

の関係にある．これは，通常エネルギー・運動量の**線形分散**の式とよばれる．古典統計系においては，発散する相関距離 $\xi \to \infty$ が 2 次相転移のシグナルとなった．量子臨界系では (1.3.3) の線形分散式が 2 次の臨界点に特徴的な関係式である．

一方，(ii) は臨界系ではないが，1 次元量子系にみられる顕著な物理現象なので簡単に触れておこう．(ii) はいわゆる Haldane ギャップ をもつ系で，スピンの大きさが整数の Heisenberg 系でおこる．この系では，相互作用に異方性がないにも拘らず素励起にギャップがあり，そのために異なる場所でのスピンの相関は (1.2.1) のように，距離の関数として指数関数的に減少する．これは (i) の量子臨界系と対照的である．この Haldane ギャップは，その名が示すように，1983 年に Haldane によって理論的に予想され[*3]，その後の多くの理論，実験によって確認されている．この様にスピンが量子ゆらぎによってバラバラに向いている系には，ギャップを持たない場合と持つ場合とがあり，それぞれ massless の系， massive の系とよばれることもある．

1 次元量子臨界系の具体例として，すでに半整数スピンをもつ Heisenberg 模型をあげた．この模型を一般化した多くのスピン模型が臨界現象を示すことが知られている．また高温超伝導に関連してよく耳にする Hubbard 模型や t-J 模型の 1 次元版も量子臨界系としてのふるまいを示す．これらは，1 次元格子上の電子模型であり，電子間の Coulomb 相互作用の効果を積極的に取り込んだ相関電子系である．絶対零度の臨界点では，ホロンとスピノンという 2 種類のギャップをもたない素励起が存在し，ホロンが電荷，スピノンがスピン自由度をそれぞれ担っている．もともとは電子が電荷とスピンをもっていたが，ゆらぎと相関効果の結果，低エネルギー素励起には電荷とスピンが分離して現れるという顕著な現象が起こっているのである．このような相関電子系の臨界的ふるまいは，**朝永–Luttinger 流体**とよばれるユニバーサリティ・クラスを形成

---

*3　F.D.M. Haldane: *Phys. Lett.* **93A** (1983) 464

する．現在，朝永–Luttinger 流体は量子細線や量子 Hall 系のエッジにおける電子状態を理解する上でも基本的な概念となっている．本書の目的のひとつは，格子上で定義されたミクロな電子模型から出発して，朝永–Luttinger 流体としての性質を明らかにしていく道筋を解説することである．

1.4　本書の構成

1 次元といえども相互作用を含む多体系を取り扱うことは，難しい問題である．平均場理論等は大きな量子ゆらぎのため一般には役に立たない．しかし，幸運なことに，物理的に興味深い量子模型が厳密に解けることがしばしばある．1 次元系の厳密解を求める系統的な手法が Bethe 仮説法とよばれるものである．この方法で解かれているモデルのなかには，物理的にたいへん興味深いものが数多く存在する．たとえばスピン 1/2 の Heisenberg 模型，連続体模型としての相互作用するボゾン系や電子系(非線形 Schrödinger 模型)，また先に述べた Hubbard 模型や超対称 t-J 模型といった格子系などがある．面白いことに，Bethe 仮説法で解かれているモデルのほとんどのものが，上記の分類の“量子臨界系”としてのふるまいを示す．

ただし，厳密解といってもすべての物理量が直ちに厳密に求められるということではない．Bethe 仮説法についていえば，エネルギースペクトルならびに分配関数(すなわち熱力学量)が求められるということである．相関関数などの計算はこの方法論の不得意とするところである．ここに共形場の理論を用いることで，相関関数の臨界的なふるまいが厳密に議論できるようになっている．

本書では，共形場の理論と Bethe 仮説法による厳密解を中心にして，1 次元量子系の特徴的な性質について解説する．内容は以下の通りである．まず，臨界現象への応用を念頭において共形場の理論の基礎を丁寧に説明する(2 章)．共形場の理論は物理的応用のみならず，数学的にも豊かな構造をもっているが，本書では数学的側面は抑えることにしたい．3 章では臨界指数の計算に威力を発揮する有限サイズスケーリング法について述べる．この 2 章と 3 章で応用上必要なミニマムを与えている．4 章では具体的な共形場の理論の模型を格子統計系と対応させながら紹介する．5 章は $c=1$ 共形場の理論の解説で，これは朝永–Luttinger 流体を理解するための基本となる．6 章ではさらに進んだ話題として，くり込み群と共形場の理論を議論する．

7 章以降では 1 次元電子系が中心テーマとなる．まず，朝永–Luttinger 模型と 1 次元系における標準的な手法であるボゾン化法を説明する．8 章で Bethe 仮説法の基礎を解説し，基本例として Heisenberg 模型への応用を取り上げる．9 章では Hubbard 模型や t-J 模型の Bethe 仮説法による厳密解を用いたバルク量の計算をまとめ，金属絶縁体転移などについて調べる．さらに 10 章で，共形場の理論の方法により朝永–Luttinger 流体の臨界指数を求める．11 章では，1 次元電子系の臨界現象を記述する朝永–Luttinger 流体論が共形場の理論でどの様に定式化されるかをみる．最後に，12 章では近藤効果やより最近の話題である量子 Hall 効果のエッジ状態と共形場の理論について述べる．

共形場の理論の基礎

場の量子論の話はラグランジアンから出発するのが通常である．しかし，2 次元共形場の理論を記述するためには，必ずしもラグランジアンを必要としない．むしろ，共形変換の下での相関関数の応答を与える共形 Ward 恒等式が出発点になる．本章では 2 次元時空の共形対称性を表す Virasoro 代数とよばれる無限次元代数に基づいて共形場の理論(以下，CFT と略す)が定式化されていくことを学ぶ．

2.1 共形変換

共形変換の説明をまず与えよう．2 次元の特徴を把握するには，一般の d 次元空間の場合から始めるのがよい．d 次元空間の平坦な計量 $ds^2=dr_\mu dr_\mu$ は，無限小座標変換 $r_\mu \to r'_\mu = r_\mu + \epsilon f_\mu(\boldsymbol{r})$, $\epsilon \ll 1$ に対して

$$ds^2 \longrightarrow ds'^2 = ds^2 + \epsilon(\partial_\mu f_\nu + \partial_\nu f_\mu) dr_\mu dr_\nu \tag{2.1.1}$$

と変換する．ただし，そろった添字については和をとると約束する $(\mu, \nu = 1, \cdots, d)$．ここで $f_\mu(\boldsymbol{r})$ は方程式

$$\partial_\mu f_\nu + \partial_\nu f_\mu = \frac{2}{d}\delta_{\mu\nu}\partial_\lambda f_\lambda \tag{2.1.2}$$

に従うものとしよう．このような f_μ を**共形 Killing ベクトル**(conformal Killing vector)とよぶ．このとき (2.1.1) は

$$ds'^2 = \left(1 + \epsilon\frac{2}{d}\partial_\lambda f_\lambda\right) ds^2 \tag{2.1.3}$$

となり，座標変換は**共形変換**(conformal transformation)になる．すなわち 2

本の曲線がある点で交わるとき，その交角はこの変換のもとで変わらない．なぜならば，その点の接ベクトルをそれぞれ $\boldsymbol{r}$，$\boldsymbol{r}'$ とすると交角 θ は $\cos\theta=\boldsymbol{r}\cdot\boldsymbol{r}'/(\boldsymbol{r}^2\boldsymbol{r}'^2)^{1/2}$ で与えられるからである．一般に (2.1.2) を満たす f_μ は

（i）　$f_\mu=c_\mu$（並進），

（ii）　$f_\mu=\omega_{\mu\nu}r_\nu$，　$\omega_{\mu\nu}=-\omega_{\nu\mu}$（回転），

（iii）　$f_\mu=r_\mu$（dilatation，“ひきのばし”の意味であるが適当な和訳がないのでそのまま使うことにする），

（iv）　$f_\mu=c_\mu r^2-2\boldsymbol{c}\cdot\boldsymbol{r}r_\mu$（特殊共形変換）

である．(iii) の dilatation は一様なスケール変換であるが，(iv) は非一様なスケール変換になっていることに注意する(図 2.1)．

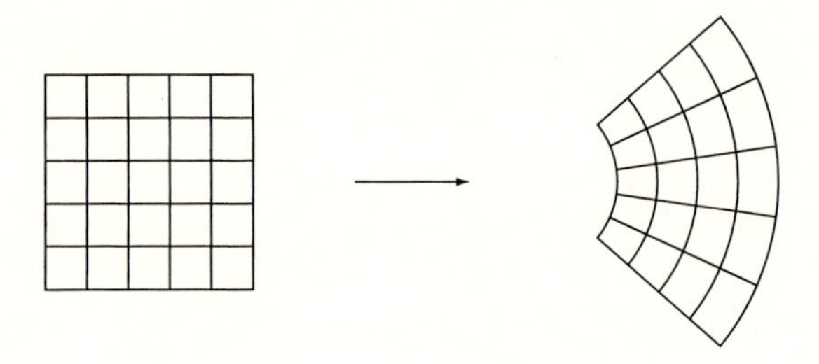

図 2.1　2 次元の共形変換(等角写像)

2 次元の共形不変性は次のような著しい特徴をもつ．(2.1.2) を複素座標 $z=r_1+ir_2$，$\bar{z}=r_1-ir_2$ を用いて書き直す．$f=f_1+if_2$，$\bar{f}=f_1-if_2$ とおいて

$$\partial_{\bar{z}}f=0, \qquad \partial_z\bar{f}=0 \tag{2.1.4}$$

を得る．ゆえに $f=f(z)$ ($\bar{f}=\bar{f}(\bar{z})$) は Cauchy-Riemann の方程式を満たす解析(反解析)関数である．したがって，2 次元空間の共形変換は $w(z)$ ($\bar{w}(\bar{z})$) を任意の解析(反解析)関数として

$$z\longrightarrow w=w(z), \qquad \bar{z}\longrightarrow\bar{w}=\bar{w}(\bar{z}) \tag{2.1.5}$$

で表され

$$ds^2=dzd\bar{z}\longrightarrow ds'^2=dwd\bar{w}=\left(\frac{dw}{dz}\right)\left(\frac{d\bar{w}}{d\bar{z}}\right)dzd\bar{z} \tag{2.1.6}$$

と変換する．ここで無限小変換

$$z \to z+\epsilon(z), \quad \epsilon(z) = \sum_{n\in\mathbb{Z}} \epsilon_n z^{n+1} \qquad (\epsilon_n \ll 1) \tag{2.1.7}$$

を調べよう($\bar{z}$ も同様)．この変換の下での正則関数の変化分は

$$\begin{aligned} dF(z) &= dz\frac{\partial F}{\partial z} \\ &= \sum_{n\in\mathbb{Z}} \epsilon_n z^{n+1}\frac{\partial}{\partial z}F \end{aligned} \tag{2.1.8}$$

となる．そこで，無限個の変換パラメータ ϵ_n $(n\in\mathbb{Z})$ に対する生成子

$$\ell_n = -z^{n+1}\frac{\partial}{\partial z}, \quad \bar{\ell}_n = -\bar{z}^{n+1}\frac{\partial}{\partial \bar{z}} \tag{2.1.9}$$

を導入する．これらが交換関係

$$[\ell_m, \ell_n] = (m-n)\ell_{m+n}, \qquad [\bar{\ell}_m, \bar{\ell}_n] = (m-n)\bar{\ell}_{m+n}, \qquad [\ell_m, \bar{\ell}_n] = 0 \tag{2.1.10}$$

を満たすことは明らかである．したがって，無限小変換の生成子 ℓ_n は無限次元の Lie 代数を構成している．この代数はセントラルチャージ(§2.3 で登場する)のない場合の Virasoro 代数とよばれる．場の量子論において共形変換を定式化するとセントラルチャージとよばれる量が自然に導入される．そして共形場の理論の基本になるのは共形変換の生成子を定めるストレステンソルと相関関数の満たすべき Ward 恒等式であり，以下でこれを解説する．

2.2　ストレステンソルと Ward 恒等式

一般に場の理論では，場の局所演算子 $A_i(\boldsymbol{r})$ が無限個存在し，完全系 $\{A_i(\boldsymbol{r})\}$ を成すと考える．$\{A_i(\boldsymbol{r})\}$ の元としては，それぞれの場の任意の階数の微分と恒等演算子(identity operator) I も含まれている．臨界現象を記述する場の理論では，このような連続的な場(スケーリングオペレータ(scaling operator)とよばれる)は，ミクロな格子統計系の変数(たとえばスピン変数)がくり込まれて現れた場と考えることができる．各スケーリングオペレータは，それぞれに固有の**スケーリング次元** (scaling dimension) x で特徴づけられる．場 $A_i(\boldsymbol{r})$

のスケーリング次元を x_i と書くと，一様なスケール変換 $\boldsymbol{r}=\lambda\boldsymbol{r}'$ に対して，相関関数は

$$\langle A_1(\boldsymbol{r}_1)A_2(\boldsymbol{r}_2)\cdots\rangle = \lambda^{-x_1}\lambda^{-x_2}\cdots\langle A_1(\boldsymbol{r}_1')A_2(\boldsymbol{r}_2')\cdots\rangle \tag{2.2.1}$$

と変換する．

ここで場の理論における**演算子積展開(OPE)**(operator product expansion, 略して OPE)のアイデアを簡単に復習しておく必要がある．$\{A_i(\boldsymbol{r})\}$ が完全系であるとき 2 つの演算子の積は

$$A_i(\boldsymbol{r})A_j(0) = \sum_k C_{ij}^k(\boldsymbol{r})A_k(0) \tag{2.2.2}$$

のように展開される．これが Wilson，および Kadanoff により考案された演算子積展開である[*1]．スケール変換性から

$$C_{ij}^k(\boldsymbol{r}) = \frac{C_{ij}^k}{|\boldsymbol{r}|^{x_i+x_j-x_k}} \tag{2.2.3}$$

となる．後で見るように場の変換則もストレステンソルと場の演算子の OPE の形式で表される．

一般に演算子積の構造定数 C_{ij}^k を正確に求めることは難しい問題であるが，2 次元共形場の理論では OPE を非摂動的に陽に計算できることが大きな特徴である．

さて (1+1) 次元場の理論の観点で共形不変性について考えてみよう．場の理論では座標変換を引き起こす生成子はストレステンソル $T_{\mu\nu}(\boldsymbol{r})$ で与えられる $(\mu,\nu=1,2)$．場の理論の作用積分 S は無限小座標変換 $r_\mu\to r_\mu+\epsilon_\mu(\boldsymbol{r})$ のもとで

$$\delta S = -\int\frac{d^2r}{2\pi}T_{\mu\nu}(\boldsymbol{r})\partial_\mu\epsilon_\nu(\boldsymbol{r}) \tag{2.2.4}$$

のように変化する．因子 $1/(2\pi)$ は後の便宜上入れてある．座標回転に対する不変性 $\delta S=0$ から $T_{\mu\nu}=T_{\nu\mu}$ を得る．また並進対称性からストレステンソルは保存則

$$\partial_\mu T_{\mu\nu}(\boldsymbol{r})=0 \tag{2.2.5}$$

に従う．ここで

*1　K. Wilson, *Phys. Rev.* **179** (1969) 1499; L. P. Kadanoff, *Phys. Rev. Lett.* **23** (1969) 1430

$$T = \frac{1}{4}(T_{11}-T_{22}-2iT_{12}), \quad \overline{T} = \frac{1}{4}(T_{11}-T_{22}+2iT_{12}),$$
$$\Theta = -\frac{1}{4}(T_{11}+T_{22}) \tag{2.2.6}$$

と定義すると上記の保存則は

$$\partial_{\bar{z}}T(z,\bar{z}) = \partial_z\Theta(z,\bar{z}), \quad \partial_z\overline{T}(z,\bar{z}) = \partial_{\bar{z}}\Theta(z,\bar{z}) \tag{2.2.7}$$

と書ける.

(2.2.1) で導入した N 点相関関数

$$\langle A_1(\boldsymbol{r}_1)\cdots A_N(\boldsymbol{r}_N)\rangle \equiv \langle X\rangle \tag{2.2.8}$$

の無限小座標変換 $r_\mu \to r_\mu+\epsilon_\mu(\boldsymbol{r})$ のもとでの変化分は

$$\sum_{i=1}^{N}\langle A_1(\boldsymbol{r}_1)\cdots\delta_\epsilon A_i(\boldsymbol{r}_i)\cdots A_N(\boldsymbol{r}_N)\rangle + \int\frac{d^2y}{2\pi}\partial_\mu\epsilon_\nu(\boldsymbol{y})\langle T_{\mu\nu}(\boldsymbol{y})X\rangle = 0 \tag{2.2.9}$$

で与えられる. これが **Ward 恒等式**(Ward identity)とよばれる場の理論における基本式でわれわれの出発点である. 第 2 項の積分を各 $y=r_i$ の近傍の領域 Λ_{r_i} $(i=1,\cdots,N)$ とそれ以外の領域 R に分ける. R 上の積分は, 積分変数 $y\neq r_i$ だから部分積分して $\partial_\mu T_{\mu\nu}=0$ を用い, さらに公式

$$\int_\Lambda d^2y\partial_\mu V_\mu(\boldsymbol{y}) = \oint_{\partial\Lambda}dy_\nu\varepsilon_{\mu\nu}V_\nu(\boldsymbol{y}), \quad \varepsilon_{\mu\nu}=-\varepsilon_{\nu\mu}, \quad \varepsilon_{12}=1 \tag{2.2.10}$$

を使うと各 Λ_{r_i} の境界 $\partial\Lambda_{r_i}$ 上の線積分に書き直せる. そうすると (2.2.9) より

$$\delta_\epsilon A(\boldsymbol{r}) = -\int_{\Lambda_r}\frac{d^2y}{2\pi}\partial_\mu\epsilon_\nu(\boldsymbol{y})T_{\mu\nu}(\boldsymbol{y})A(\boldsymbol{r}) - \oint_{\partial\Lambda_r}\frac{dy_\lambda}{2\pi}\varepsilon_{\lambda\mu}\epsilon_\nu(\boldsymbol{y})T_{\mu\nu}(\boldsymbol{y})A(\boldsymbol{r}) \tag{2.2.11}$$

となる.

ここで, $\epsilon_\nu(\boldsymbol{r})$ を並進, 回転, dilatation のそれぞれの変換として, この変換則を陽に書き下そう.

- 並進 : $\epsilon_\mu(\boldsymbol{r})=\epsilon_\mu$

$$\delta_\epsilon A(\boldsymbol{r}) = \epsilon_\nu\oint_{\partial\Lambda_r}\frac{dy_\lambda}{2\pi}\varepsilon_{\mu\lambda}T_{\mu\nu}(\boldsymbol{y})A(\boldsymbol{r}) = \epsilon_\mu i\widehat{P}_\mu A(\boldsymbol{r}) = \epsilon_\mu\partial_\mu A(\boldsymbol{r}). \tag{2.2.12}$$

ただし, $\widehat{P}_\mu$ は運動量演算子である.

- 回転 : $\epsilon_\mu(\boldsymbol{r})=\omega_{\mu\nu}r_\nu, \quad \omega_{\mu\nu}=-\omega_{\nu\mu}$

$$\delta_\epsilon A(\boldsymbol{r}) = -\omega_{\mu\nu}\frac{i}{2}[(r_\nu \widehat{P}_\mu - r_\mu \widehat{P}_\nu) + \varepsilon_{\mu\nu}\widehat{S}]A(\boldsymbol{r}) \ . \tag{2.2.13}$$

ただし，$\widehat{S}$ はスピン演算子で

$$i\widehat{S}A(\boldsymbol{r}) = -\oint_{\partial\Lambda_r}\frac{dy_\lambda}{2\pi}\varepsilon_{\lambda\mu}\varepsilon_{\nu\rho}(y-r)_\rho T_{\mu\nu}(\boldsymbol{y})A(\boldsymbol{r}) \tag{2.2.14}$$

により与えられる．

- dilatation：$\epsilon_\mu(\boldsymbol{r}) = \epsilon\ r_\mu$

$$\delta_\epsilon A(\boldsymbol{r}) = \epsilon[r_\mu\partial_\mu A(\boldsymbol{r}) + \widehat{D}A(\boldsymbol{r})]. \tag{2.2.15}$$

ただし，$\widehat{D}$ は dilatation 演算子で

$$\widehat{D}A(\boldsymbol{r}) = -\oint_{\partial\Lambda_r}\frac{dy_\lambda}{2\pi}\varepsilon_{\lambda\mu}(y-r)_\nu T_{\mu\nu}(\boldsymbol{y})A(\boldsymbol{r}) + 4\int_{\Lambda_r}\frac{d^2y}{2\pi}\Theta(\boldsymbol{y})A(\boldsymbol{r}) \tag{2.2.16}$$

で定義される．表式 (2.2.12)～(2.2.16) は，後でみるように，共形不変性があると非常に簡単になる．

さて，理論がスケール不変であれば，スケール変換 $\epsilon_\mu(\boldsymbol{r}) \propto r_\mu$ のもとで $\delta S = 0$ である．これよりストレステンソルのトレース $\Theta = 0$ となる．このとき保存則 (2.2.7) は

$$\partial_{\bar{z}}T = 0, \qquad \partial_z\overline{T} = 0. \tag{2.2.17}$$

よってストレステンソルの独立な 2 成分はそれぞれ**正則**(holomorophic) $T = T(z)$，**反正則**(anti-holomorphic) $\overline{T} = \overline{T}(\bar{z})$ になる．ここで T, $\overline{T}$ が実際に共形変換の生成子になっていることをみてみよう．まず無限小共形変換 $z \to z + \epsilon(z)$, $\bar{z} \to \bar{z} + \bar{\epsilon}(\bar{z})$ ($\epsilon = \epsilon_1 + i\epsilon_2$, $\bar{\epsilon} = \epsilon_1 - i\epsilon_2$) を考えると，(2.2.11) の第 1 項は (2.1.2) と $\Theta = 0$ からゼロになり，第 2 項は

$$dy_\lambda\varepsilon_{\lambda\mu}\epsilon_\nu(\boldsymbol{y})T_{\mu\nu}(\boldsymbol{y}) = -\frac{1}{i}d\zeta\epsilon(\zeta)T(\zeta) + \frac{1}{i}d\bar{\zeta}\,\bar{\epsilon}(\bar{\zeta})\overline{T}(\bar{\zeta}) \tag{2.2.18}$$

となる．ただし $\zeta = y_1 + iy_2$ とした．すなわち (2.2.11) の右辺は

$$\oint_{\partial\Lambda_r}\frac{d\zeta}{2\pi i}\epsilon(\zeta)T(\zeta)A(z,\bar{z}) - \oint_{\partial\Lambda_r}\frac{d\bar{\zeta}}{2\pi i}\bar{\epsilon}(\bar{\zeta})\overline{T}(\bar{\zeta})A(z,\bar{z}). \tag{2.2.19}$$

ここで z, $\bar{z}$ を独立変数とみなそう．そうすると正則部分についての場の基本的な共形変換則として

$$\delta_\epsilon A(z,\overline{z}) = \oint_{C_z} \frac{d\zeta}{2\pi i} \epsilon(\zeta) T(\zeta) A(z,\overline{z}) \tag{2.2.20}$$

を得る．ただし C_z は ζ–平面上で点 z を囲む単一閉曲線とする．反正則部分についても同様に

$$\delta_{\overline{\epsilon}} A(z,\overline{z}) = \oint_{\overline{C}_{\overline{z}}} \frac{d\overline{\zeta}}{2\pi i} \overline{\epsilon}(\overline{\zeta}) \overline{T}(\overline{\zeta}) A(z,\overline{z}). \tag{2.2.21}$$

(2.2.20), (2.2.21) より $T(z)$, $\overline{T}(\overline{z})$ が場の理論における共形変換の生成子であることが明らかである．すなわち ϵT を A に作用させて積分することにより変化分 δA が得られる，というわけである．相関関数の変換則は簡潔に

$$\delta_\epsilon \langle X \rangle = \oint_C \frac{d\zeta}{2\pi i} \epsilon(\zeta) \langle T(\zeta) X \rangle \tag{2.2.22}$$

とまとまる．ここで C は点 $z_1, \cdots, z_N$ すべてを囲む閉曲線である．

次に $T(z)$, $\overline{T}(\overline{z})$ を原点のまわりで形式的に Laurent 展開しよう．

$$T(z) = \sum_{n\in\mathbb{Z}} z^{-n-2} L_n, \quad \overline{T}(\overline{z}) = \sum_{n\in\mathbb{Z}} \overline{z}^{-n-2} \overline{L}_n \tag{2.2.23}$$

これで定義される L_n , $\overline{L}_n$ が共形変換の無限個の生成子である．まず並進演算子は (2.2.12) より

$$\frac{1}{2}(i\widehat{P}_1 + \widehat{P}_2) = \frac{1}{2}(\partial_1 - i\partial_2) = \partial_z = \oint_0 \frac{dz}{2\pi i} T(z) = L_{-1}. \tag{2.2.24}$$

ただし z–積分は原点のまわりを一周する．同様に $\overline{L}_{-1} = \partial_{\overline{z}}$ を得る．スピン演算子 (2.2.14) についても複素座標で書き直して

$$\widehat{S} = \oint_0 \frac{dz}{2\pi i} z T(z) - \oint_0 \frac{d\overline{z}}{2\pi i} \overline{z}\, \overline{T}(\overline{z}) = L_0 - \overline{L}_0. \tag{2.2.25}$$

さらに dilatation 演算子 (2.2.16) は

$$\widehat{D} = \oint_0 \frac{dz}{2\pi i} z T(z) + \oint_0 \frac{d\overline{z}}{2\pi i} \overline{z}\, \overline{T}(\overline{z}) = L_0 + \overline{L}_0. \tag{2.2.26}$$

もう少し正確にいうと (2.2.20) の右辺の T と A の OPE は

$$T(z) A(w,\overline{w}) = \sum_{n\in\mathbb{Z}} (z-w)^{-n-2} L_n A(w,\overline{w}). \tag{2.2.27}$$

ここで $L_n A(w,\overline{w})$ は，むしろ $(L_n A)(w,\overline{w})$ と書くべきもので，T と A の演算

子積を展開する場になっている．演算子 L_n が A に作用して“生成”された場と考えればよい．とくに (2.2.24)～(2.2.26) より

$$
\begin{aligned}
L_{-1}A(z,\overline{z}) &= \partial_z A(z,\overline{z}), \quad \overline{L}_{-1}A(z,\overline{z}) = \partial_{\overline{z}} A(z,\overline{z}), \\
\widehat{D}A(z,\overline{z}) &= (L_0+\overline{L}_0)A(z,\overline{z}) = x_A A(z,\overline{z}), \\
\widehat{S}A(z,\overline{z}) &= (L_0-\overline{L}_0)A(z,\overline{z}) = s_A A(z,\overline{z}).
\end{aligned}
\tag{2.2.28}
$$

ここで x_A と s_A は $A(z,\overline{z})$ に固有のスケーリング次元とスピンをそれぞれ表す．

$$
L_0 A(z,\overline{z}) = \Delta_A A(z,\overline{z}), \quad \overline{L}_0 A(z,\overline{z}) = \overline{\Delta}_A A(z,\overline{z}) \tag{2.2.29}
$$

とおけば

$$
x_A = \Delta_A + \overline{\Delta}_A, \quad s_A = \Delta_A - \overline{\Delta}_A \tag{2.2.30}
$$

であり，$\Delta_A, \overline{\Delta}_A$ を左，右部分の**共形次元** (conformal weight) とよぶ．$\overline{\Delta}_A$ は Δ_A の複素共役を意味してるわけではないので注意する．また以下では場 $A(z,\overline{z})$ を共形次元を用いて $(\Delta_A, \overline{\Delta}_A)$ のように表記することもある．

このように演算子 L_0 は特別な意味合いをもっており，たとえば $SU(2)$ スピン演算子の z–成分 S_z に対応するようなものである．$SU(2)$ の場合 S_z の固有値で状態の仕分けができたが，今の場合は L_0 の固有値で仕分けができる．ちなみに L_{-1}（あるいは一般に L_{-n}）は新しい状態を作るもので，スピン系でいえば S^- に相当する役割を果たす．

2.3　Virasoro 代数

以上の点を念頭におき L_n 自身の満たす代数を導いてみよう．そのために，まずストレステンソル $T(z)$ 自身の共形変換を調べる．$T(z)$ は 2 階のテンソルであるから無限小変換の一般則として

$$
\delta_\epsilon T(z) = \epsilon(z)T'(z) + 2\epsilon'(z)T(z) + \frac{c}{12}\epsilon'''(z) \tag{2.3.1}
$$

を仮定しよう．プライム $'$ は z 微分を示す．反正則変換に対してはもちろん

$$
\delta_{\overline{\epsilon}} T(z) = 0. \tag{2.3.2}
$$

(2.3.1) の第 3 項の c は定数で，**セントラルチャージ** (central charge) とよばれる．これは共形場の理論で最も重要なパラメータである．(2.3.1) の“気持ち”

を述べよう．まず第2項までは$T(z)$が2階のテンソルであることから

$$T(z)=\left(\frac{dw}{dz}\right)^2\widetilde{T}(w) \tag{2.3.3}$$

と書き下し，$w(z)=z+\epsilon(z)$ とおいて $\delta_\epsilon T(z)=T(z)-\widetilde{T}(z)$（座標の値を等しくおいて差をとっていることに注意）より得られる．c に比例する第3項の存在は，$T(z)$ の変換則が素朴に期待される (2.3.3) からずれることを示している．すなわち量子化された場の理論に特有の量子異常効果としての**共形異常**(conformal anomaly)の存在である．本書を読み進めば，その意味もおいおい理解してもらえると思う．

任意の共形変換 $z\to w(z)$ を行なった場合は

$$T(z)=\left(\frac{dw}{dz}\right)^2\widetilde{T}(w)+\frac{c}{12}\{w,z\} \tag{2.3.4}$$

と変換することが知られている．ここで $\{w,z\}$ は Schwartz 微分(Schwartzian)とよばれるもので

$$\{w,z\}=\frac{d^3w}{dz^3}\Big/\frac{dw}{dz}-\frac{3}{2}\left(\frac{d^2w}{dz^2}\right)^2\Big/\left(\frac{dw}{dz}\right)^2 \tag{2.3.5}$$

で定義される．これは共形変換 $z\to w\to u$ のもとで，次の関係

$$\{u,z\}=\{u,w\}\left(\frac{dw}{dz}\right)^2+\{w,z\} \tag{2.3.6}$$

を満たす．これにより，変換則 (2.3.4) の整合性が保証されている．

ストレステンソルの変換則 (2.3.1) は，一方で (2.2.20) にあるようなOPEの形で表される．$T(z)$ どうしのOPEの結果は

$$T(z)T(w)=\frac{c/2}{(z-w)^4}+\frac{2T(w)}{(z-w)^2}+\frac{\partial T(w)}{z-w}+\cdots . \tag{2.3.7}$$

右辺の $+\cdots$ は $(z-w)$ について非負のべきを持つ regular 部分を示す．実際，これを (2.2.20) に代入して簡単な留数計算をすれば (2.3.1) を得る．これで Virasoro 代数を導くための準備はだいたい終りである．

場の理論では，通常，座標変換や内部対称性の変換等のもとでの場の変換規則は生成子(チャージ)と場の演算子の交換関係として与えられる．そこで今度は (2.2.20) を交換関係で表してみよう．無限小変換 (2.1.7) に対応して，天下

りであるが

$$T_\epsilon = \oint_0 \frac{d\zeta}{2\pi i}\epsilon(\zeta)T(\zeta) = \sum_{n\in\mathbb{Z}} \epsilon_n L_n \tag{2.3.8}$$

を共形変換の“チャージ”とし，(2.2.20) を

$$\delta_\epsilon A(z,\overline{z}) = [T_\epsilon, A(z,\overline{z})] \tag{2.3.9}$$

と表す．右辺の交換子は次のように定義される：

$$\begin{aligned}[T_\epsilon, A(z,\overline{z})] &= T_\epsilon A(z,\overline{z}) - A(z,\overline{z})T_\epsilon \\ &= \oint_{|\zeta|>|z|}\frac{d\zeta}{2\pi i}\epsilon(\zeta)T(\zeta)A(z,\overline{z}) - \oint_{|\zeta|<|z|}\frac{d\zeta}{2\pi i}\epsilon(\zeta)A(z,\overline{z})T(\zeta) \\ &= \oint_z \frac{d\zeta}{2\pi i}\epsilon(\zeta)T(\zeta)A(z,\overline{z}). \end{aligned} \tag{2.3.10}$$

ここで第2行から第3行へは，ζ–積分の積分路を変形し点 z のまわりの積分に帰着させた(図2.2参照)．

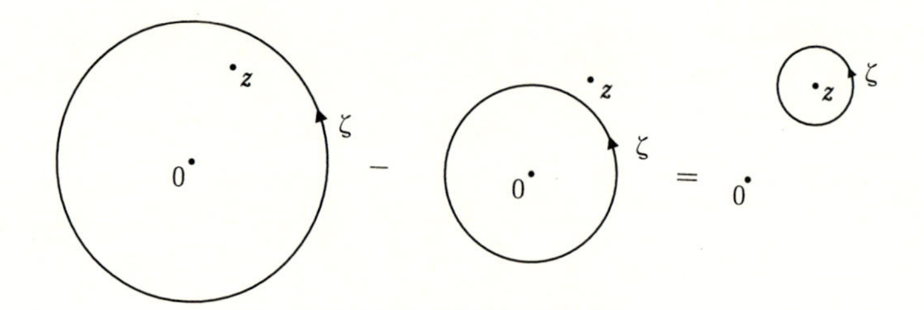

図 2.2　(2.3.10) の積分路

この交換関係で用いられた場の演算子の順序付けは，動径順序付け (radial ordering)というものであまり親しみのないものである．これは平面を見るときに，普通は横軸を空間，縦軸を時間(今の場合は Euclid 時間)のように思いたくなるのだが，ここではある点の時間座標 t の値はその点の原点からの距離で表され，原点 $z=0$ を $t=0$ とみなし，無限遠点 $z=\infty$ を $t=+\infty$ とみなす．こうすると同一時刻 t を持つ点の集合は，原点を中心とする半径 t の円周上にある．この円周上の1次元系の時間発展を図2.3のように想像すればよい．

したがって (2.3.8) の積分は保存カレント $T(z)$ を1次元空間(円周)上で積分し，チャージを計算していることになっている．この積分が円周の半径に依

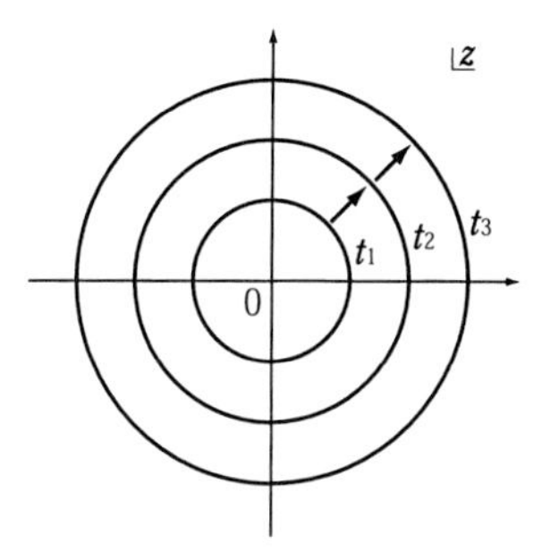

図 2.3　1 次元系の時間発展

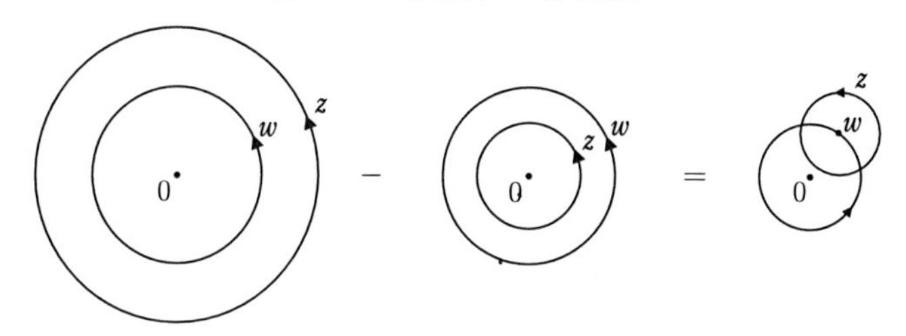

図 2.4　(2.3.11) の積分路

存しないことは，チャージが時間に依らない一定の保存チャージであることに他ならない．このような描像が有効であることは，§3.2 で共形変換によって平面を無限シリンダーへ写像してみるともっとよくわかってくる．

ここまで準備すると (2.2.23) で定義された L_n の交換関係を求めることができる．次のように計算していく：

$$
\begin{aligned}
&[L_m, L_n] \\
&= \oint_{0,\ |z|>|w|} \frac{dz}{2\pi i} z^{m+1} \oint_0 \frac{dw}{2\pi i} w^{n+1} T(z)T(w) \\
&\quad - \oint_{0,\ |z|<|w|} \frac{dw}{2\pi i} w^{n+1} \oint_0 \frac{dz}{2\pi i} z^{m+1} T(w)T(z) \\
&= \oint_0 \frac{dw}{2\pi i} w^{n+1} \oint_w \frac{dz}{2\pi i} z^{m+1} T(z)T(w) \\
&= \oint_0 \frac{dw}{2\pi i} w^{n+1} \oint_w \frac{dz}{2\pi i} z^{m+1} \left[\frac{c/2}{(z-w)^4} + \frac{2T(w)}{(z-w)^2} + \frac{\partial T(w)}{z-w} + \text{reg.} \right] \\
&= \oint_0 \frac{dw}{2\pi i} w^{n+1} \left[\frac{c}{12}(m+1)m(m-1)w^{m-2} \right.
\end{aligned}
$$

$$+2(m+1)w^m T(w)+w^{m+1}\partial T(w)\Big]. \tag{2.3.11}$$

積分路の変形は図 2.4 を参照してほしい．w–積分を実行して

$$[L_m, L_n]=(m-n)L_{m+n}+\frac{c}{12}(m^3-m)\delta_{m+n,0} \tag{2.3.12}$$

を得る．これが有名な **Virasoro 代数**(Virasoro algebra)である．(2.1.10) と比較してセントラルチャージ c に比例する項があることに気がつく．これは数学的には**中心拡大**(central extension)項とよばれる．この項の形は (2.3.12) が Jacobi の恒等式を満たすようにすると一意的に決まる．$\overline{L}_n$ についても同じようにして

$$[\overline{L}_m, \overline{L}_n]=(m-n)\overline{L}_{m+n}+\frac{c}{12}(m^3-m)\delta_{m+n,0} \tag{2.3.13}$$

を導ける．ただし

$$[L_m, \overline{L}_n]=0 \tag{2.3.14}$$

である．(2.3.1), (2.3.7), (2.3.12) の 3 つの式は見かけはまったく異なるが，等価な内容を示していることをよく理解しておきたい．

最後に，Virasoro 代数 (2.3.12) で $\{L_{-1},\ L_0,\ L_{+1}\}$ に着目しよう．これらは Virasoro 代数の部分代数としての Lie 代数 $s\ell(2,\mathbb{C})$ の生成子になっており，1 次分数変換の群 $SL(2,\mathbb{C})$

$$z \longrightarrow w=\frac{az+b}{cz+d}, \quad a,b,c,d\in\mathbb{C}, \quad ad-bc=1 \tag{2.3.15}$$

を引き起こすことに注意する．全 z–平面を自分自身に写すグローバルな共形変換はすべてこのタイプである．無限小 1 次分数変換は

$$\epsilon_p(z)=\epsilon_{-1}+\epsilon_0 z+\epsilon_{+1}z^2 \tag{2.3.16}$$

である．パラメータ ϵ_s はそれぞれ L_s $(s=0,\pm1)$ に対応する((2.3.8) を参照のこと)．これは任意次元で定義される特殊共形変換の 2 次元版である．

2.4　真空状態

ここで共形場の理論の真空状態 $|0\rangle$ を恒等演算子(identity operator) I との

関係

$$|0\rangle = I(z=0)|0\rangle \tag{2.4.1}$$

で定義する．これは

$$L_n|0\rangle = 0, \quad n \geqq -1 \tag{2.4.2}$$

を満たすものとする．そうすると

$$\lim_{z\to 0} T(z)|0\rangle = T(0)|0\rangle = L_{-2}|0\rangle \tag{2.4.3}$$

を得る．L_n の Hermite 共役 L_n^+ を

$$L_n^+ = L_{-n} \tag{2.4.4}$$

によって定義する．この定義の妥当性は§3.2 で述べられる．こうすると $|0\rangle$ に対応するブラ状態は

$$\langle 0|L_n = 0, \quad n \leqq 1 \tag{2.4.5}$$

で決まる．ここで真空状態が 1 次分数変換 (2.3.15) で不変

$$\langle 0|L_s = 0 = L_s|0\rangle, \quad s = 0, \pm 1 \tag{2.4.6}$$

になっていることを強調しておく．このような真空を $s\ell(2,\mathbb{C})$ 真空とよぶ．(2.4.2)～(2.4.6) よりストレステンソルの 2 点相関関数が

$$\langle T(z)T(w)\rangle = \frac{c/2}{(z-w)^4} \tag{2.4.7}$$

と求まる．

ここまで学んだことをまとめると，2 次元では

[1] 共形不変性は無限次元対称性である．

[2] 共形変換の無限個の生成子は Virasoro 代数 (Vir) を成す．

[3] 共形変換は z と $\bar{z}$ の部分（それぞれ，正則，反正則部分とよぶ）に “因子化” し，共形変換 $=(Vir)\otimes(\overline{Vir})$ の構造を持つ．

2.5　プライマリー場

任意の共形変換 $z \to w(z)$, $\bar{z} \to \bar{w}(\bar{z})$ に対して，

$$\phi(z,\bar{z}) = \left(\frac{dw}{dz}\right)^{\Delta}\left(\frac{d\bar{w}}{d\bar{z}}\right)^{\bar{\Delta}}\tilde{\phi}(w,\bar{w}) \tag{2.5.1}$$

のように複素 $(\Delta,\overline{\Delta})$ テンソルとして変換する場を**プライマリー場**(primary field)と定義する．これは以下で学ぶようにスケーリングオペレータのなかで代表的な役割を果たすものである．(2.5.1) はプライマリー場の多点相関関数の共変的な変換性

$$\langle\phi_1(z_1,\overline{z}_1)\phi_2(z_2,\overline{z}_2)\cdots\rangle=\prod_j(w'(z_j))^{\Delta_j}(\overline{w}'(\overline{z}_j))^{\overline{\Delta}_j}\langle\widetilde{\phi}_1(w_1,\overline{w}_1)\widetilde{\phi}_2(w_2,\overline{w}_2)\cdots\rangle \tag{2.5.2}$$

を示している．とくに一様なスケール変換 $w=\lambda^{-1}z$, $\overline{w}=\lambda^{-1}\overline{z}$ の場合は $x_j=\Delta_j+\overline{\Delta}_j$ がスケーリング次元なので，(2.5.2) は (2.2.1) に他ならない．無限小変換 (2.1.7) のもとで (2.5.1) は

$$\begin{aligned}\delta_\epsilon\phi(z,\overline{z})&=\phi(z,\overline{z})-\widetilde{\phi}(z,\overline{z})\\&=\Delta\epsilon'(z)\phi(z,\overline{z})+\epsilon(z)\partial_z\phi(z,\overline{z})\\&=[T_\epsilon,\phi(z,\overline{z})].\end{aligned} \tag{2.5.3}$$

(2.3.8) を代入して ϵ_n の係数を比べると

$$[L_n,\phi(z,\overline{z})]=z^{n+1}\partial_z\phi(z,\overline{z})+\Delta(n+1)z^n\phi(z,\overline{z}) \tag{2.5.4}$$

を得る．これはOPE

$$T(z)\phi(w,\overline{w})=\frac{\Delta\phi(w,\overline{w})}{(z-w)^2}+\frac{\partial\phi(w,\overline{w})}{z-w}+\mathrm{reg}. \tag{2.5.5}$$

と等価であることは直接確かめられたい．(2.5.3) と (2.5.5) とを比較するとプライマリー場は次の関係を満たしていることがわかる：

$$\begin{aligned}L_n\phi(z,\overline{z})=\overline{L}_n\phi(z,\overline{z})=0,\quad n>0\\L_0\phi(z,\overline{z})=\Delta\phi(z,\overline{z}),\quad\overline{L}_0\phi(z,\overline{z})=\overline{\Delta}\phi(z,\overline{z}).\end{aligned} \tag{2.5.6}$$

すなわちプライマリー場は L_n, $\overline{L}_n$ $(n>0)$ で消される点に特徴があり，角運動量の理論における最高ウェイト状態の類似物である．その共形次元 Δ, $\overline{\Delta}$ は L_0, $\overline{L}_0$ の固有値で与えられる．

次に，(2.2.20) と (2.5.3) より

$$\sum_j \left(\Delta_j \epsilon'(z_j) + \epsilon(z_j) \frac{\partial}{\partial z_j} \right) \langle \phi_1(z_1, \overline{z}_1) \cdots \rangle = \oint_C \frac{dz}{2\pi i} \epsilon(z) \langle T(z) \phi_1(z_1, \overline{z}_1) \cdots \rangle \tag{2.5.7}$$

を得る．ここで積分路 C はすべての点 $z_1, \cdots$ を囲む．左辺は Cauchy の定理より

$$\oint_C \frac{dz}{2\pi i} \epsilon(z) \sum_j \left(\frac{\Delta_j}{(z-z_j)^2} + \frac{1}{z-z_j} \frac{\partial}{\partial z_j} \right) \langle \phi_1(z_1, \overline{z}_1) \cdots \rangle \tag{2.5.8}$$

と書ける．$\epsilon(z)$ は任意だから

$$\langle T(z) \phi_1(z_1, \overline{z}_1) \cdots \rangle = \sum_j \left(\frac{\Delta_j}{(z-z_j)^2} + \frac{1}{z-z_j} \frac{\partial}{\partial z_j} \right) \langle \phi_1(z_1, \overline{z}_1) \cdots \rangle \tag{2.5.9}$$

が得られる．これは**共形 Ward 恒等式**(conformal Ward identity)とよばれる．左辺の相関関数を z の解析関数としてみると $z = z_j$ に 2 位の極と単純極をもつことがわかる．

ここで無限小 1 次分数変換 (2.3.15) の場合をみておこう．真空状態の $s\ell(2, \mathbb{C})$ 不変性から

$$\delta_{\epsilon_p} \langle \phi_1(z_1, \overline{z}_1) \cdots \rangle = (2.5.7) \text{ の左辺} = 0 \tag{2.5.10}$$

が要請される．よって (2.5.7) の右辺の積分もゼロでなければならない．今 $\epsilon_p(z)$ は z の 2 次の多項式((2.3.16) を見よ)だから，被積分関数の漸近形は

$$\langle T(z) \phi_1(z_1, \overline{z}_1) \cdots \rangle \underset{z \to \infty}{\longrightarrow} \frac{1}{z^4} \Gamma(z_1, \overline{z}_1, \cdots) \tag{2.5.11}$$

となることがわかる．

さて，§1.2 で述べた局所演算子の完全系 $\{A_i\}$ の構造をより詳しく調べるために，再びプライマリー場の OPE (2.5.5) に立ち戻る．あらためて

$$T(z) \phi_\alpha(w, \overline{w}) = \sum_{n \in \mathbb{Z}} (z-w)^{-n-2} (L_n \phi_\alpha)(w, \overline{w}) \tag{2.5.12}$$

と書くと，ϕ_α から無限個の新しい場 $L_n \phi_\alpha$，$n \geqq 1$ が生成されていることがわかる．さらに T と $L_n \phi_\alpha$ の OPE を調べていくと，一般に

$$L_{-n_1} L_{-n_2} \cdots L_{-n_k} \phi_\alpha, \quad n_i \geqq 1 \tag{2.5.13}$$

の形の無限個の場が存在することがわかる．これらは ϕ_α の**セカンダリー場**(あるいは conformal descendants)とよばれる．

プライマリー場ϕ_αに対応する状態ベクトル$|\alpha\rangle$を

$$|\alpha\rangle = \phi_\alpha(0)|0\rangle \tag{2.5.14}$$

で定義すると，プライマリー場の条件(2.5.6)は

$$L_n|\alpha\rangle = 0, \quad n > 0$$
$$L_0|\alpha\rangle = \Delta|\alpha\rangle \tag{2.5.15}$$

であり，セカンダリー場は

$$L_{-n_1}L_{-n_2}\cdots L_{-n_k}|\alpha\rangle, \quad n_i \geqq 1 \tag{2.5.16}$$

で表される．この状態もL_0の固有状態となっており，その共形次元は(2.5.16)に左からL_0を作用させ，交換関係$[L_0, L_{-n}] = nL_{-n}$を用いて求められる．結果は$\Delta_\alpha + \sum_j n_j$である．正の整数部分$\sum_j n_j \equiv N$は，その状態のレベルとよばれる．一般性を失わずに$n_1 \geqq n_2 \geqq \cdots \geqq n_k$とおけるので，レベル$N$の独立な状態の数は，一般には$N$の分割数$P(N)$に等しい(図2.5参照)．$P(N)$の生成母関数は

$$\frac{1}{\prod_{n=1}^{\infty}(1-q^n)} = \sum_{N=0}^{\infty} P(N)q^N \tag{2.5.17}$$

であり，Nが大きくなると$P(N)$は急速に増加する．たとえば$P(200) = 3\,972\,999\,029\,388$である．

Virasoro代数の表現論の用語では，プライマリー状態は最高ウェイト状態とよばれる．(2.5.15)が最高ウェイト条件で，Δ_αが最高ウェイトである．プ

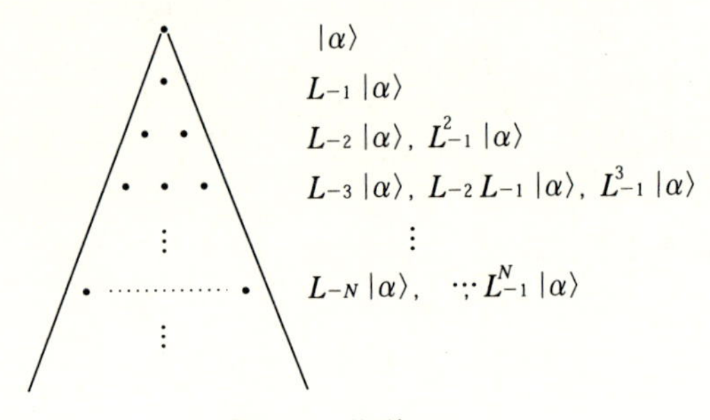

図2.5　共形タワー

ライマリー状態 $|\alpha\rangle$(最高ウェイト状態)とセカンダリー状態からできる空間は Verma モジュール V_α とよばれる．V_α は Virasoro 代数の無限次元の表現空間になっている．反正則側も考慮すると，同じように構成される $\overline{V}_\alpha$ を得る．大切な注意として，Δ_α が特別な値をとると，$P(N)$ 個の状態間に線形従属の関係が生じることが知られており，Virasoro 代数の表現論とその応用，どちらの観点からも非常に重要である．このような特別な表現は**縮退表現**(degenerate representation)とよばれ，数学者によって詳しく分析されている*2．縮退表現に現れるセカンダリー状態の間の線形従属関係は null 状態ないしは特異ベクトルとよばれる．この関係を用いると 4 点相関関数を確定特異点型の微分方程式の解として厳密に求めることができる(§2.5.2 をみよ)．

まとめると，プライマリー場とそのセカンダリー場の成す空間は，共形変換のもとで閉じていて，**共形族**(conformal family)$[\phi_\alpha]$ を構成する(これは**共形タワー**(conformal tower)ともよばれる)．(2.3.14) の結果，共形族 $[\phi_\alpha]$ はテンソル積構造

$$[\phi_\alpha] = V_\alpha \otimes \overline{V}_\alpha \tag{2.5.18}$$

をもち，その元の陽な形は

$$L_{-n_1} L_{-n_2} \cdots L_{-n_k} \overline{L}_{-\bar{n}_1} \overline{L}_{-\bar{n}_2} \cdots \overline{L}_{-\bar{n}_k} |\alpha\rangle \tag{2.5.19}$$

である．場の完全系 $\{A_j\}$ は，Virasoro 代数の対称性のもとで

$$\{A_j\} = \bigoplus_\alpha [\phi_\alpha] \tag{2.5.20}$$

のように分解されるのである．右辺の $[\phi_\alpha]$ として恒等作用素(identity operator)の共形族 $[I]$ も忘れてはならない．プライマリー場でないストレステンソル $T(z)$ は (2.4.3) にあるように，真空の Verma モジュールのレベル 2 のセカンダリー場であり，共形次元 $(\Delta, \overline{\Delta}) = (2, 0)$ をもつ．同様に $\overline{T}(\bar{z})$ は $(\Delta, \overline{\Delta}) = (0, 2)$ をもつ．

2.5.1 準プライマリー場

すでに述べたように局所演算子の完全系 $\{A_i(\boldsymbol{r})\}$ は無限個の元をもつ．この

*2 V. G. Kac, Lecture Notes in Physics **94** (1979) 441; B. L. Feigin and D. B. Fuchs, *Funct. Anal. Appl.* **16** (1982) 114

無限集合を取り扱うために，さらに**準プライマリー場**(quasi primary field)なるものを次に定義する．共形変換のなかでも，とりわけ1次分数変換 (2.3.15)(とくに $z \to w_p(z)$ と書く)に対して

$$\mathcal{O}_a(z,\bar{z}) = \left(\frac{dw_p}{dz}\right)^{\Delta_a}\left(\frac{d\bar{w}_p}{d\bar{z}}\right)^{\bar{\Delta}_a}\tilde{\mathcal{O}}_a(w,\bar{w}) \qquad (2.5.21)$$

とふるまうとき，$\mathcal{O}_a(z,\bar{z})$ を準プライマリー場と定義する．ここで $(\Delta_a,\ \bar{\Delta}_a)$ は $\mathcal{O}_a$ の共形次元である．例として，Schwartz 微分 (2.3.5) の性質

$$\left\{\frac{az+b}{cz+d}, z\right\} = 0, \quad a,b,c,d \in \mathbb{C},\ ad-bc=1 \qquad (2.5.22)$$

と (2.3.4) より，ストレステンソルはプライマリー場ではないが準プライマリー場であることがわかる．

準プライマリー場の n 点相関関数の変換性は (2.5.2) で w, $\bar{w}$ を w_p, $\bar{w}_p$ と置き換えれば得られる．真空状態の $s\ell(2,\mathbb{C})$ 不変性 (2.4.6) より，変換パラメータ $\epsilon_{-1}, \epsilon_0, \epsilon_{+1}$ に対応する共形 Ward 恒等式 (2.5.9) は微分方程式

$$\Lambda_s\langle\mathcal{O}_1(z_1,\bar{z}_1)\cdots\mathcal{O}_n(z_n,\bar{z}_n)\rangle = 0 \qquad (2.5.23)$$

にまとまる．ここで

$$\Lambda_{-1} = \sum_{j=1}^{n}\frac{\partial}{\partial z_j}, \quad \Lambda_0 = \sum_{j=1}^{n}\left(z_j\frac{\partial}{\partial z_j} + \Delta_j\right),$$
$$\Lambda_{+1} = \sum_{j=1}^{n}\left(z_j^2\frac{\partial}{\partial z_j} + 2z_j\Delta_j\right). \qquad (2.5.24)$$

この方程式の解は，2点相関関数の場合

$$\langle\mathcal{O}_a(z_1,\bar{z}_1)\mathcal{O}_b(z_2,\bar{z}_2)\rangle = \frac{\delta_{ab}}{(z_1-z_2)^{2\Delta_a}(\bar{z}_1-\bar{z}_2)^{2\bar{\Delta}_a}} \qquad (2.5.25)$$

である．ただし $a=b$ とは $(\Delta_a,\ \bar{\Delta}_a)=(\Delta_b,\ \bar{\Delta}_b)$ を意味し，分子は1に規格化してある．3点相関関数は

$$\langle\mathcal{O}_a(z_1,\bar{z}_1)\mathcal{O}_b(z_2,\bar{z}_2)\mathcal{O}_c(z_3,\bar{z}_3)\rangle = C_{abc}\prod_{i<j}(z_i-z_j)^{-\Delta_{ij}}(\bar{z}_i-\bar{z}_j)^{-\bar{\Delta}_{ij}} \qquad (2.5.26)$$

となる．ここで $\Delta_{12}=\Delta_1+\Delta_2-\Delta_3$ 等で，$\bar{\Delta}_{12}$ も同様である．紙面の都合上4点相関関数以上は BPZ の 1984 年の論文(4ページ脚注)の Appendix A の

(A.8) を見ていただきたい．ただしミスプリントがあって，右辺の指数 γ_{ij}，$\overline{\gamma}_{ij}$ には − 符合がつく．準プライマリー場に関する結果はもちろんプライマリー場についても成り立つ．この準プライマリー場を用いると共形場の理論のオペレータ代数を成す完全系 $\{A_i\}$ は

$$\{A_i\} = \{\mathcal{O}_a,\ \partial_z\mathcal{O}_a,\ \partial_{\overline{z}}\mathcal{O}_a,\ \partial_z^2\mathcal{O}_a,\ \partial_{\overline{z}}^2\mathcal{O}_a, \cdots\} \tag{2.5.27}$$

と表されることが知られている．

2.5.2　4 点相関関数と微分方程式

経路積分や転送行列などの方法は CFT の具体的な計算手段とはならない．CFT では相関関数の満たすべき微分方程式をたて，それを解いて正確な相関関数を求めることになる．その基本例が真空の $s\ell(2,\mathbb{C})$ 不変性と Ward 恒等式から求められた (2.5.23) の微分方程式である．この節では 4 点相関関数の満たす微分方程式の 1 例を導くことにより，2 次元における Virasoro 代数の威力を味わってみる．

共形次元 Δ をもつプライマリー場 ϕ の 4 点相関関数を調べよう．(2.5.23) より

$$\langle\phi(w_1)\phi(w_2)\phi(w_3)\phi(w_4)\rangle = (w_{13}w_{24}/w_{12}w_{23}w_{34}w_{14})^{2\Delta}F(\xi) \tag{2.5.28}$$

と決まることが知られている．ここで，$w_{ij} = w_i - w_j$，$\xi = w_{12}w_{34}/w_{13}w_{24}$ である．実際，(2.5.28) が $s\ell(2,\mathbb{C})$ の Ward 恒等式 (2.5.23) を満たすことは，直接代入することによって確かめられる．ただし，$F(\xi)$ は未定の関数として残る．

次に $F(\xi)$ を決める手法を説明する．まずプライマリー場 ϕ（共形次元 Δ）から構成される Verma モジュールを立ち入って調べてみよう（共形タワー構造については図 2.5 参照）．§1.6 で述べたように，状態 $|\Delta\rangle = \phi(0)|0\rangle$ は Virasoro 代数の最高ウェイト状態である．そのノルムは $\langle\Delta|\Delta\rangle = 1$ とする．Verma モジュール V_Δ のレベル 1 には，状態 $L_{-1}|\Delta\rangle$ がある．この状態のノルムは $L_n^+ = L_{-n}$ を用いて

$$|L_{-1}|\Delta\rangle|^2 = \langle\Delta|L_1L_{-1}|\Delta\rangle = 2\Delta \tag{2.5.29}$$

と計算される．ここで $L_1|\Delta\rangle = 0$，$L_0|\Delta\rangle = \Delta|\Delta\rangle$ および交換関係 $[L_1, L_{-1}] = 2L_0$ を用いた．次にレベル 2 の状態としては，$L_{-2}|\Delta\rangle$ と $L_{-1}^2|\Delta\rangle$ がある．ノル

ムは，Virasoro 代数の交換関係を使って

$$
\begin{aligned}
|L_{-2}|\Delta\rangle|^2 &= \langle\Delta|L_2L_{-2}|\Delta\rangle = 4\Delta + c/2,\\
|L_{-1}^2|\Delta\rangle|^2 &= \langle\Delta|L_1^2L_{-1}^2|\Delta\rangle = 4\Delta(2\Delta+1)
\end{aligned}
\tag{2.5.30}
$$

となる．また

$$
\langle\Delta|L_2L_{-1}^2|\Delta\rangle = 6\Delta \tag{2.5.31}
$$

である．(2.5.30) の最初の式で $\Delta=0$ とおくと

$$
\langle 0|L_2L_{-2}|0\rangle = c/2. \tag{2.5.32}
$$

これは，本質的に (2.4.7) のストレステンソルの 2 点相関関数の計算に他ならない．(2.5.29)，(2.5.32) より，CFT のユニタリ性の条件として

$$
c \geqq 0, \quad \Delta \geqq 0 \tag{2.5.33}
$$

が導かれる．

一般の c と Δ の値に対しては，レベル 2 の状態 $L_{-2}|\Delta\rangle$ と $L_{-1}^2|\Delta\rangle$ は互いに一次独立である．しかし c と Δ の間に

$$
\Delta = \frac{1}{16}[5-c\pm\sqrt{(1-c)(25-c)}] \tag{2.5.34}
$$

なる関係があるとしよう．ここで次のような状態

$$
|\chi\rangle = \left(L_{-2} - \frac{3}{2(2\Delta+1)}L_{-1}^2\right)|\Delta\rangle \tag{2.5.35}
$$

を定義する．Virasoro 代数の交換関係のみを用いて

$$
\begin{aligned}
L_0|\chi\rangle &= (\Delta+2)|\chi\rangle,\\
L_1|\chi\rangle &= 0
\end{aligned}
\tag{2.5.36}
$$

は容易に導かれる．さらに (2.5.34) を援用して

$$
L_2|\chi\rangle = 0 \tag{2.5.37}
$$

もチェックできる．そうすると，交換関係 $L_n=[L_{n+1},L_1]/n$ $(n\geqq 2)$ を用いて，結局

$$
L_n|\chi\rangle = 0, \quad n\geqq 1 \tag{2.5.38}
$$

が得られる．すなわち，$|\chi\rangle$ は共形次元 $\Delta+2$ をもつプライマリー状態になっている．ところが，そのノルムは

$$\langle\chi|\chi\rangle = \langle 0|\left(L_2 - \frac{3}{2(2\Delta+1)}L_1^2\right)|\chi\rangle = 0 \qquad (2.5.39)$$

となって消えてしまう．ただし，ここで (2.5.38) を用いた．また (2.5.38) のために，V_Δ の他のすべての状態と直交する．したがって，$|\chi\rangle$ は物理的状態には成り得ず，結局，

$$|\chi\rangle = 0 \qquad (2.5.40)$$

とおける．このような状態のことを **null 状態**（ないし特異ベクトル）とよぶ．レベル N に null 状態が存在するとき，レベル N で縮退が起こるという．CFT の状態空間からすべての null 状態を消去することにより，Virasoro 代数の既約表現の空間が得られる．このような既約表現を縮退表現という．

この null 状態を上手に使うと相関関数についての微分方程式を導ける．その例として，Δ が (2.5.34) を満たす場合を考えてみる．まず，null 状態 (2.5.35) に対応する場を $\phi_\chi(z)$ と書こう：

$$\phi_\chi(z) = (L_{-2}\phi)(z) - \frac{3}{2(2\Delta+1)}\partial_z^2\phi(z). \qquad (2.5.41)$$

他の状態との直交性より

$$\begin{aligned} 0 &= \langle\phi_\chi(z)\phi(w_2)\phi(w_3)\phi(w_4)\rangle \\ &= \langle(L_{-2}\phi)(z)\phi(w_2)\phi(w_3)\phi(w_4)\rangle \\ &\quad - \frac{3}{2(2\Delta+1)}\frac{\partial^2}{\partial z^2}\langle\phi(z)\phi(w_2)\phi(w_3)\phi(w_4)\rangle \end{aligned} \qquad (2.5.42)$$

が成り立つ．

右辺第 1 項を微分演算子で書き表すための公式を導こう．つぎの表式

$$\begin{aligned} &\langle(L_{-n}\phi)(z,\bar{z})\phi_1(z_1,\bar{z}_1)\cdots\phi_N(z_N,\bar{z}_N)\rangle \\ &= \oint_z \frac{dw}{2\pi i}\frac{1}{(w-z)^{n-1}}\langle T(w)\phi(z,\bar{z})\phi_1(z_1,\bar{z}_1)\cdots\phi_N(z_N,\bar{z}_N)\rangle \end{aligned} \qquad (2.5.43)$$

から出発する．ここで積分路を図 2.6 のように変形する．すべての点を囲む大円に沿っての積分は，(2.5.11) より $n \geqq -1$ の場合に限りゼロになる．以下 $n \geqq -1$ とすると，各 z_j のまわりの寄与は (2.5.9) を用いて表せて

(2.5.43) の右辺

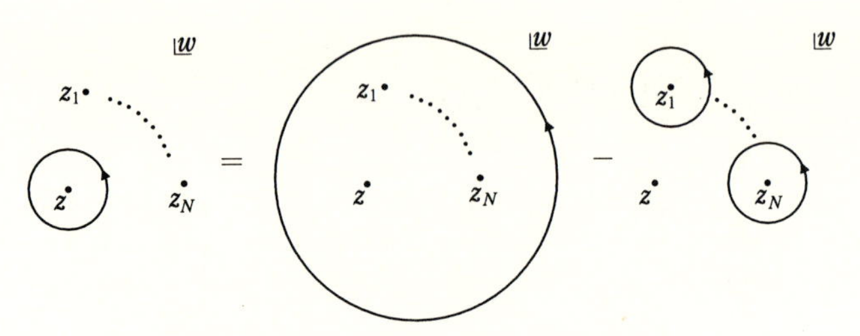

図 2.6　(2.5.43)～(2.5.44) の積分路

$$
= -\sum_{j=1}^{N} \oint_{z_j} \frac{dw}{2\pi i} \frac{1}{(w-z)^{n-1}} \left(\frac{\Delta_j}{(w-z_j)^2} + \frac{1}{w-z_j} \frac{\partial}{\partial z_j} \right) \times \langle \phi(z,\bar{z}) \phi_1(z_1,\bar{z}_1) \cdots \phi_N(z_N,\bar{z}_N) \rangle \tag{2.5.44}
$$

となる．留数計算すると，われわれの欲しい結果として

$$
\langle (L_{-n}\phi)(z,\bar{z}) \phi_1(z_1,\bar{z}_1) \cdots \phi_N(z_N,\bar{z}_N) \rangle = \mathcal{L}_{-n} \langle \phi(z,\bar{z}) \phi_1(z_1,\bar{z}_1) \cdots \phi_N(z_N,\bar{z}_N) \rangle \tag{2.5.45}
$$

を得る．ただし

$$
\mathcal{L}_{-n} = \sum_{j=1}^{N} \left(\frac{(n-1)\Delta_j}{(z_j-z)^n} - \frac{1}{z_j-z} \frac{\partial}{\partial z_j} \right) \tag{2.5.46}
$$

である．

この公式を用いると (2.5.42) は

$$
\left[\frac{3}{2(2\Delta+1)} \frac{\partial^2}{\partial z^2} - \sum_{j=2}^{4} \left(\frac{\Delta}{(w_j-z)^2} - \frac{1}{w_j-z} \frac{\partial}{\partial w_j} \right) \right] \langle \phi(z) \phi(w_2) \phi(w_3) \phi(w_4) \rangle = 0 \tag{2.5.47}
$$

となって，4 点相関関数についての微分方程式に帰着する．$z=w_1$ として (2.5.28) を代入し，若干の計算をすれば，$F(\xi)$ についての 2 階常微分方程式

$$
\left[\frac{3}{2(2\Delta+1)} \frac{d^2}{d\xi^2} + \left(\frac{1}{\xi} - \frac{1}{1-\xi} \right) \frac{d}{d\xi} - \frac{\Delta}{\xi^2} - \frac{2\Delta}{\xi(1-\xi)} - \frac{\Delta}{(1-\xi)^2} \right] F(\xi) = 0 \tag{2.5.48}
$$

を得る．これは $\xi=0,\ 1,\ \infty$ に確定特異点をもっている．$F(\xi)$ は適当な境界条件のもとで，この微分方程式の解として決定されるわけである．プライマリー

場ϕから構成されるVermaモジュールがレベルNで縮退(null状態)をもつ場合，対応する$F(\xi)$は一般に$\xi=0,\ 1,\ \infty$に確定特異点をもつN階の常微分方程式を満たす.

ここで応用上大切になる$F(\xi)$の性質を調べておこう．そのためにはϕのOPE

$$\phi(z)\phi(w)\simeq\sum_k\frac{C_k}{(z-w)^{2\Delta-\Delta_k}}\phi_k(w) \tag{2.5.49}$$

が有用である．ただしC_kはOPEの構造定数であり，右辺は一般にプライマリー場とそのセカンダリー場の寄与をもち，それらの場をまとめてϕ_kと書いた. 4点関数(2.5.28)で$w_1\to w_2$($w_2\neq w_3\neq w_4$は留めておく)としてみよう．明らかに$\xi\simeq w_{12}\to 0$である．またOPEを用いて

$$\begin{aligned}&\langle\phi(w_1)\phi(w_2)\phi(w_3)\phi(w_4)\rangle\\&\simeq\sum_k\frac{C_k}{(w_1-w_2)^{2\Delta-\Delta_k}}\langle\phi_k(w_2)\phi(w_3)\phi(w_4)\rangle\\&\simeq\ \xi^{-2\Delta+\Delta_m}\end{aligned} \tag{2.5.50}$$

となる． ただし，$\langle\phi_k\phi\phi\rangle\neq 0$なる$\phi_k$のうち，最も強い近距離の特異点を与える場の共形次元をΔ_mとした．一方，(2.5.28)の右辺は，この極限で$\xi^{-2\Delta}F(\xi)$となるから，(2.5.50)と比べて，$\xi\to 0$で$F(\xi)\sim\xi^{\Delta_m}$となることがわかる．同様の考察をくり返して

$$F(\xi)\simeq\begin{cases}\xi^{\Delta_m}, & \xi\to 0\\(\xi-1)^{\Delta_m}, & \xi\to 1\\(1/\xi)^{-4\Delta+\Delta_m}, & \xi\to\infty\end{cases} \tag{2.5.51}$$

を得る.

2.6 まとめ

最後に，いくつか留意しておくべき点をまとめておきたい.

[1] 共形族$[\phi_\alpha]$は(2.5.18)のテンソル積構造をもつので，Virasoro代数の表現論を展開する上では，正則部分だけに限れば十分である．この表現論

の詳しい分析から縮退表現の場合に共形次元を決める Kac 公式とよばれる表式が得られる(§4.1 をみよ).

[2] しかし正則部分だけの分析は物理への応用上不十分である．すなわち，一般に相関関数は z と $\bar{z}$ の関数であるから，バルクな臨界現象を記述するためには正則，反正則部分の“張り合わせ”が必要である(図 2.7)．これをどのように実行するかが物理の問題として重要である．

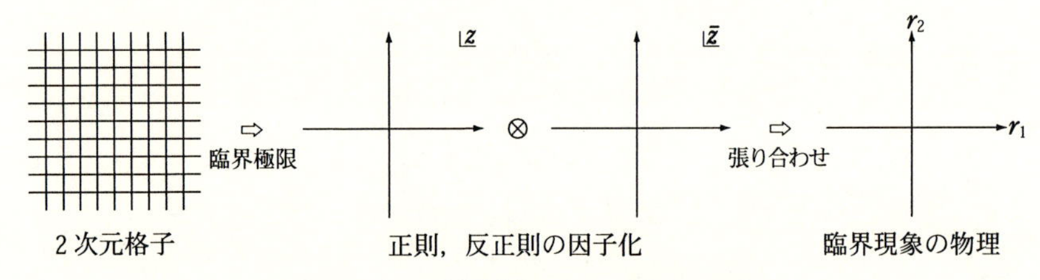

図 2.7　格子臨界現象から共形場の理論へ

[3] ただし，ストレステンソルのような保存カレントは“張り合わせ”の後でも，正則成分 $T(z)$ と反正則成分 $\overline{T}(\bar{z})$ のままである．さらに，Heisenberg 模型の臨界現象のように内部連続対称性がある場合は，共形次元 $(1,0)$ の正則カレント $J^a(z)$，および共形次元 $(0,1)$ の反正則カレント $\overline{J}^a(\bar{z})$ (a は Lie 代数の添字)が存在し，カレント代数(current algebra)を生成する(§5.2 をみよ).

[4] 本章では $T(z)$ と $\overline{T}(\bar{z})$ を独立に扱った．このような取り扱いが許されるのは，2 次元のバルクな臨界現象についてである．境界がある場合の臨界現象の記述については改めて §3.1 で議論する．

有限サイズ系の共形場の理論

本章では2次元共形場の理論(CFT)を上半平面やシリンダーなどの半無限ジオメトリーの場合に定式化する．上半平面上のCFTは，現在，boundary CFTとよばれ，境界がある場合の臨界現象(surface critical behaviorの2次元版)へ応用される．少し見方を変えると，近藤効果に代表される局在した不純物をもつ1次元量子臨界系に関しても重要な応用が見い出される．シリンダー上のCFTは有限サイズスケーリングの考え方と結び付き，臨界指数を計算するための貴重な方法を与える．以下では，有限サイズジオメトリーでCFTを考察することが，応用の立場からも，またCFT自身のもつ内在的性質を理解していくためにもたいへん有用であることを明らかにする．

3.1　境界がある場合

任意の空間次元で，境界がある場合の臨界現象における連結2点相関関数$\langle\phi(\boldsymbol{r}_1)\phi(\boldsymbol{r}_2)\rangle_c=\langle\phi(\boldsymbol{r}_1)\phi(\boldsymbol{r}_2)\rangle-\langle\phi(\boldsymbol{r}_1)\rangle\langle\phi(\boldsymbol{r}_2)\rangle$を考える．ここで$\boldsymbol{r}_1,\boldsymbol{r}_2$は，境界面(2次元の場合は境界線)に垂直な面内の位置ベクトルである(図3.1)．

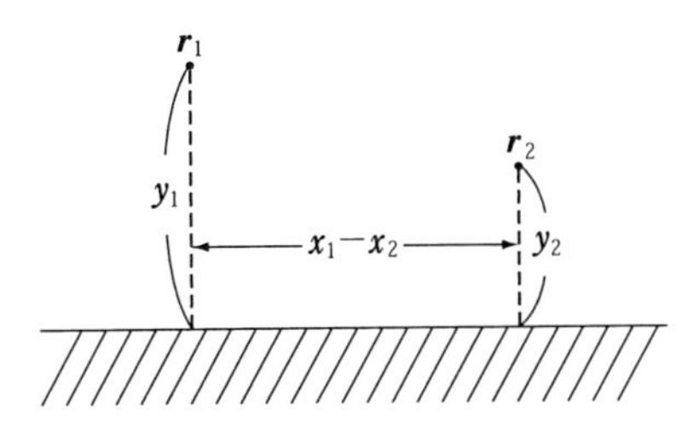

図3.1　境界近傍の2点相関関数のジオメトリー

連結相関関数を考える理由は，対称性で禁止されない限り，境界効果によって 1 点関数 $\langle\phi(\boldsymbol{r})\rangle$ が有限に残り得るからである．相関関数 $G(\boldsymbol{r}_1,\boldsymbol{r}_2)\equiv\langle\phi(\boldsymbol{r}_1)\phi(\boldsymbol{r}_2)\rangle_c$ の形はスケール不変性より

$$G(\boldsymbol{r}_1,\boldsymbol{r}_2)=(y_1y_2)^{-2x}\psi\left(\frac{y_1}{\rho},\frac{y_2}{\rho}\right) \tag{3.1.1}$$

と決まる．ただし，$\rho=x_1-x_2$ で，x は前章で説明した ϕ のバルクスケーリング次元である．また ψ はユニバーサルなスケーリング関数である．r_1,r_2 をとめて $\rho\to\infty$ とすると

$$G(\boldsymbol{r}_1,\boldsymbol{r}_2)\sim\rho^{-2x_s} \tag{3.1.2}$$

のようにふるまう[*1]．ここで x_s は**表面臨界指数** (surface critical exponent) とよばれ，(3.1.1) に現れた対応するオペレータのバルクの臨界指数 x とは一般に異なる値をとることを注意しておく．以下では (1+1) 次元に焦点を絞り，CFT を用いて (3.1.1) の 2 点相関関数およびその臨界指数 x_s を導出する方法について解説する[*2]．

2 次元面の Euclid 座標を (x,y) とし，臨界系が $y>0$ の領域で与えられているとする．すなわち，境界が $y=0$ の x–軸上にある場合の系である．このジオメトリーにおける 2 点相関関数 (3.1.1) を CFT を用いて調べよう．そのために境界がある場合の共形 Ward 恒等式を導く．われわれの出発点は，前章で導いた場の変換則 (2.2.19)

$$\delta_\epsilon A(w,\overline{w})=\oint_C\frac{dz}{2\pi i}\epsilon(z)T(z)A(w,\overline{w})-\oint_C\frac{d\overline{z}}{2\pi i}\overline{\epsilon}(\overline{z})\overline{T}(\overline{z})A(w,\overline{w}) \tag{3.1.3}$$

である．ここで積分路 C は $y>0$ の領域にとってあり，また $z=x+iy,\ \overline{z}=x-iy$ とした．バルクの臨界現象を念頭においた前章の内容では，$\epsilon(z),\overline{\epsilon}(\overline{z})$ を独立とみなすことができた．しかし，境界が存在するならば，共形変換の前後で境界の位置が変わってはいけない．すなわち，今の場合は実軸の位置を保つ必要があるので，許される共形変換 $z\to w=w(z)$ は実解析性の条件 $\overline{w(z)}=w(\overline{z})$ を満たさねばならない．したがって，(3.1.3) において $\epsilon(z),\overline{\epsilon}(\overline{z})$ はもはや独立ではなく，右辺第 2 項は

*1　H. W. Diehl, in *Phase Transitions and Critical Phenomena* **10**, (Academic Press, 1986) p.75

*2　J. L. Cardy, *Nucl. Phys.* **B240** (1984) 514

$$\oint_C \frac{d\bar{z}}{2\pi i}\epsilon(\bar{z})\overline{T}(\bar{z})A(w,\overline{w}) \tag{3.1.4}$$

となる．ストレステンソルの成分は，$T(z)$ が $\mathrm{Im}\ z>0$ で，$\overline{T}(\bar{z})$ は $\mathrm{Im}\ \bar{z}<0$ で与えられている．そこで下半平面での $T(z)$ を $\overline{T}(\bar{z})$ から

$$T(z)=\overline{T}(z), \quad \mathrm{Im}\ z<0 \tag{3.1.5}$$

のように解析接続して定義しよう．そうすると (3.1.4) は

$$-\oint_{\overline{C}} \frac{dz}{2\pi i}\epsilon(z)T(z)A(w,\overline{w}) \tag{3.1.6}$$

となる（図 3.2(a)）．

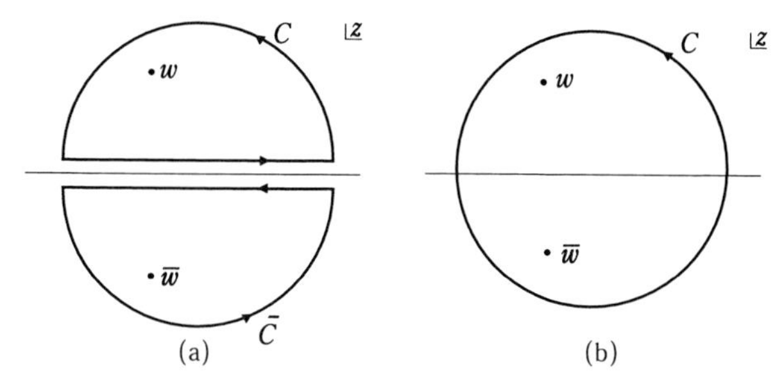

図 3.2 (3.1.3)～(3.1.8) の積分路

また実軸はこの系の境界だから，実軸に垂直な方向への運動量の流れは禁止される．ストレステンソルの非対角成分 $T_{12}=-i(T-\overline{T})$ がこの運動量の流れの密度を与えるので，$\mathrm{Im}\ z=0$ では $T_{12}=0$ である．このことと (3.1.5) より，実軸上での境界条件として

$$T=\overline{T}, \quad \mathrm{Im}\ z=0 \tag{3.1.7}$$

を課すことにする．これは境界条件が共形不変性を保つための必要条件である．(3.1.7) のために，(3.1.3) の C と $\overline{C}$ 上の積分において，実軸に沿った部分は打ち消し合い，場の変換則として

$$\delta_\epsilon A(w,\overline{w})=\oint_C \frac{dz}{2\pi i}\epsilon(z)T(z)A(w,\overline{w}) \tag{3.1.8}$$

を得る．ここで，改めて積分路 C を図 3.2(b) のようにとった．こうして，場の変換則はバルクの場合と同様に全 z–平面上での周回積分の形をとる．しかし，ストレステンソルの正則成分 $T(z)$ だけで書かれており，この点が $T(z),\overline{T}(\bar{z})$

の両成分が現れるバルクの場合と対照的に異なっている．

次に共形 Ward 恒等式をみてみよう．(3.1.8) を用いて，§2.6 の計算をなぞると

$$\langle T(z)\phi_1(z_1,\overline{z}_1)\cdots\phi_N(z_N,\overline{z}_N)\rangle$$
$$=\Big[\sum_{j=1}^{N}\Big(\frac{\Delta_j}{(z-z_j)^2}+\frac{1}{z-z_j}\frac{\partial}{\partial z_j}\Big)+\sum_{j=1}^{N}\Big(\frac{\Delta_j}{(z-\overline{z}_j)^2}+\frac{1}{z-\overline{z}_j}\frac{\partial}{\partial\overline{z}_j}\Big)\Big]$$
$$\times\langle\phi_1(z_1,\overline{z}_1)\cdots\phi_N(z_N,\overline{z}_N)\rangle \tag{3.1.9}$$

を得る．この結果は重要である．$(\overline{z}_1,\overline{z}_2,\cdots,\overline{z}_N)\to(z_{N+1},z_{N+2},\cdots,z_{2N})$ とみたてると，boundary CFT における「N 点相関関数」$\langle\phi_1(z_1,\overline{z}_1)\cdots\phi_N(z_N,\overline{z}_N)\rangle$ はバルクの「$2N$ 点相関関数」$\langle\phi_1(z_1,\overline{z}_1)\cdots\phi_N(z_{2N},\overline{z}_{2N})\rangle$ の正則部分 $\langle\phi_1(z_1)\cdots\phi_N(z_{2N})\rangle$ が満たす Ward 恒等式とまったく同一の恒等式を満たすことがわかる．

boundary CFT の 2 点相関関数 $G(\boldsymbol{r}_1,\boldsymbol{r}_2)$ を調べてみよう．これは，今述べたように，バルクの 4 点相関関数の正則部分

$$\langle\phi(w_1)\phi(w_2)\phi(w_3)\phi(w_4)\rangle=G^{(4)}_{\rm bulk}(w_1,w_2,w_3,w_4) \tag{3.1.10}$$

から求められることになる．$G^{(4)}_{\rm bulk}$ の形は (2.5.28) にある．この 4 点相関関数で $w_1=z_1$，$w_2=z_2$，$w_3=\overline{z}_1$，$w_4=\overline{z}_2$ とおいて，boundary CFT におけるプライマリー場の 2 点相関関数が

$$G(\boldsymbol{r}_1,\boldsymbol{r}_2)=G^{(4)}_{\rm bulk}(z_1,z_2,\overline{z}_1,\overline{z}_2)$$
$$=\Big(\frac{(z_1-\overline{z}_1)(z_2-\overline{z}_2)}{(z_1-z_2)(z_2-\overline{z}_1)(\overline{z}_1-\overline{z}_2)(z_1-\overline{z}_2)}\Big)^{2\Delta}F_s(\xi) \tag{3.1.11}$$

と与えられる．ただし，図 3.1 のように $\boldsymbol{r}_j=(x_j,y_j)$，$z_j=x_j+iy_j$ $(j=1,2)$ であり，ここでは

$$\xi=(z_1-z_2)(\overline{z}_1-\overline{z}_2)/\{(z_1-\overline{z}_1)(z_2-\overline{z}_2)\}$$
$$=-[(x_1-x_2)^2+(y_1-y_2)^2]/4y_1y_2\ . \tag{3.1.12}$$

また $F(\xi)$ は $F_s(\xi)$ と書き改めた．

(3.1.11) の漸近形を調べるために，y_1,y_2 を固定して $\rho=x_1-x_2\to\infty$ とすると $\xi\sim-\rho^2\to-\infty$ になる．このとき (2.5.51) より $F_s(\xi)\sim\xi^{4\Delta-\Delta_m}$ であるから

$$G(\boldsymbol{r}_1, \boldsymbol{r}_2) \sim \rho^{-2\Delta_m} \tag{3.1.13}$$

と求められる．(3.1.2) と比較すると，表面臨界指数は $x_s = \Delta_m$ となることがわかった．

ここで注意すべき点は，

[1] バルクの場合はスケーリング次元 $x = \Delta + \overline{\Delta}$ であったが，表面スケーリング次元は $x_s = \Delta_m$ で共形次元そのもので与えられる．この辺の事情は§3.4 でさらに詳しく解説する．

[2] Δ_m を決定するには，OPE (2.5.49) の右辺のオペレータ ϕ_k のうち，どれが寄与するかを見究める必要がある．詳細な説明は本節で引用している Cardy の論文をみられたい*2．

[3] $F_s(\xi)$ は $F(\xi)$ と同一の微分方程式に従うが，境界の存在のためバルクとは異なる境界条件を満たす解として求められる．

である．以上の議論のポイントを押えておこう．スケーリングオペレータ ϕ は境界の近傍で

$$\begin{aligned} \phi(z, \overline{z}) &= \phi_L(x+iy)\phi_R(x-iy) \\ &\simeq \phi_L(x+iy)\phi_L(x-iy) \\ &\simeq \sum_k y^{-2\Delta+\Delta_k} C_k \phi_k(x)\,. \end{aligned} \tag{3.1.14}$$

ただし，第 1 行で ϕ を正則(left-mover (L))と反正則(right-mover (R))部分に分解し，第 2 行では解析接続で $\phi_R = \phi_L$ とおき，最後の行で OPE (2.5.49) を用いた(図 3.3)*3．こうすると 2 点相関関数は

$$\langle \phi(z_1, \overline{z}_1)\phi(z_2, \overline{z}_2) \rangle \sim \langle \phi_k(x_1)\phi_k(x_2) \rangle \sim |x_1 - x_2|^{-2\Delta_m} \tag{3.1.15}$$

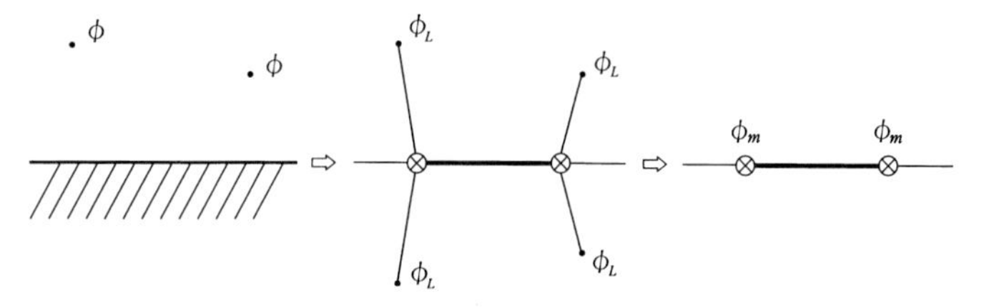

図 3.3　鏡映と OPE

*3　I. Affleck and W. W. Ludwig, *Nucl. Phys.* **B360** (1991) 641

と求まり，(3.1.13) と一致する．すなわち (3.1.14) の最後の OPE の式が重要で，この考察における ϕ_k は**境界オペレータ**(boundary operator) とよばれる[*4]．

ここで解説した方法は，Ising 模型や Potts 模型などの 2 次元古典統計系に応用されている．また多チャンネル近藤問題における Green 関数もこの方法によって計算された[*5]．ここまでで，バルクの場合，および境界のある場合での共形 Ward 恒等式から導かれる相関関数についての議論はひとまず終了し，次節から転送行列を用いた CFT の記述に話題を移す．

3.2　有限サイズスケーリング

今までは，もっぱら CFT の枠組のなかで相関関数の性質を調べてきた．すなわち，臨界系のミクロな構造を問うことなしに，ユニバーサルな側面のみをみてきたわけである．一方，統計力学や固体物理学においては，具体的にミクロな模型が与えられ，各模型がしめす臨界現象を解析することが大きな目的となる．このような実践的状況においても，CFT が強力な方法論を提供することを以下で説明していきたい．その方法とは，CFT に基づく有限サイズスケーリング法である．この方法を用いると，相関関数を陽に計算せずに，バルクの物理量から臨界指数などを計算することが可能になる．したがって，解析的なアプローチのみならず計算機を用いた数値的アプローチにも欠かせない方法である．CFT から開発された，応用上，最も貴重な手法であり，現在では標準的な方法として様々な臨界系に適用され大きな成果をあげている．有限サイズ系の CFT の重要性を最初に指摘したのは，BPZ の論文の直後の Cardy の一連の論文である[*6]．

最初にバルクの臨界現象を考えよう．共形変換

$$z \to w = \frac{\ell}{2\pi} \log z \qquad (3.2.1)$$

*4　J. L. Cardy and D. C. Lewellen, *Phys. Lett.* **B259** (1991) 274

*5　A.W.W. Ludwig and I. Affleck, *Phys. Rev. Lett.* **67** (1991) 3160

*6　J. L. Cardy, *J. Phys.* **A17** (1984) L385; *J. Phys.* **A17** (1984) L961; *Nucl. Phys.* **B270** (1986) 186

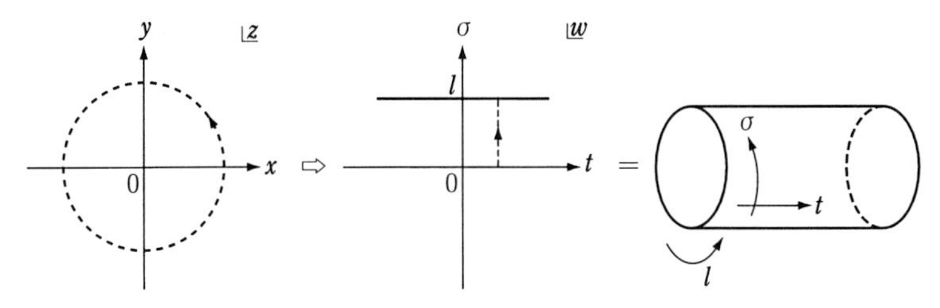

図 3.4　共形変換 (3.2.1)

によって，z–平面は w–平面上の無限に長い幅 ℓ の帯 (strip) に写される（図 3.4）.

ここで，$w=t+i\sigma$, $\overline{w}=t-i\sigma$ とおこう．以下でみるように，σ は 1 次元空間方向の座標，t は時間座標（ただし，虚時間である）と自然に理解できる．したがって，この (3.2.1) を通して § 2.4 で説明した "動径順序付け" なるものの妥当性がよく理解されるのである．変換 (3.2.1) を z–平面上のプライマリー場の 2 点相関関数

$$\langle\phi(z,\overline{z})\phi(z',\overline{z}')\rangle=\frac{1}{(z-z')^{2\Delta}(\overline{z}-\overline{z}')^{2\overline{\Delta}}} \tag{3.2.2}$$

に用いると (2.5.2) より

$$\begin{aligned}\langle\widetilde{\phi}(w,\overline{w})\widetilde{\phi}(w',\overline{w}')\rangle_{\text{strip}}=&\left(\frac{dw}{dz}\right)^{-\Delta}\left(\frac{d\overline{w}}{d\overline{z}}\right)^{-\overline{\Delta}}\left(\frac{dw'}{dz'}\right)^{-\Delta}\left(\frac{d\overline{w}'}{d\overline{z}'}\right)^{-\overline{\Delta}}\\&\times\langle\phi(z,\overline{z})\phi(z',\overline{z}')\rangle\end{aligned} \tag{3.2.3}$$

となって，帯上の 2 点相関関数が得られる．(3.2.1) を代入すると

$$\langle\widetilde{\phi}(w,\overline{w})\widetilde{\phi}(w',\overline{w}')\rangle_{\text{strip}}=\frac{(\pi/\ell)^{2x}}{\left(\sinh\frac{\pi}{\ell}(w-w')\right)^{2\Delta}\left(\sinh\frac{\pi}{\ell}(\overline{w}-\overline{w}')\right)^{2\overline{\Delta}}} \tag{3.2.4}$$

を得る．$|w-w'|\ll\ell$ のとき，この相関関数は (3.2.2) のべき型の減衰に帰着することは明らかであろう．

われわれが興味があるのは，逆の場合，$|w-w'|\gg\ell$ である．このとき，(3.2.4) を Taylor 展開すれば

$$\langle\widetilde{\phi}(w,\overline{w})\widetilde{\phi}(w',\overline{w}')\rangle_{\rm strip}$$
$$=\left(\frac{2\pi}{\ell}\right)^{2x}\sum_{N,\overline{N}=0}^{\infty}a_N a_{\overline{N}}\exp\left[-\frac{2\pi}{\ell}(x+N+\overline{N})(t-t')\right]$$
$$\times\exp\left[\frac{2\pi i}{\ell}(s+N-\overline{N})(\sigma-\sigma')\right] \tag{3.2.5}$$

と求まる．ただし $a_N=\Gamma(2\Delta+N)/\Gamma(2\Delta)N!$ とし，$\Gamma(x)$ はガンマ関数である．また，$x=\Delta+\overline{\Delta}$, $s=\Delta-\overline{\Delta}$ は，それぞれ ϕ のスケーリング次元とスピンである．系が臨界点直上にあるにもかかわらず，帯上の相関関数は指数関数的なふるまいを示していることに注意する．もちろん，これは有限サイズによる効果である．すぐにみるように，ここで重要な点は指数型減衰の時間依存性から読みとれる相関距離(あるいはギャップ)がスケーリング次元で表される，というユニバーサルな特徴である．

この結果を転送行列の観点から見直そう．系のハミルトニアンを $\widehat{H}$ とすると，(3.2.5) の相関関数は

$$\langle\widetilde{\phi}(w,\overline{w})\widetilde{\phi}(w',\overline{w}')\rangle_{\rm strip}$$
$$=\lim_{T,T'\to+\infty}\frac{{\rm Tr}\ e^{-T\widehat{H}}\widehat{\phi}(\sigma)e^{-(t-t')\widehat{H}}\phi(\sigma')e^{-T'\widehat{H}}}{{\rm Tr}\ e^{-(T+t-t'+T')\widehat{H}}}$$
$$=\sum_{n,k}\langle 0|\widehat{\phi}(\sigma)|n,k\rangle e^{-(E_n-E_0)(t-t')}\langle n,k|\widehat{\phi}(\sigma')|0\rangle \tag{3.2.6}$$

と表せる．ここで $|n,k\rangle$ は，系のハミルトニアン $\widehat{H}$ の固有状態でエネルギー E_n，運動量 k をもつ．とくに E_0 は基底状態のエネルギーである．また，プライマリー場 $\widetilde{\phi}$ は $\widehat{H}$ の固有状態の張る Hilbert 空間に作用する演算子 $\widehat{\phi}(\sigma)$ に置き換えた．この表式を (3.2.5) の右辺と比べてみると，各プライマリー状態 $(\Delta,\ \overline{\Delta})$ について，$\widehat{H}$ の無限個の励起状態が対応することがみえる．そのエネルギー E_n は

$$E_n-E_0=\frac{2\pi}{\ell}(x+N+\overline{N}),\quad N,\overline{N}=0,1,2,\cdots \tag{3.2.7}$$

一方，運動量 k は

$$k=\frac{2\pi}{\ell}(s+N-\overline{N}) \tag{3.2.8}$$

と読みとれる．これは，まさにプライマリー状態$(\Delta,\ \overline{\Delta})$を頂点にもつ共形タワーの構造に他ならず，非負の整数$(N, \overline{N})$は各セカンダリー状態のレベルである．

この結果をもう一度見直してみたい．まず空間的に有限な広がりをもつので，その境界条件が問題になる．これを考えるために，今，系の秩序変数に対応する場を$\phi(z)$（order 場）と書く．この場を原点のまわりに一周させてみよう．ϕに双対（dual）な disorder 場のような変数が原点に存在しない限り，$\phi(z)\to\phi(e^{2\pi i}z)=\phi(z)$になる．これを (3.2.1) で写された場$\widetilde{\phi}(t,\sigma)$でみると，$\widetilde{\phi}(t,0)=\widetilde{\phi}(t,\ell)$となって，$\sigma$–方向（空間方向）に「周期境界条件」を課していることになる．以下では，このような場合を仮定すると，(3.2.1) によってシリンダー上の CFT に移ることになる．

まずシリンダー上のハミルトニアン$\widehat{H}_{\mathrm{P}}$を求めよう．添字 P は周期境界条件を示す．ハミルトニアンは，エネルギーの流れの密度$(T_{\mathrm{cyl}})_{11}=T_{\mathrm{cyl}}+\overline{T}_{\mathrm{cyl}}$を空間積分して得られる：

$$\widehat{H}_{\mathrm{P}}=\int_0^\ell\frac{d\sigma}{2\pi}(T_{\mathrm{cyl}}(w)+\overline{T}_{\mathrm{cyl}}(\overline{w})). \tag{3.2.9}$$

シリンダー上のストレステンソルは変換則 (2.3.4)

$$T(z)=\left(\frac{dw}{dz}\right)^2T_{\mathrm{cyl}}(w)+\frac{c}{12}\{w,z\} \tag{3.2.10}$$

から導かれる．(3.2.1) を代入して

$$T_{\mathrm{cyl}}(w)=\left(\frac{2\pi}{\ell}\right)^2\left[T(z)z^2-\frac{c}{24}\right]. \tag{3.2.11}$$

$T(z)$の Laurent 展開 (2.2.23) を右辺に代入すれば

$$T_{\mathrm{cyl}}(w)=\left(\frac{2\pi}{\ell}\right)^2\sum_{n\in\mathbb{Z}}e^{-\frac{\ell n}{2\pi}w}\left(L_n-\frac{c}{24}\delta_{n,0}\right) \tag{3.2.12}$$

となる．$\overline{T}_{\mathrm{cyl}}$も同様である．ここでひとつ注意しておく．時間座標$t$を虚時間から実時間へ解析接続し，その上で$T_{\mathrm{cyl}}=T^*_{\mathrm{cyl}}$をみると$L_n^+=L_{-n}$となり，(2.4.4) を得る．すなわち (2.4.4) はストレステンソルが実であることの結果であった．

(3.2.12) を (3.2.9) に代入して

$$\hat{H}_{\mathrm{P}} = \frac{2\pi}{\ell}(L_0 + \overline{L}_0) - \frac{\pi c}{6\ell} \qquad (3.2.13)$$

を得る．シリンダー上の運動量演算子は

$$\begin{aligned}\hat{P} &= \int_0^\ell \frac{d\sigma}{2\pi}(T_{\mathrm{cyl}}(w) - \overline{T}_{\mathrm{cyl}}(\overline{w})) \\ &= \frac{2\pi}{\ell}(L_0 - \overline{L}_0) \qquad (3.2.14)\end{aligned}$$

で与えられる．すなわち，$\hat{H}_{\mathrm{P}}$ と $\hat{P}$ の固有状態は $L_0 + \overline{L}_0$ と $L_0 - \overline{L}_0$ の固有状態に 1 対 1 に対応するのである！　前章でみたように $(L_0, \overline{L}_0)$ の固有状態は，共形次元 $(\Delta + N, \overline{\Delta} + \overline{N})$ をもつスケーリング演算子に対応する．とくに $L_0 + \overline{L}_0$ の基底状態は単位演算子に対応し，$(\Delta, \overline{\Delta}) = (0, 0)$ である．さらに，L_0 と $\overline{L}_0$ の固有状態の空間は，Virasoro 代数の最高ウェイト表現に分解される((2.5.18)～(2.5.20) 参照)．したがって，(3.2.13) と (3.2.14) より再び (3.2.7)，(3.2.8) を得る．また (3.2.13) と比較するとシリンダー上の基底状態のエネルギーとして

$$E_0 = -\frac{\pi c}{6\ell} \qquad (3.2.15)$$

が得られた．

以上の結果を 1 次元量子系の言葉でまとめてみよう．$\hat{H}_{\mathrm{P}}$ を 1 次元量子臨界系のハミルトニアンとすれば，スケーリング次元は空間の長さ ℓ を有限に止め周期境界条件を課し，励起エネルギーを評価することから計算できる．素励起が Fermi 速度 v をもつことから，シリンダー軸に沿った時間座標 t を vt とスケールしてやれば，(3.2.7) は

$$E_n - E_0 = \frac{2\pi v}{\ell}(x + N + \overline{N}) \qquad (3.2.16)$$

となる．同様に運動量 k は

$$k = \frac{2\pi v}{\ell}(s + N - \overline{N}) \qquad (3.2.17)$$

である．基底状態のエネルギーはバルクの寄与も考慮して，(3.2.15) より

$$E_0 = \varepsilon_0 \ell - \frac{\pi v c}{6\ell} \tag{3.2.18}$$

と求まる．すなわち，セントラルチャージは基底状態のエネルギーのユニバーサルな有限サイズ補正としてみえてくる*7．Bethe 仮説法によって周期境界条件のもとでのエネルギースペクトルが正確に求まる場合には，有限サイズ補正を正しく見積もることにより，(3.2.16)～(3.2.18) から c と $\{(\Delta, \overline{\Delta})\}$ を決定することができる．具体的な計算例は 10, 11 章で紹介することにしたい．

ここで (3.2.16) は，臨界系を有限サイズのジオメトリーで見ることによって得られた“スケール則”，すなわち**有限サイズスケーリング**(finite-size scaling)の式であるということを強調しておく．有限サイズを考えるため，長さのスケール ℓ が入ってきて，そのために臨界系が“丸め込まれ”，$1/\ell$ の寄与が現れる．有限サイズで，かつ系が臨界点から十分離れていると，この補正は指数関数的に小さくなることを注意しておこう．重要なのは，$1/\ell$ の係数(scaling amplitude)がくり込み群の固定点を記述する CFT から決まるユニバーサルな量，すなわちスケーリング次元やセントラルチャージで与えられるという事実である．

さて，今度は図 3.4 の t–方向を無限に長い量子 1 次元系の空間軸とみなし，σ–方向を時間軸と見立ててみよう．この時間は虚時間であり，σ–方向には周期境界条件がかかっているから，$\ell = v\beta = v/T$ とおくことによって，われわれが考えている対象は，有限温度 T の量子 1 次元系の熱力学とみなすことができるであろう．このとき，有限サイズ補正の寄与に対応する自由エネルギー密度 f は，(3.2.15) で $E_0 \to \beta f$, $\ell \to v\beta$ と読み替えることにより，$f = -\pi c T^2/6v$ と求まる．したがって，比熱 C の公式 $C = -T\partial^2 f/\partial T^2$ から，$T \to T_c\ (=0)$ における比熱のスケール則

$$C = \frac{\pi c}{3v} T \tag{3.2.19}$$

を得る．これは，線形比熱係数からセントラルチャージ c を読みとる重要な式である．

---

*7 H.W.J. Blöte, J. L. Cardy and M. P. Nightingale, *Phys. Rev. Lett.* **56** (1986) 742; I. Affleck, *Phys. Rev. Lett.* **56** (1986) 746

3.3 トーラス上の分配関数とモジュラー不変性

この節では，ひとまず，有限サイズスケーリングの応用的観点から離れて，前節で得られた $\widehat{H}_P$ と $\widehat{P}$ を用いてトーラス上の分配関数を計算してみる．この計算は，CFT の分類，すなわち 2 次元臨界現象のユニバーサリティ・クラスの分類の目的のためにたいへん重要である．

時間方向も有限の長さ ℓ' にとり，(3.2.13)，(3.2.14) を用いて次のような分配関数

$$Z_{\mathrm{PP}} = \mathrm{Tr}\ e^{-\ell'\widehat{H}_{\mathrm{P}}} e^{i\ell_1\widehat{P}} \tag{3.3.1}$$

を作ってみよう．ここで

$$\tau \equiv \frac{\ell_1 + i\ell'}{\ell}, \quad q \equiv e^{2\pi i\tau} \tag{3.3.2}$$

とおくと(図 3.5)，(3.3.1) は

$$Z_{\mathrm{PP}}(\tau, \overline{\tau}) = \mathrm{Tr}\ q^{L_0 - c/24}\, \overline{q}^{\overline{L}_0 - c/24} \tag{3.3.3}$$

となる．

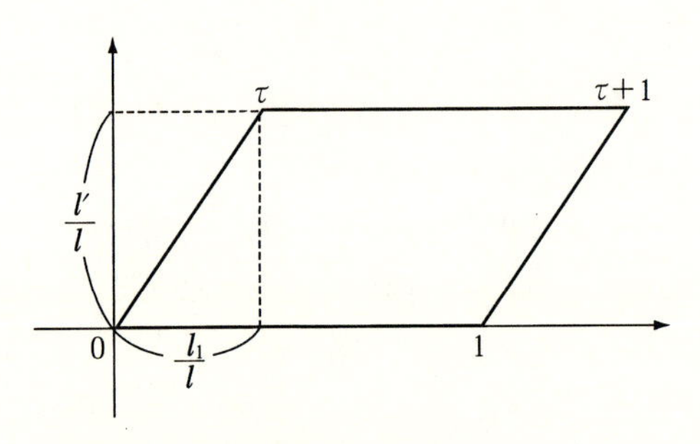

図 3.5　分配関数 (3.3.1) のジオメトリー

空間，時間どちらの方向にも周期境界条件がかかっているので，この分配関数は，図 3.5 の平行四辺形の互いに向かいあう辺を張り合わせてできるトーラスの上で定義されているものである．変数 τ はトーラスの形を決める役割を果たし，モジュラーパラメータとよばれる．系が内部対称性をもつ場合には，一般にツイストした境界条件を課すこともできる．そこで記法として，Z_{XY} によって空間方向，時間方向のそれぞれに X, Y のタイプの境界条件がかかってい

る有限サイズ系の分配関数を示すことにする．

空間方向に系をそのサイズ ℓ だけシフトしてみる．すなわち，τ でみれば

$$T\ :\ \tau \to \tau+1 \tag{3.3.4}$$

である(図 3.6(a))．

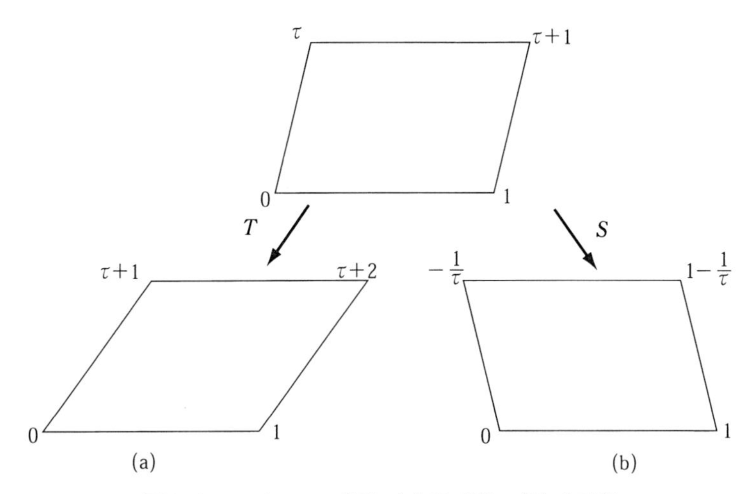

図 3.6　モジュラー変換．(a) T 変換，(b) S 変換

今，周期境界条件が課されているので $Z_{\mathrm{PP}}(\tau,\bar{\tau})$ は，このシフトのもとで不変でなければならない．また，(3.3.3) は図 3.5 で上下の方向の転送行列を用いて書いたが，左右の方向の転送行列を用いて計算しても同一の分配関数が得られるであろう．この手続きのもとで，空間，時間が入れ代わるから，これを τ でみると

$$S\ :\ \tau \to -\frac{1}{\tau} \tag{3.3.5}$$

になっている(図 3.6(b))．変換 S と T はモジュラー群 $SL(2,\mathbb{Z})$

$$\tau \to \frac{a\tau+b}{c\tau+d}\,,\quad a,b,c,d\in\mathbb{Z},\ ad-bc=1 \tag{3.3.6}$$

の生成子になっており，次の定義関係式を満たすものである：

$$S^2=1,\quad (ST)^3=1. \tag{3.3.7}$$

したがって，分配関数 (3.3.3) は**モジュラー不変性**(modular invariance)

$$Z_{\mathrm{PP}}(\tau,\bar{\tau}) = Z_{\mathrm{PP}}(\tau+1,\bar{\tau}+1) = Z_{\mathrm{PP}}\Big(-\frac{1}{\tau},-\frac{1}{\bar{\tau}}\Big) \qquad (3.3.8)$$

をもつことが要請される．

さて，分配関数 Z_{PP} は具体的にどのように計算されるのであろうか．基本的には (3.3.3) の Tr が示すように，$(L_0, \bar{L}_0)$ の固有状態をすべて足し上げればよい．L_0（および $\bar{L}_0$）の固有状態はプライマリー状態を頂点にもつ共形タワーを構成している（図 2.5）．そこで Tr をとるには，まず，各プライマリー状態ごとに共形タワーに現れるすべてのセカンダリー状態について和をとる．これを次のように表す

$$\chi_\Delta(\tau) \equiv \mathrm{Tr}_\Delta\, q^{L_0-c/24} = q^{-c/24}\sum_{N=0}^{\infty} d_\Delta(N)\, q^{\Delta+N}. \qquad (3.3.9)$$

ここで Δ はプライマリー場の共形次元で，$d_\Delta(N)$ はレベル N にある独立な状態の数を与える．すなわち，$\chi_\Delta(\tau)$ は Virasoro 代数の既約最高ウェイト表現の指標公式に他ならない．レベル N の状態間に縮退がなければ $d_\Delta(N)$ は N の分配数 $P(N)$ に等しい．一般に $d_\Delta(N) \leqq P(N)$ である．指標公式の陽な形は後でみることにして先に進もう．前章の (2.5.18)～(2.5.20) を思い出すと，結局，分配関数は

$$Z_{\mathrm{PP}}(\tau,\bar{\tau}) = \sum_{\Delta,\bar{\Delta}} \mathcal{N}_{\Delta\bar{\Delta}}\chi_\Delta(\tau)\chi_{\bar{\Delta}}(-\bar{\tau}) \qquad (3.3.10)$$

となることが理解できる．ここで $\mathcal{N}_{\Delta\bar{\Delta}}$ は，非負の整数で CFT のスペクトルに現れるプライマリー場 $(\Delta,\bar{\Delta})$ の個数を与える．ただし基底状態は一意的なので $\mathcal{N}_{00}=1$ である．

T 変換に対して

$$\chi_\Delta(\tau+1) = e^{2\pi i(\Delta-c/24)}\chi_\Delta(\tau) \qquad (3.3.11)$$

であることは (3.3.9) より明らかであろう．T 変換のもとでの不変性から

$$\mathcal{N}_{\Delta\bar{\Delta}} = 0, \quad \Delta-\bar{\Delta} \notin \mathbb{Z} \qquad (3.3.12)$$

をただちに得る．次に S 変換 (3.3.5) を考えるために，$\chi_\Delta(\tau)$ は (3.3.5) に対して

$$\chi_\Delta(\tau) = \sum_{\Delta'} S_{\Delta\Delta'}\chi_{\Delta'}\Big(-\frac{1}{\tau}\Big) \qquad (3.3.13)$$

のごとくふるまうとしよう．モジュラー変換の S 行列 $S_{\Delta\Delta'}$ は $S^2=1$ を満たさねばならない．すなわち，$\{\chi_\Delta(\tau)\}$ はモジュラー群の線形表現の空間を張っている．(3.3.13) を (3.3.10) に用いると，モジュラー不変性の要請 (3.3.8) は $N_{\Delta\overline{\Delta}}$ を決定する方程式として

$$\sum_{\Delta,\overline{\Delta}} \mathcal{N}_{\Delta\overline{\Delta}} S_{\Delta\Delta'} S_{\overline{\Delta}\,\overline{\Delta}'} = \mathcal{N}_{\Delta'\overline{\Delta}'} \tag{3.3.14}$$

を与える．(3.3.12) と (3.3.14) を満たす $\mathcal{N}_{\Delta\overline{\Delta}}$ が CFT のスペクトルを決めるわけである．

例として $0<c<1$ の CFT を考えてみる．このときは次のような c の離散的な値

$$c = 1 - \frac{6}{m(m+1)}, \quad m = 3, 4, 5, \cdots \tag{3.3.15}$$

にのみユニタリな CFT が存在することが知られている．この系列については次章で解説することとして，たとえば $m=3$ では $c=1/2$ で，この CFT は Ising 模型を記述する．このユニタリ離散系列については (3.3.12), (3.3.14) の解が完全に求まっている*8．まず，すべての m に対して，$\mathcal{N}_{\Delta\overline{\Delta}}=\delta_{\Delta\overline{\Delta}}$ なる対角的な解がある．ところが $m\geqq 5$ になると非対角型の解も系統的にみつかってくる．たとえば，良く知られた 3-状態 Potts 模型の臨界現象は，$m=5$ ($c=4/5$) の非対角型の分配関数をもつ CFT で記述される(§4.1.1 をみよ)．このようにして，$0<c<1$ のユニタリ CFT，すなわち対応する臨界現象のユニバーサリティ・クラスは完全に分類された．

ここでプライマリー場の個数についてふれておこう．モジュラー変換性の考察から，$c<1$ の CFT では有限個のプライマリー場が存在し，$c\geqq 1$ では無限個になることが証明される．したがって $c\geqq 1$ の CFT では，Virasoro 代数のみを用いて理論のスペクトルを解析することは困難になる．しかし，$c\geqq 1$ ではより大きな無限次元代数の対称性をもつ CFT のクラスが存在する．たとえば，カレント代数(アファイン Lie 環)や超対称共形不変性をもつ CFT である．このような拡張された無限次元代数では，Virasoro 代数はその部分代数になっ

*8 A. Cappelli, C. Itzykson and J.-B. Zuber, *Nucl. Phys.* **B280** (1987) 445; A. Kato, *Mod. Phys. Lett.* **A2** (1987) 585

ている．そして，プライマリー場は拡張代数のもとでの最高ウェイト状態として改めて定義される．この新たなプライマリー場の数が有限にとどまるわけである．このようなクラスのCFTを有理的CFT(rational CFT)とよぶ．この拡張代数の既約表現に対して指標公式が存在し，(3.3.10) の形で分配関数を書き下せる．

前章で述べたように，Virasoro代数，あるいはより一般の拡張された無限次元代数の表現論の解析から許される共形次元の値が決まってくるが，これは正則部分のみの数学としての結果である．物理としてのバルクの臨界現象におけるスペクトルは，正則，反正則部分を張り合わせて，初めて決まるものであった．モジュラー不変な分配関数の構成は，この手続きを整合的に進め，スペクトルを決定する非常に強力な方法になっている．初等的な共形変換 (3.2.1) から物理的考察を経て導かれた見事な結果である．もちろん，このプログラムが首尾よく実行されるためには，指標公式が (3.3.11)，(3.3.13) の保形性をもつ必要がある．実際，このことが成り立っていることも驚くべき数学的事実である(§4.1をみよ)．Virasoro代数に代表される現代の無限次元代数の数学の深さの一端を垣間見せてくれる．

3.4　開いた境界条件

さて，boundary CFT の場合で§3.2の考察をくり返してみよう．共形変換として

$$z \to w = \frac{\ell}{\pi} \log z \tag{3.4.1}$$

を用いると，上半平面はw–平面上の幅ℓの帯に写される(図3.7)．σ–方向の境界条件はもはや周期的ではなく，共形不変性を保つタイプの境界条件(F で表す)になると考える．この帯上のハミルトニアンを$\widehat{H}_{\rm F}$とすると

$$\widehat{H}_{\rm F} = \int_0^{\ell} \frac{d\sigma}{2\pi} (T_{\rm strip}(w) + \overline{T}_{\rm strip}(\overline{w})). \tag{3.4.2}$$

$T_{\rm strip}$ は前にならって計算できて

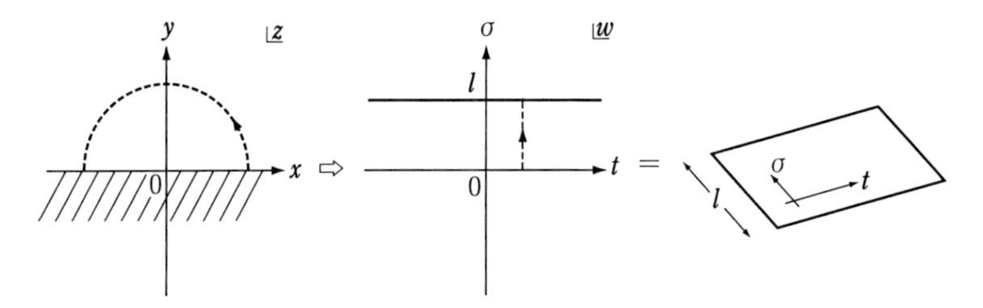

図 **3.7**　共形変換 (3.4.1)

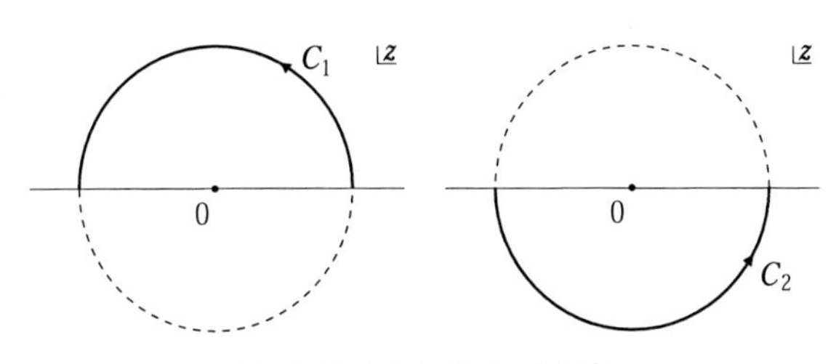

図 **3.8**　(3.4.4) の積分路

$$\widehat{H}_{\mathrm{F}} = \Big[\int_0^\ell \frac{dz}{2\pi i} zT(z) - \int_0^\ell \frac{d\overline{z}}{2\pi i} \overline{z}\overline{T}(\overline{z}) \Big] - \frac{\pi c}{24\ell} \,. \tag{3.4.3}$$

(3.1.5) を適用し，さらに z–平面上の開いた積分路を図 3.8 の C_1，C_2 のようにとると

$$\begin{aligned} \widehat{H}_{\mathrm{F}} &= \frac{\pi}{\ell} \Big[\int_{C_1} \frac{dz}{2\pi i} zT(z) + \int_{C_2} \frac{dz}{2\pi i} zT(z) \Big] - \frac{\pi c}{24\ell} \\ &= \frac{\pi}{\ell} \oint_0 \frac{dz}{2\pi i} zT(z) - \frac{\pi c}{24\ell} \end{aligned} \tag{3.4.4}$$

となる．すなわち

$$\widehat{H}_{\mathrm{F}} = \frac{\pi}{\ell} L_0 - \frac{\pi c}{24\ell} \tag{3.4.5}$$

となり，ハミルトニアンは L_0 のみで表される(周期境界条件のもとでの (3.2.13) と比較せよ)．これより表面臨界指数 x_s が

$$E - E_0 = \frac{\pi}{\ell}(x_s + N) \tag{3.4.6}$$

のように励起エネルギーとして読みとれる．ただし L_0 の固有値 x_s+N ($N=$

$0, 1, 2\cdots$) において，$x_s = \Delta$ で，プライマリー場の正則部分の共形次元 Δ のみで表される．これは§3.1 ですでに得られた結果を再現する．また，基底エネルギーへの有限サイズ補正は

$$E_0 = \varepsilon_0 \ell + 2b - \frac{\pi c}{24\ell} \tag{3.4.7}$$

となって，周期境界条件の場合とでは因子 1/4 異なる点に注意する．また b は表面自由エネルギーでユニバーサルな量ではない．量子臨界系の場合には，Fermi 速度 v を考慮して，(3.2.16)～(3.2.18) の場合と同様に (3.4.6)～(3.4.7) において $1/\ell$ を v/ℓ におきかえてやればよい．

分配関数としては

$$Z_{\mathrm{FP}}(\ell, \ell') = \mathrm{Tr}\ e^{-\ell' \widehat{H}_{\mathrm{F}}} = \mathrm{Tr}\ q^{L_0 - c/24}. \tag{3.4.8}$$

ただし，ここでは $q = \exp(-\pi\ell'/\ell)$ である．指標公式で展開すると

$$Z_{\mathrm{FP}}(\ell, \ell') = \sum_{\Delta} \mathcal{N}_\Delta \chi_\Delta\ . \tag{3.4.9}$$

ここで $\mathcal{N}_\Delta$ は非負の整数で，系のプライマリー場（今の場合は，境界オペレータ）のスペクトルを与える．この分配関数に S 変換を施すと，ℓ と ℓ' が入れ替わって

$$Z_{\mathrm{PF}}(\ell', \ell) = \langle F | e^{-\ell \widehat{H}_P} | F \rangle = \sum_n |\langle F | n \rangle|^2 e^{-\ell E_n} \tag{3.4.10}$$

のような，ℓ と ℓ' の方向の境界条件がひっくり返った分配関数が得られるであろう．ここで，$|F\rangle$ はもとの境界条件に対応する boundary 状態 である．

一方，(3.4.10) の右辺は (3.4.9) の χ_Δ に S 変換 (3.3.13) を使うことで求めることができる．両者を等しくおくことにより，boundary 状態の行列要素 $\langle F|n\rangle$，$\mathcal{N}_\Delta$ および S 変換の行列 $S_{\Delta\Delta'}$ の間の関係式が導かれる．これを解いて $\mathcal{N}_\Delta$ を求めるには，さらに boundary 状態 $|F\rangle$ についての詳しい情報が必要である．したがって，今回はこの問題についてこれ以上は深入りしない．共形不変性と両立する boundary 状態についての解析は文献[*9] にあるので，さらに勉強したい読者は，直接この Cardy の論文を見られたい．

---

*9　J. L. Cardy, *Nucl. Phys.* **B275** (1986) 200; **B324** (1989) 581

共形場の理論の模型

ここまでで2次元共形場の理論(CFT)を臨界現象の物理へ応用するために必要な最低限の知識をまとめたつもりである．もちろん，CFTの一般論として興味深い話題はまだまだあるが，本章では具体的なCFTの模型について解説する．前章で簡単に触れたセントラルチャージcが$0<c<1$の値をとるユニタリ離散系列から始めたい．これはCFT模型の雛形であり，CFTの基本となるアイデアはすべてこの模型に含まれているといっても過言ではない．この系列についての一般論を行ない，さらにいくつかの典型的な模型を議論する．次に，このユニタリ離散系列の物理的特徴を明らかにするためにLandau-Ginzburg型の有効場の理論を説明する．そして最後に自由フェルミオン場の理論$(c=1/2)$を丁寧に解説する．

4.1 ユニタリ離散系列

CFTは大きく分けてユニタリCFTと非ユニタリCFTに分類される．ユニタリCFTでは，すべてのプライマリー場(共形次元Δ)およびセカンダリー場に対応する状態のノルムが非負である．ユニタリ性のための必要条件は2章の(2.5.33)

$$c \geqq 0, \quad \Delta \geqq 0 \tag{4.1.1}$$

であることは学んだ．非ユニタリCFTでは$c<0$も許される．2次元臨界現象では非ユニタリCFTもたいへん重要であり，Ising模型に虚の外部磁場をかけた場合にみられるYang-Leeのエッジ特異点とよばれる臨界現象は，$c=-22/5$

の CFT で記述される[*1].

まずミニマル CFT とよばれる理論を紹介しよう．出発点は Kac により与えられた共形次元 についての次の公式

$$\Delta_{rs}=\frac{c-1}{24}+\frac{1}{8}(r\alpha_{+}+s\alpha_{-})^{2} \tag{4.1.2}$$

である．ここで，$r,s=1,2,3,\cdots$，また

$$\alpha_{\pm}=\frac{1}{\sqrt{12}}(\sqrt{1-c}\pm\sqrt{25-c}) \tag{4.1.3}$$

である．(4.1.2) で $(r,s)=(2,1)$ ないし $(1,2)$ とおくと，(2.5.34) と一致する．(2.5.34) はレベル 2 の状態に縮退を生じさせるプライマリー場の共形次元であったことを思い起こそう．Kac 公式 (4.1.2) は，このレベル 2 の例を一般化する．すなわち，プライマリー場の共形次元 Δ が Δ_{rs} に等しいと，Verma モジュール(Verma module)のレベル rs で縮退が起こり，次元 $\Delta_{rs}+rs$ をもつ null 状態 χ

$$L_{0}|\chi\rangle=(\Delta_{rs}+rs)|\chi\rangle,\quad L_{n}|\chi\rangle=0,\quad n>0 \tag{4.1.4}$$

が存在することを示している．

ここでセントラルチャージを

$$c=1-12\alpha_{0}^{2} \tag{4.1.5}$$

と表すと

$$\alpha_{\pm}=\alpha_{0}\pm\sqrt{\alpha_{0}^{2}+2} \tag{4.1.6}$$

となり，(4.1.2) は

$$\Delta_{rs}=\frac{1}{8}(r\alpha_{+}+s\alpha_{-})^{2}-\frac{1}{8}(\alpha_{+}+\alpha_{-})^{2} \tag{4.1.7}$$

のようになる．次の関係

$$\alpha_{+}+\alpha_{-}=2\alpha_{0},\quad \alpha_{+}\alpha_{-}=-2 \tag{4.1.8}$$

も覚えておこう．

この Kac 公式を用いて，Verma モジュールの中の null 状態をみつけだし，

---

*1　J. L. Cardy, *Phys. Rev. Lett.* **54** (1985) 1354

それらをことごとく抜き去ると縮退表現とよばれる Virasoro 代数の既約表現が得られる．前章で null 状態を用いて 4 点相関関数が満たすべき微分方程式が得られることを，レベル 2 の null 状態を例として説明した．Belavin-Polykov-Zamolodchikov はこれを任意のレベルの null 状態について考察した．そのために，まず，p, p' を互いに素な正の整数 $(p' > p)$ とし，α_+ と α_- の比が

$$-\frac{\alpha_+}{\alpha_-} = \frac{p'}{p} \tag{4.1.9}$$

のような有理数になる場合に着目する．このとき，

$$\alpha_0^2 = \frac{(p-p')^2}{2pp'} \tag{4.1.10}$$

となって，セントラルチャージは

$$c = 1 - \frac{6(p-p')^2}{pp'} \tag{4.1.11}$$

のように有理数となる．(4.1.7) の共形次元も書き直すと

$$\varDelta_{rs} = \frac{(rp'-sp)^2-(p-p')^2}{4pp'}. \tag{4.1.12}$$

すなわち，共形次元もまた有理数になっている．ここで，反転公式

$$\varDelta_{rs} = \varDelta_{p-r,\ p'-s} \tag{4.1.13}$$

が成り立つことに注意する．Belavin-Polykov-Zamolodchikov は (r, s) のとりうる範囲が

$$1 \leqq r \leqq p-1, \quad 1 \leqq s \leqq p'-1 \tag{4.1.14}$$

であるとき，これら有限個のプライマリー場の演算子積展開 (OPE) の代数構造がオペレータ代数として閉じていることを見い出した．このように共形次元のスペクトルが (4.1.12)，(4.1.14) で与えられる CFT を**ミニマル系列**とよぶ．

(4.1.11) からわかるように，ミニマル系列は一般にユニタリ条件を満たしていない．前述の Yang-Lee のエッジ特異点の例は $(p, p') = (2, 5)$ である．Friedan-Qiu-Shenker は，ミニマル系列で $p' = p+1$ のときに限りユニタリ性が成り立っていることを示した[*2]．これより，$0 < c < 1$ での**ユニタリ離散系列**

*2 D. Friedan, Z. Qiu and S. Shenker, in *Vertex Operators in Mathematical Physics*, (Spinger, 1985) p.419; *Phys. Rev. Lett.* **52** (1984) 1575 (unitary discrete series) が得られる．セントラルチャージは

$$c=1-\frac{6}{p(p+1)},\quad p=2,3,4,\cdots. \tag{4.1.15}$$

共形次元は

$$\Delta_{rs}=\frac{(r(p+1)-sp)^2-1}{4p(p+1)}. \tag{4.1.16}$$

ただし

$$1\leqq r\leqq p-1,\quad 1\leqq s\leqq p \tag{4.1.17}$$

である．$\Delta_{rs}=\Delta_{p-r,\ p+1-s}$ が成り立つので，$1\leqq s\leqq r\leqq p-1$ とおくことができる．

この既約表現に対する指標公式((3.3.9) を見よ)は Rocha-Caridi によって導かれた*3．その結果は

$$\begin{aligned}\chi_{rs}(\tau)&=\mathrm{Tr}_{\Delta_{rs}}\ q^{L_0-c/24}\\&=\frac{1}{P(\tau)}q^{-c/24}\sum_{k\in\mathbb{Z}}\left[q^{\Delta_{r+2pk,s}}-q^{\Delta_{r+2pk,-s}}\right]\end{aligned} \tag{4.1.18}$$

である．ここで $q=e^{2\pi i\tau}$，また

$$P(\tau)=\prod_{n=1}^{\infty}(1-q^n) \tag{4.1.19}$$

である．以前述べたように Verma モジュールに縮退がなければ指標公式は

$$\frac{1}{P(\tau)}q^{\Delta-c/24} \tag{4.1.20}$$

で与えられる((2.5.17) を見よ)．しかし縮退表現では既約表現を作るときに null 状態から派生する Verma モジュールの寄与を引き去る必要がある．(4.1.18) に見られる無限和と“−”符合はこの手続きのもとで生じるのである．

ここで Dedekind の η 関数

$$\eta(\tau)=q^{1/24}\prod_{n=1}^{\infty}(1-q^n), \tag{4.1.21}$$

および θ 関数

*3　A. Rocha-Caridi, in *Vertex Operators in Mathematical Physics*, (Spinger, 1985) p.451

$$\theta_{m,k}(\tau)=\sum_{n\in\mathbb{Z}} q^{k(n+\frac{m}{2k})^2} \tag{4.1.22}$$

を導入すると，(4.1.18) は

$$\chi_{rs}(\tau)=\frac{1}{\eta(\tau)}\left(\theta_{r(p+1)-sp,\ p(p+1)}(\tau)-\theta_{r(p+1)+sp,\ p(p+1)}(\tau)\right) \tag{4.1.23}$$

と表される．

Virasoro 指標公式 (4.1.18) のモジュラー変換性（図 3.6）は，Cardy によって求められた．ここでは結果だけを述べる．T 変換に対して

$$\chi_{rs}(\tau+1)=e^{2\pi i(\Delta_{rs}-c/24)}\chi_{rs}(\tau) \tag{4.1.24}$$

であり，S 変換に対しては

$$\begin{aligned}\chi_{rs}&(-1/\tau)\\ &=\left(\frac{8}{p(p+1)}\right)^{1/2}\\ &\quad\times\sum_{1\leqq s'\leqq r'\leqq p-1}(-1)^{(r+s)(r'+s')}\sin\frac{\pi rr'}{p}\sin\frac{\pi ss'}{p+1}\chi_{r's'}(\tau)\end{aligned} \tag{4.1.25}$$

となる．

この変換性から，すべての p について

$$Z=\sum_{1\leqq s\leqq r\leqq p-1}|\chi_{rs}(\tau)|^2 \tag{4.1.26}$$

がモジュラー不変な分配関数になっていることを直接の計算によって確認できる．このとき，プライマリー場のスペクトルは

$$\{(\Delta,\overline{\Delta})\}=\{(\Delta_{rs},\Delta_{rs})\mid 1\leqq s\leqq r\leqq p-1\} \tag{4.1.27}$$

であり，$\Delta=\overline{\Delta}$ の対角型である．p が特別な値をとると，この対角型の他に非対角型のモジュラー不変な分配関数も存在し（たとえば，(4.1.41) を見よ），それらも調べ尽くされている．

この節の最後として，ユニタリ離散系列の内部対称性について説明しておこう．共形次元の公式 (4.1.16) によると，$0<c<1$ では $\Delta_{rs}\neq 1$ である．これは，対称性として連続的な内部対称性が存在しないことを意味する．なぜなら，2 次元共形場の理論の場合，連続対称性の生成子（保存チャージ）を与えるカレントは，共形次元 $(1,0)$ および $(0,1)$ をもつ正則カレント $J(z)$ および反正則カ

レント $\overline{J}(\overline{z})$ であるからである．連続の方程式は

$$\partial_{\overline{z}}J=0,\quad \partial_z\overline{J}=0 \tag{4.1.28}$$

である．したがって，ユニタリ離散系列は高々離散対称性しか持ちえない．対角型理論 (4.1.26) の場合は，Z_2 対称性であることが，“ひねった”（twisted）境界条件をもつ分配関数を調べることによって明らかにされた*4．本書では有効場の理論に基づいた説明を後の § 4.2 で与える．

4.1.1　ユニタリ離散系列の具体例

$p=3,4,5$ の具体例を見てみよう．共形次元は図 4.1 にまとめてある．

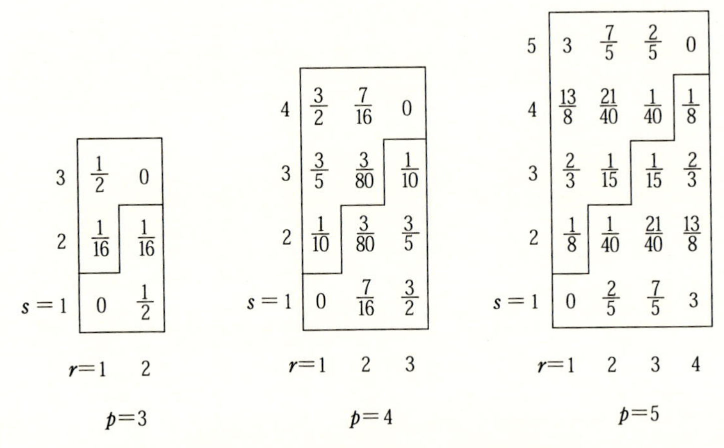

図 4.1　$p=3,4,5$ CFT の共形次元

[1] $p=3$ 模型

これは $c=1/2$ CFT で，Ising 模型の 2 次相転移点を記述する．2 次元正方格子上の Ising 模型のハミルトニアンは

$$\mathcal{H}=-\frac{J}{2}\sum_i\varepsilon_i-H\sum_i\sigma_i,\quad J>0 \tag{4.1.29}$$

である．格子点 i 上のスピン変数は $\sigma_i=\pm1$ の値をとる．エネルギー密度 ε_i は $\varepsilon_i=\sum_j\sigma_i\sigma_j$ で j の和は i のまわりの 4 個の最近接格子点にわたる．H は外部

*4　J.-B. Zuber, *Phys. Lett.* **B176** (1986) 127

磁場である．$H=0$ のとき，このハミルトニアンは $\sigma_i \to -\sigma_i$ で生成される Z_2 対称性をもっている．温度を T とすると 2 次相転移点 $(T,H)=(T_c,0)$ での，2 点相関関数の次のような漸近形が知られている．

$$\langle \varepsilon_i \varepsilon_j \rangle \simeq 1/r_{ij}^2, \quad \langle \sigma_i \sigma_j \rangle \simeq 1/r_{ij}^{1/4}. \tag{4.1.30}$$

ただし r_{ij} は格子点 i と j の間の距離で格子間隔より十分大きい．この相関関数は格子上で定義されたミクロな変数 ε_i, σ_i がくり込まれてできるスケーリング演算子 $\varepsilon(z,\bar{z})$, $\sigma(z,\bar{z})$ の相関関数である．(4.1.30) より σ,ε のスケーリング次元が $x_\sigma=1/8$, $x_\varepsilon=1$ と読める．ここで σ は Z_2 odd，ε は Z_2 even の場であることを覚えておく．図 4.1 より σ と ε は，それぞれ共形次元 $\left(\frac{1}{16},\frac{1}{16}\right)$, $\left(\frac{1}{2},\frac{1}{2}\right)$ をもつプライマリー場であることがわかる．

$c=1/2$ のモジュラー不変な分配関数は (4.1.26) より

$$Z=|\chi_0|^2+|\chi_{1/2}|^2+|\chi_{1/16}|^2 \tag{4.1.31}$$

であり，プライマリー場のスペクトルとして確かに

$$\begin{aligned} &(0,0), \quad \left(\frac{1}{2},\frac{1}{2}\right) \quad && Z_2 \text{ even} \\ &\left(\frac{1}{16},\frac{1}{16}\right) && Z_2 \text{ odd} \end{aligned} \tag{4.1.32}$$

が得られる．ここで $(0,0)$ は恒等演算子 I である．

さて，Ising 模型の臨界点で実現される連続的な場の理論は自由フェルミオンの理論であることはよく知られている事実である．それならば，Virasoro 代数の表現論に基づく $c=1/2$ CFT とフェルミオン場の理論との関係はどのようなものであろうか．この問題は CFT を理解する上で基本になるので後の §4.3 で詳述したい．

[2] $p=4$ 模型

これは $c=7/10$ CFT である．対応するミクロな格子統計模型は，Ising 模型の格子点に適当な濃度で空孔を入れたものである．ハミルトニアンは

$$\mathcal{H}=-J\sum_{\langle ij\rangle}\sigma_i\sigma_j t_i t_j - H\sum_i \sigma_i t_i - \mu\sum_i t_i \tag{4.1.33}$$

で与えられ（$\langle ij\rangle$ は最近接和を示す），$t_i=0,1$ が新たな変数で $t_i=0$ のとき格

子点iは空っぽ(vacancy)になる．ケミカルポテンシャルμがvacancyの濃度を調節する．相図を図4.2に摸式的に与えておいた．1次相転移の線と2次相転移の線がぶつかる点が3重臨界点になっている．

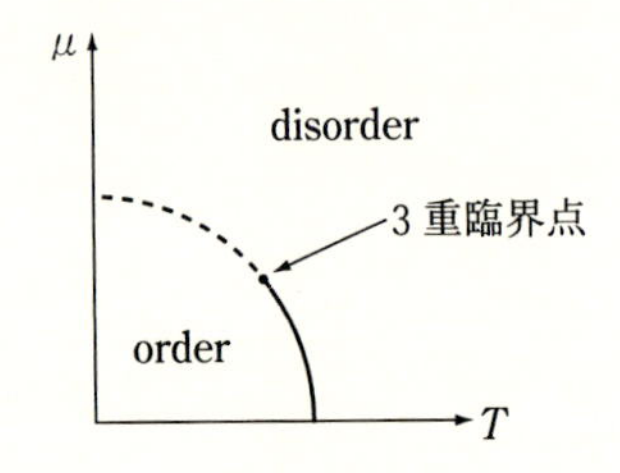

図4.2　格子統計模型(4.1.33)の$H=0$での相図．破線は1次相転移，実線は2次相転移(Ising模型のユニバーサリティ・クラス)を示す．

この3重臨界点の臨界現象と同一のユニバーサリティ・クラスに属する模型がLandau-Swendsenによって調べられた[*5]．彼らはモンテカルロくり込み群の方法で4個のrelevantオペレータに対応するくり込み群方程式の固有値$y=2-x$を計算した(くり込み群については6章をみよ)．結果は

$$y_\sigma = 1.93\pm0.01, \quad y_{\sigma'} = 1.13\pm0.02$$
$$y_\varepsilon = 1.80\pm0.02, \quad y_t = 0.84\pm0.05 \tag{4.1.34}$$

である．一方，図4.1より，CFTは

$$y_\sigma = 2-x_{22} = 1.9, \quad y_{\sigma'} = 2-x_{21} = 1.12$$
$$y_\varepsilon = 2-x_{33} = 1.8, \quad y_t = 2-x_{32} = 0.8 \tag{4.1.35}$$

を与える．両者は見事に一致している．ここでσは磁気オペレータ，σ'は第2次磁気オペレータ，εはエネルギーオペレータ，tはvacancyオペレータである．

このrelevantオペレータのスペクトルは，分配関数(4.1.26)を陽に書き下せば

$$Z = |\chi_0|^2+|\chi_{3/80}|^2+|\chi_{1/10}|^2+|\chi_{7/16}|^2+|\chi_{3/5}|^2+|\chi_{3/2}|^2 \tag{4.1.36}$$

であるから，直ちに読みとれる対角型スペクトル

*5　D. P. Landau and R. H. Swendsen, *Phys. Rev. Lett.* **46** (1981) 1437

$$(0,0),\ \left(\frac{1}{10},\frac{1}{10}\right),\ \left(\frac{3}{5},\frac{3}{5}\right),\ \left(\frac{3}{2},\frac{3}{2}\right)\quad Z_2\ \text{even}$$

$$\left(\frac{3}{80},\frac{3}{80}\right),\ \left(\frac{7}{16},\frac{7}{16}\right)\qquad Z_2\ \text{odd}\qquad (4.1.37)$$

に一致する．ただし $\left(\frac{3}{2},\frac{3}{2}\right)$ は irrelevant なオペレータである．

この $p=4$ CFT でさらに面白いところは，実はこの CFT が $N=1$ 超対称性を持っている点である．$N=1$ 超対称 CFT についてもユニタリ離散系列が存在し，セントラルチャージ の公式は

$$c=\frac{3}{2}-\frac{12}{p(p+2)},\quad p=2,3,4,\cdots \qquad (4.1.38)$$

である[*6]．この式で $p=3$ とおくと $c=7/10$ になり，Ising の 3 重臨界点の場合になっている．また，$p=4$ とおくと $c=1$ になることも覚えておきたい．

[3] $p=5$ 模型

これは $c=4/5$ CFT である．この場合には，モジュラー不変な分配関数が 2 通り存在する．これが $p=3,4$ の CFT に見られなかった新しい特徴である．ひとつの分配関数は (4.1.26) の対角型で，プライマリー場のリストは

$$(0,0),\ \left(\frac{1}{15},\frac{1}{15}\right),\ \left(\frac{2}{5},\frac{2}{5}\right),\ \left(\frac{2}{3},\frac{2}{3}\right),\ \left(\frac{13}{8},\frac{13}{8}\right). \qquad (4.1.39)$$

以上，Z_2 even で，以下 Z_2 odd な場として

$$\left(\frac{1}{40},\frac{1}{40}\right),\ \left(\frac{1}{8},\frac{1}{8}\right),\ \left(\frac{21}{40},\frac{21}{40}\right),\ \left(\frac{7}{5},\frac{7}{5}\right),\ (3,3) \qquad (4.1.40)$$

を得る．

もうひとつの分配関数は非対角型で

$$Z=|\chi_0+\chi_3|^2+|\chi_{2/5}+\chi_{7/5}|^2+2|\chi_{1/15}|^2+2|\chi_{2/3}|^2 \qquad (4.1.41)$$

となる．プライマリー場を並べると

$$(0,0),\ \left(\frac{2}{5},\frac{2}{5}\right),\ \left(\frac{7}{5},\frac{7}{5}\right),$$

*6 D. Friedan, Z. Qiu and S. Shenker, *Phys. Lett.* **151B** (1985) 37

$$
2\times\left(\frac{1}{15},\frac{1}{15}\right),\ 2\times\left(\frac{2}{3},\frac{2}{3}\right)
$$
$$
(0,3),\ (3,0),\ \left(\frac{2}{5},\frac{7}{5}\right),\ \left(\frac{7}{5},\frac{2}{5}\right) \tag{4.1.42}
$$

すなわち，どちらも同一の $c=4/5$ をもつが，スペクトルの異なる別のCFTである．実は，(4.1.41) が3–状態Potts模型の臨界現象を記述するCFTに対応している*7.

Potts模型のハミルトニアンは

$$
\mathcal{H}=-J\sum_{\langle ij\rangle}\delta(\sigma_i,\sigma_j),\quad J>0 \tag{4.1.43}
$$

であり，$\sigma_j=1,2,3$, $\delta(\sigma,\sigma')=1\,(\sigma=\sigma')$, $0\,(\sigma\neq\sigma')$ である．これは置換群 S_3 の対称性(Z_3 と同等)をもっており，2次の相転移点では Z_3 対称な臨界現象を示す．$\sigma_j=1,2,3$ の代わりにクロック変数 $\sigma_j=1,\omega,\omega^2$ $(\omega=e^{2\pi i/3})$ を用いると，臨界点直上の連続極限では，オーダーパラメータに対応するスケーリング演算子として $\sigma(z,\bar{z}),\sigma^+(z,\bar{z})$ ($^+$ は複素共役)が存在し，等しいスケーリング次元をもつ最もrelevantなオペレータになる．これが (4.1.42) の2個のプライマリー場 $2\times\left(\frac{1}{15},\frac{1}{15}\right)$ に他ならない．もう一つの組 $2\times\left(\frac{2}{3},\frac{2}{3}\right)$ は第2次磁気オペレータである．これらに対して $\left(\frac{2}{5},\frac{2}{5}\right)$ は Z_3 中性なエネルギーオペレータである．これらの結果はCoulombガスを用いた解析で得られる結果と一致している*8.

(4.1.42) で注意して欲しいのは，プライマリー場 $(0,3),(3,0)$ の存在である．片側の共形次元がゼロなので，これらはちょうどストレステンソル $T(z),\overline{T}(\bar{z})$ のように，それぞれスピン3の正則 $W(z)$，反正則 $\overline{W}(\bar{z})$ カレントになる．この $T(z)$ と $W(z)$ はVirasoro代数を高次スピンへ拡張したカイラル代数を生成する*9．この代数は W_3 代数とよばれ，Lie代数ではないところに特徴があり興味深い数学的構造をもっている．

---

*7　Vl. S. Dotsenko, *Nucl. Phys.* **B235** (1984) 54

*8　B. Nienhuis, in *Phase Transitions and Critical Phenomena* 11, (Academic Press, 1987) p.1

*9　A. B. Zamolodchikov, *Theor. Math. Phys.* **63** (1985) 1205; V. A. Fateev and A. B. Zamolodchikov, *Nucl. Phys.* **B280** (1987) 644

以上でユニタリ離散系列の $p=3,5$ CFT が，それぞれ Z_2, Z_3 対称な臨界現象を記述していることを学んだ．実は，Z_k 対称性をもつ CFT 模型も Zamolodchikov-Fateev によって系統的に構成されている*10．Z_k 対称 CFT のセントラルチャージは

$$c=\frac{2(k-1)}{k+2} \tag{4.1.44}$$

である．$k=2,3$ は確かに $c=1/2$, $4/5$ を与える．$k=4$ では，$c=1$ になることを述べておく（次章の $c=1$ CFT を参照のこと）．

4.2 Landau-Ginzburg 型有効理論

ユニタリ離散系列についての物理的なイメージを系統的に描くために，分配関数 (4.1.26) をもつ対角型の理論を考えよう．スケーリング次元は $x_{rs}=\Delta_{rs}+\overline{\Delta}_{rs}=2\Delta_{rs}$ で，対応するプライマリー場を Φ_{rs} と書く．このとき，

$$0<x_{22}<x_{33}<\cdots<x_{p-1,p-1}<x_{21}<\cdots<x_{p-1,p-2}<2 \tag{4.2.1}$$

が成り立ち，これが対角型理論の relevant なプライマリー場のスペクトルである．OPE は

$$\Phi_{22}\times\Phi_{rs}=[\Phi_{r-1,s-1}]+[\Phi_{r+1,s+1}]+[\Phi_{r+1,s-1}]+[\Phi_{r-1,s+1}] \tag{4.2.2}$$

であることが知られている．ただし，$[\Phi]$ はプライマリー場 Φ の共形タワー全体の寄与を意味する．

Landau-Ginzburg (LG) 型の有効理論を用いて，この対角型理論を記述する方法が Zamolodchikov によって提唱された*11．そのために，最も relevant なプライマリー場 Φ_{22} を改めて φ と記す．φ の OPE は

$$\varphi(\boldsymbol{r})\varphi(0)=\frac{1}{|\boldsymbol{r}|^{2x_{22}}}+\frac{1}{|\boldsymbol{r}|^{2x_{22}-x'}}:\varphi^2:(0)+\cdots \tag{4.2.3}$$

のような形をもつであろう．右辺の $\cdots$ は，より弱い特異点をもつ項の存在を示す．第 2 項は，OPE による**複合演算子** (composite operator) $:\varphi^2:$ の定義とみなしてよい．x' は $:\varphi^2:$ のスケーリング次元である．同様に考えて

*10 A. B. Zamolodchikov and V. A. Fateev, *Sov. Phys.* JETP **62** (1985) 215

*11 A. B. Zamolodchikov, *Sov. J. Nucl. Phys.* **44** (1986) 529

$$\varphi(\boldsymbol{r}):\varphi^2:(0)=\frac{1}{|\boldsymbol{r}|^{x_{22}+x'-x_{22}}}\varphi(0)+\frac{1}{|\boldsymbol{r}|^{x_{22}+x'-x''}}:\varphi^3:(0)+\cdots \quad (4.2.4)$$

を得る．ここで x'' は $:\varphi^3:$ のスケーリング次元である．こうして逐次的に複合場 $:\varphi^n:$ を構成できる．一方，(4.2.2) の OPE で irrelevant な場の寄与を無視すると

$$\Phi_{22}\times\Phi_{rs}\sim[\Phi_{r-1,s-1}]+[\Phi_{r+1,s+1}] \quad (4.2.5)$$

となるから，(4.2.3)，(4.2.4) と比較して

$$\begin{aligned}&\Phi_{33}\sim:\varphi^2:,\ \Phi_{44}\sim:\varphi^3:,\ \cdots,\ \Phi_{p-1,p-1}\sim:\varphi^{p-2}:,\\&\Phi_{21}\sim:\varphi^{p-1}:,\ \cdots,\ \Phi_{p-1,p-2}\sim:\varphi^{2p-4}:\end{aligned} \quad (4.2.6)$$

を得る．

次に，$\Phi_{p-1,p-2}$ の OPE を調べる．反転公式より $\Phi_{p-1,p-2}=\Phi_{13}$ である．Φ_{13} の OPE は (4.2.2) とは異なって

$$\Phi_{22}\times\Phi_{13}=[\Phi_{22}]+[\Phi_{p-2,p-3}] \quad (4.2.7)$$

である．この式から今までと同じように $:\varphi^{2p-3}:$ を CFT のオペレータと同定したい．$\Phi_{p-2,p-3}$ はすでに $:\varphi^{2p-5}:$ となっているので，$:\varphi^{2p-3}:$ は Φ_{22} の最初のセカンダリー場 $L_{-1}\overline{L}_{-1}\Phi_{22}$ に同定される．$L_{-1}\overline{L}_{-1}\Phi_{22}=\partial\overline{\partial}\varphi$ であるから

$$:\varphi^{2p-3}:\sim\partial\overline{\partial}\varphi \quad (4.2.8)$$

となる．これは φ についての運動方程式に他ならない．したがって，作用積分を書き下すと

$$S_{\rm crit}=\int d^2x\left(\frac{1}{2}\partial\varphi\overline{\partial}\varphi+g\varphi^{2p-2}\right). \quad (4.2.9)$$

これを対角型 CFT を表す場の理論の実効作用とみなすわけである．まず，$S_{\rm crit}$ は $\varphi\to-\varphi$ のもとで不変だから，対角型の $0<c<1$ の CFT は，Z_2 対称な臨界現象を記述していることがわかる．実際，すべての Z_2 even な relevant な場を (4.2.9) に加えると

$$S=\int d^2x\left(\frac{1}{2}\partial\varphi\overline{\partial}\varphi+g_1\varphi^2+g_2\varphi^4+\cdots+g_{p-2}\varphi^{2p-4}+g\varphi^{2p-2}\right) \quad (4.2.10)$$

となる．ここで，$p=3$ とすれば，Ising 模型の LG 理論である φ^4 理論に一致している．$p=4$ とすれば，3 重臨界点を記述するよく知られた φ^6 理論になる．

すなわち，これは Z_2 対称な $(p-1)$–重臨界現象を記述しているのである．対応する可解格子模型(RSOS 模型とよばれる)も知られているが，詳しくは文献[*12]に譲ることにする．

このようにLG 型の有効理論は，CFT の記述する臨界現象の物理的特徴を正しく反映している．しかし，この理論から逆にCFT の与えるスケーリング次元や相関関数を計算することはたいへん困難である．

それならば，CFT とラグランジアンを用いた場の量子論との正確な対応はあるのだろうか，と気になってくる．答えは，“Yes” であり，CFT の Coulomb ガス表示あるいは自由場表示とよばれている．本書では，Coulomb ガス表示を立ち入って議論することはできないが，その基本になるのは相互作用のない自由な 2 次元場の理論である．そこで，以下ではまず自由フェルミオン場を解説する．自由場の理論といってもたいへん豊かな内容をもつことを見るであろう．

4.3　自由フェルミオン場

ここで議論するフェルミオン場は質量をもたない実のフェルミオン場(Majorana フェルミオンとよばれる)である．2 次元 Euclid 空間での作用積分は

$$S = \int \frac{d^2x}{2\pi}\left(\psi\frac{\partial}{\partial\bar{z}}\psi + \bar{\psi}\frac{\partial}{\partial z}\bar{\psi}\right) \tag{4.3.1}$$

で与えられる．この理論は質量スケールを持たない自由場の理論なので明らかに共形不変性を有する．フェルミオン場のスケーリング次元も (4.3.1) より，ただちに1/2 と読みとれる．

運動方程式は

$$\frac{\partial}{\partial\bar{z}}\psi = 0, \quad \frac{\partial}{\partial z}\bar{\psi} = 0 \tag{4.3.2}$$

であるから，その解として $\psi=\psi(z)$, $\bar{\psi}=\bar{\psi}(\bar{z})$ となり，それぞれ共形次元 $\left(\frac{1}{2},0\right), \left(0,\frac{1}{2}\right)$ をもつ正則，反正則なフェルミオン場になる．すなわち，運

＊12　D. A. Huse, *Phys. Rev.* **B30** (1984) 3908

動方程式の直接の帰結として，正則，反正則部分への分解が生じる．以下では，正則部分について議論するが，反正則部分についてもまったく同様である．

Laurent 展開，すなわち Fourier モード展開を行ない

$$\psi(z) = \sum_{r \in \mathbb{Z}+1/2} b_r z^{-r-1/2} \tag{4.3.3}$$

を得る．ここで原点 $z=0$ のまわりで，$\psi(z)$ は周期的であるとした．すなわち，

$$\psi(z) \to \psi(e^{2\pi i} z) = \psi(z). \tag{4.3.4}$$

この境界条件をもつフェルミオンを Neveu-Schwarz (NS) フェルミオンとよぶのがストリング理論による慣習である*13．モード b_r は反交換関係

$$\{b_r, b_s\} = \delta_{r+s,0} \tag{4.3.5}$$

を満たすものとする．またフェルミオンの Fock 空間は，条件

$$b_r|0\rangle = 0, \quad r > 0 \tag{4.3.6}$$

で定義される Fock 真空 $|0\rangle$（ただし，$\langle 0|0\rangle=1$）の上に築かれていく．すなわち，b_r の r が負（正）のモードが，生成（消滅）演算子である．Hermite 共役は

$$b_r^+ = b_{-r} \tag{4.3.7}$$

で定義する．

フェルミオンの 2 点関数を計算しよう．$|z|>|w|$ として

$$\begin{aligned}\langle\psi(z)\psi(w)\rangle &= \langle 0| \sum_{r,s \in \mathbb{Z}+1/2} b_r b_s z^{-r-1/2} w^{-s-1/2} |0\rangle \\ &= \sum_{r>0,\, s<0} \langle 0|b_r b_s|0\rangle z^{-r-1/2} w^{-s-1/2} \\ &= \sum_{r>0,\, s<0} \langle 0|\{b_r, b_s\}|0\rangle z^{-r-1/2} w^{-s-1/2} \\ &= \frac{1}{z} \sum_{j=0}^{\infty} \left(\frac{w}{z}\right)^j \\ &= \frac{1}{z-w}\end{aligned} \tag{4.3.8}$$

を得る．公式

---

*13　これは Neveu，Schwarz，そして後出の Ramond により，1971 年，フェルミオン自由度をもつストリング模型が提案されたことに基づく．

$$\frac{\partial}{\partial \bar{z}} \frac{1}{z-w} = \pi\delta^{(2)}(z-w) \qquad (4.3.9)$$

より，$\langle\psi(z)\psi(w)\rangle$ が確かに運動方程式 (4.3.2) の Green 関数になっていることがわかる．ただし，$\delta^{(2)}(z)=\delta(x)\delta(y)$, $z=x+iy$ である．同様にして，

$$\langle\overline{\psi}(\bar{z})\overline{\psi}(\bar{w})\rangle = \frac{1}{\bar{z}-\bar{w}} \qquad (4.3.10)$$

となる．(4.3.8) は次の OPE

$$\begin{aligned}
&\psi(z)\psi(w) \\
&= \frac{1}{z-w} + :\psi(z)\psi(w): \\
&= \frac{1}{z-w} + (z-w):\partial\psi\psi(w): + \frac{1}{2}(z-w)^2:\partial^2\psi\psi(w): + \cdots
\end{aligned} \qquad (4.3.11)$$

と等価であることも理解しておきたい．ここで : : は演算子の**正規積** (normal ordered product) を示す．また ψ は Grassmann 数の場だから $:\psi^2(z):=0$ を使った．

今度はストレステンソルを作ってみる．Noether の定理より

$$T(z) = -\frac{1}{2}:\psi\partial\psi(z):, \quad \overline{T}(\bar{z}) = -\frac{1}{2}:\overline{\psi}\,\overline{\partial}\,\overline{\psi}(\bar{z}): \qquad (4.3.12)$$

となる．規格化はすぐにみるように $T(z)$ の OPE の一般式 (2.3.7) に合うように決めた．計算してみよう．必要な知識は Wick の定理だけである．

$$\begin{aligned}
&T(z)T(w) \\
&= \frac{1}{4}:\psi\partial\psi(z)::\psi\partial\psi(w): \\
&= \frac{1}{4}\Big(:\psi\partial\psi(z)::\psi\partial\psi(w): + :\psi\partial\psi(z)::\psi\partial\psi(w): \\
&\quad + :\psi\partial\psi(z)::\psi\partial\psi(w): + :\psi\partial\psi(z)::\psi\partial\psi(w): \\
&\quad + :\psi\partial\psi(z)::\psi\partial\psi(w): + :\psi\partial\psi(z)::\psi\partial\psi(w):\Big).
\end{aligned} \qquad (4.3.13)$$

ここで ⌐¬ は (4.3.8) により contraction をとることを意味する．たとえば

$$\partial\overline{\psi(z)\psi}(w) = \partial_z\langle\psi(z)\psi(w)\rangle = \partial_z\frac{1}{z-w} = -\frac{1}{(z-w)^2} \qquad (4.3.14)$$

と計算する．よって，Grassmann 数の場の性質 $\psi(z)\psi(w)=-\psi(w)\psi(z)$ に注意して

$$\begin{aligned}&T(z)T(w)\\&=\frac{1}{4}\Big(-\frac{1}{(z-w)^2}\frac{1}{(z-w)^2}-\frac{1}{z-w}\frac{-2}{(z-w)^3}-\frac{:\psi(z)\partial\psi(w):}{(z-w)^2}\\&\quad-\frac{-2:\psi(z)\psi(w):}{(z-w)^3}-\frac{:\partial\psi(z)\partial\psi(w):}{z-w}+\frac{:\partial\psi(z)\psi(w):}{(z-w)^2}\Big)\end{aligned} \tag{4.3.15}$$

となる．$\psi(z)=\psi(w)+(z-w)\partial\psi(w)+\cdots$ と Taylor 展開してまとめると

$$\begin{aligned}T(z)T(w)&=\frac{1/4}{(z-w)^4}-\frac{:\psi\partial\psi(w):}{(z-w)^2}+\frac{-1/2:\psi\partial^2\psi(w):}{z-w}+\text{reg.}\\&=\frac{c/2}{(z-w)^4}+\frac{2T(w)}{(z-w)^2}+\frac{\partial T(w)}{z-w}+\text{reg.}\end{aligned} \tag{4.3.16}$$

となって，$c=1/2$ を得る（(2.3.7) 参照のこと）．すなわちユニタリ離散系列の $p=3$ 模型である．

$p=3$ CFT は Ising 模型の連続極限であった．考察してきた Majorana フェルミオンは，有名な Ising フェルミオンに他ならない．§3.2 で $p=3$ CFT のスペクトルは (4.1.32) であることをみた．(0,0) は恒等演算子 I で，$\left(\frac{1}{2},\frac{1}{2}\right)$ をもつエネルギーオペレータ $\varepsilon(z,\bar{z})$ はフェルミオン場から

$$\varepsilon(z,\bar{z})=\psi(z)\overline{\psi}(\bar{z}) \tag{4.3.17}$$

によって作られる．このオペレータはラグランジアン (4.3.1) における質量項であることに注意する．

さて，磁気オペレータ $\left(\frac{1}{16},\frac{1}{16}\right)$ は，自由フェルミオン理論の中でどのように現れてくるのだろうか．この問題を考えてみる．まず，Ising 模型ではその Z_2 対称性より，order 場 σ に**双対**(dual)な disorder 場 μ を構成できることは周知のことと思う*14．臨界点は**自己双対**(self dual)な点になっているので，μ は σ と同一のスケーリング次元をもつ．この σ と μ は互いに局所的ではない．その意味は，原点に場 μ を置き，そのまわりに $\sigma(z,\bar{z})$ を一周させると，

*14　L. P. Kadanoff and H. Ceva, *Phys. Rev.* **B3** (1971) 3918

$$\sigma(z,\overline{z})\mu(0,0) \to \sigma(e^{2\pi i}z, e^{-2\pi i}\overline{z})\mu(0,0) = -\sigma(z,\overline{z})\mu(0,0) \quad (4.3.18)$$

のように“−”符合が出るということである．2個の場が互いに局所的であれば，このような符合は生じない．(4.3.18)によると，σ から μ を見ると，μ は無限遠点までのびる dislocation をひきずっていて，これが平方根型の分岐カットになっているのである(図4.3)．

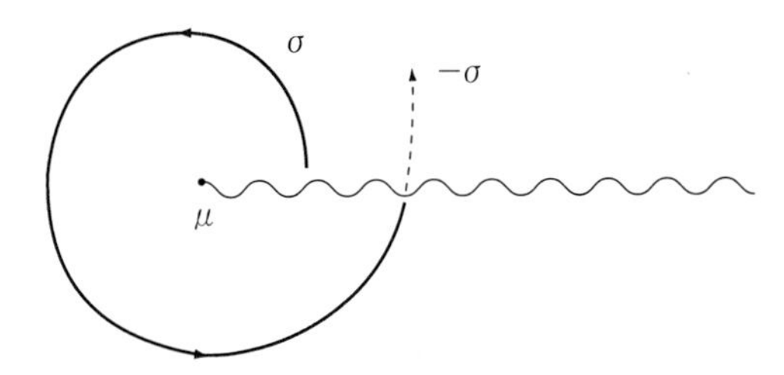

図4.3　Ising 模型の order 場 σ と disorder 場 μ

σ と μ の OPE は

$$\sigma(z,\overline{z})\mu(0,0) = \frac{1}{z^{2\Delta_\sigma - \Delta}\overline{z}^{2\Delta_\sigma - \overline{\Delta}}}\Phi(0,0) + \cdots \quad (4.3.19)$$

のようになる．(4.3.18)より，右辺の共形次元 $(\Delta, \overline{\Delta})$ をもつ場 Φ のスピン $\Delta - \overline{\Delta}$ は半整数であることが要求される．実際には，$(\Delta, \overline{\Delta}) = \left(\frac{1}{2}, 0\right)$ ないしは $\left(0, \frac{1}{2}\right)$ で，Ising フェルミオンが現れる．すなわち

$$\sigma(z,\overline{z})\mu(0,0) = \frac{1}{|z\overline{z}|^{2\Delta_\sigma}}(z^{1/2}\psi(0) + \overline{z}^{1/2}\overline{\psi}(0)) + \cdots \quad (4.3.20)$$

となっている．オペレータ代数の構造としては $\sigma\times\mu\sim\psi$ である．この両辺に ψ をかけて

$$\psi\times(\sigma\times\mu) \sim \psi\times\psi \sim I. \quad (4.3.21)$$

左辺に結合則を用いると

$$(\psi\times\sigma)\times\mu \sim I. \quad (4.3.22)$$

$\mu\times\mu\sim I$ だから，ψ と σ の OPE として

$$\psi(z)\sigma(w,\overline{w}) = \frac{1}{(z-w)^{1/2}}\mu(w,\overline{w}) + \cdots \quad (4.3.23)$$

を得る．$w=\overline{w}=0$ として $\psi(z)$ のモード展開を代入すると

$$\psi(z)\sigma(0) = \sum_{r\in\mathbb{Z}} z^{-r-1/2} b_r \sigma(0) \tag{4.3.24}$$

となる．ここで，(4.3.23) のために b_n は整数モードをとっていることは重要である(整数モードをもつ場合も反交換関係 (4.3.5) は同じである)．すなわち，$\sigma(0)$ のまわりでは，$\psi(z)$ は原点のまわりで反周期境界条件

$$\psi(z) \to \psi(e^{2\pi i}z) = -\psi(z) \tag{4.3.25}$$

が課されているフェルミオン場と解釈できる．前述の周期的フェルミオン(NS フェルミオン)に対して，これを Ramond (R) フェルミオンとよぶ．すなわち，フェルミオン場はオペレータ I や ε については局所的だが，σ や μ については局所的ではない．このようにフェルミオン場の境界条件が，理論のスペクトルに含まれる場との相対的な関係で決まっているという認識は大切である．

(4.3.23) と (4.3.24) を比べると

$$b_r\sigma(0) = 0, \quad r > 0 \tag{4.3.26}$$

であることがわかる．またゼロモードの部分は

$$b_0\sigma(0) = \mu(0) \tag{4.3.27}$$

となり，order 場から disorder 場を生成する役割を果たしていることがわかる．(4.3.5) より $b_0^2=1/2$ なので，逆に $b_0\mu(0)=\sigma(0)/2$ も成り立つ．

この R フェルミオンの性質を用いて，Kac 公式に依らずに order 場の共形次元 $\Delta=1/16$ を導いてみよう．そのために，次のような 4 点関数を考える．

$$\langle\sigma|\psi(z)\psi(w)|\sigma\rangle, \quad |z|>|w| \tag{4.3.28}$$

ここに (4.3.24) を代入して計算すると

$$\begin{aligned}
\langle\sigma|\psi(z)\psi(w)|\sigma\rangle &= \langle\sigma|\sum_{r,s\in\mathbb{Z}} b_r b_s z^{-r-1/2} w^{-s-1/2}|\sigma\rangle \\
&= \sum_{r\geqq 0,\, s\leqq 0} \langle\sigma|b_r b_s|\sigma\rangle z^{-r-1/2} w^{-s-1/2} \\
&= \frac{1}{2\sqrt{zw}} + \sum_{j=1}^{\infty} z^{-j-1/2} w^{j-1/2} \\
&= \frac{1}{2}\frac{\sqrt{z/w}+\sqrt{w/z}}{z-w}.
\end{aligned} \tag{4.3.29}$$

ただし，(4.3.5)，(4.3.26) および $\langle\sigma|\sigma\rangle=1$ を使った．ここで $\sigma(z)$ はプライマリー場だから

$$T(z)\sigma(0)|0\rangle = \frac{\Delta_\sigma}{z^2}\sigma(0)|0\rangle + \cdots \tag{4.3.30}$$

となっており，ゆえに

$$\langle\sigma|T(z)|\sigma\rangle = \frac{\Delta_\sigma}{z^2} \tag{4.3.31}$$

を得る．一方，この左辺は(4.3.12)，(4.3.29)を用いて

$$\begin{aligned} -\frac{1}{2}\langle\sigma|:\psi\partial\psi(z):|\sigma\rangle &= -\frac{1}{2}\lim_{w\to z}\left[\langle\sigma|\psi(w)\partial\psi(z)|\sigma\rangle - \frac{1}{(w-z)^2}\right] \\ &= -\frac{1}{2}\lim_{w\to z}\left[\frac{\partial}{\partial z}\left(\frac{1}{2}\frac{\sqrt{w/z}+\sqrt{z/w}}{w-z}\right) - \frac{1}{(w-z)^2}\right] \\ &= \frac{1/16}{z^2} \end{aligned} \tag{4.3.32}$$

と評価できる．したがって $\Delta_\sigma = 1/16$ が導かれた．

今度は $c=1/2$ のモジュラー不変な分配関数を自由フェルミオンの立場で調べてみよう．まず，NS フェルミオンの場合に Virasoro 生成子のゼロモードは

$$L_0 = \sum_{r=1/2}^{\infty} rb_{-r}b_r \tag{4.3.33}$$

である．これは(4.3.12)に(4.3.3)を代入すれば得られる．したがって，正則部分の状態和として

$$\begin{aligned} z_{\mathrm{NS}}(\tau) &\equiv \mathrm{Tr}_{\mathrm{NS}}\ q^{L_0 - c/24} = q^{-1/48}\ \mathrm{Tr}_{\mathrm{NS}}\ q^{\sum_{r=1/2}^{\infty} rb_{-r}b_r} \\ &= q^{-1/48}\prod_{n=1}^{\infty}(1+q^{n-1/2}) \end{aligned} \tag{4.3.34}$$

となる．次のような状態和も必要になる．

$$z_{\widetilde{\mathrm{NS}}}(\tau) \equiv \mathrm{Tr}_{\mathrm{NS}}\ (-1)^F q^{L_0 - c/24} = q^{-1/48}\prod_{n=1}^{\infty}(1-q^{n-1/2}). \tag{4.3.35}$$

ここで F はフェルミオン数オペレータである．

一方，R フェルミオンの場合は，最低エネルギー状態は order 場 $\sigma(z)$ に対応するので

$$L_0 = \sum_{r=1}^{\infty} r b_{-r} b_r + \Delta_\sigma \tag{4.3.36}$$

となる．状態和としては

$$\begin{aligned} z_{\mathrm{R}}(\tau) &\equiv \mathrm{Tr}_{\mathrm{R}}\ q^{L_0 - c/24} = q^{1/16-1/48}\ \mathrm{Tr}_{\mathrm{R}}\ q^{\sum_{r=1}^{\infty} r b_{-r} b_r} \\ &= q^{1/24} \prod_{n=1}^{\infty} (1+q^n) \end{aligned} \tag{4.3.37}$$

を得る．

このフェルミオンの Fock 空間についての状態和と $c=1/2$ の Virasoro 指標公式 (4.1.18) が関係しているはずである．その答は

$$\begin{aligned} \chi_0(\tau) &= \frac{1}{2}(z_{\mathrm{NS}}(\tau) + z_{\widetilde{\mathrm{NS}}}(\tau)), \\ \chi_{1/2}(\tau) &= \frac{1}{2}(z_{\mathrm{NS}}(\tau) - z_{\widetilde{\mathrm{NS}}}(\tau)), \\ \chi_{1/16}(\tau) &= z_{\mathrm{R}}(\tau) \end{aligned} \tag{4.3.38}$$

である．これは θ 関数の恒等式を使って証明されるが，ここでは省く．具体的に q-展開の次数の低い項をチェックしてみられるとよい．

(4.3.34)，(4.3.35) より，$\chi_0, \chi_{1/2}$ にはフェルミオン数が偶数および奇数の状態が，それぞれ寄与していることがわかる．

$c=1/2$ の分配関数 (4.1.31) を (4.3.38) を用いて書き直すと

$$Z = \frac{1}{2}(|z_{\mathrm{NS}}|^2 + |z_{\widetilde{\mathrm{NS}}}|^2 + 2|z_{\mathrm{R}}|^2) \tag{4.3.39}$$

となる．すなわち，スピン変数に周期境界条件を課して得られた分配関数のモジュラー不変性は，フェルミオン場の立場では NS および R フェルミオン，両方の境界条件を考慮してはじめて実現されているのである．

最後に，転送行列のスペクトルからフェルミオン状態を読みとる方法を述べて終りにしたい．(4.3.39) は，空間，時間両方向にスピン変数に周期境界条件を課したものである．空間方向に反周期的な分配関数 Z_{AP} はどうなるであろうか．そのために，まず空間(時間)方向に周期(反周期)境界条件を課した分配関数 Z_{PA} を求める．転送行列 T を用いると

$$Z_{\mathrm{PA}} = \mathrm{Tr}\, T^{\ell} \Sigma \tag{4.3.40}$$

となる．ここで Σ は T の固有状態の Z_2 偶奇性をはかるオペレータである．プライマリー状態 σ およびそのセカンダリー状態のみが Z_2 odd だから

$$Z_{\mathrm{PA}} = |\chi_0|^2 + |\chi_{1/2}|^2 - |\chi_{1/16}|^2 \tag{4.3.41}$$

となる．これに S 変換を施すと空間，時間方向が入れ替わって Z_{AP} が得られる．S 変換は (4.1.25) より

$$\begin{pmatrix} \chi_0 \\ \chi_{1/16} \\ \chi_{1/2} \end{pmatrix} \left(-\frac{1}{\tau}\right) = \frac{1}{2} \begin{pmatrix} 1 & \sqrt{2} & 1 \\ \sqrt{2} & 0 & -\sqrt{2} \\ 1 & -\sqrt{2} & 1 \end{pmatrix} \begin{pmatrix} \chi_0 \\ \chi_{1/16} \\ \chi_{1/2} \end{pmatrix} (\tau) \tag{4.3.42}$$

であるから，

$$Z_{\mathrm{AP}} = \chi_0 \chi_{1/2}^* + \chi_{1/2} \chi_0^* + |\chi_{1/16}|^2 \tag{4.3.43}$$

を得る．したがって，プライマリー場のリストは

$$\left(0, \frac{1}{2}\right),\ \left(\frac{1}{2}, 0\right),\ \left(\frac{1}{16}, \frac{1}{16}\right) \tag{4.3.44}$$

であり，Ising フェルミオンの状態が現れた！　ここで $\left(\frac{1}{16}, \frac{1}{16}\right)$ は disorder 場と理解できる．なぜならば，σ が空間方向に反周期境界条件をもったのは，シリンダーの両端に μ がいて，σ が図 4.3 のような dislocation を感じたためと解釈できるからである(図 4.4)．

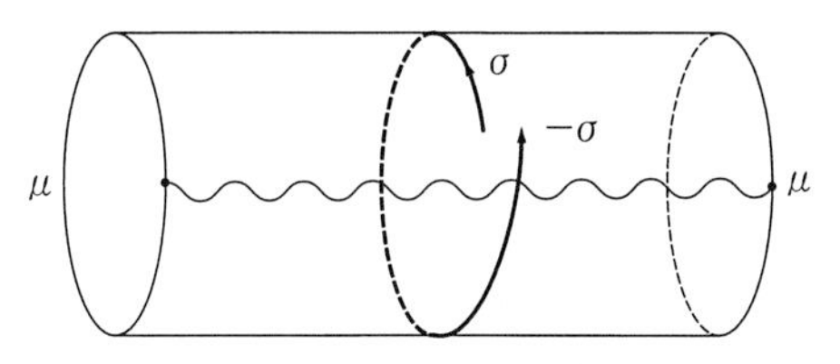

図 4.4　反周期境界条件をもつ Ising 模型

$C=1$ 共形場の理論

前章に引続き，具体的な2次元共形場の理論(CFT)を解説する．中心になるのは$c=1$ CFTである．$c=1$ CFTとは，ガウシアン・ユニバーサリティ・クラスを表す自由ボゾン場に他ならない．$c=1$ CFTは，(1) 連続的な内部対称性をもつこと，(2) marginal演算子の存在，(3) 無限個のプライマリー場の存在，の3点において$c<1$ CFTとは著しく異なっている．これらの性質は$c=1$ CFTを特徴付け，1次元電子系の朝永–Luttinger流体や量子スピン系の臨界現象の記述に欠かせないものである．また，Baxterの8頂点模型やAshkin-Teller模型などの2次元古典統計系の臨界現象も$c=1$ CFTで記述される．本章では，自由ボゾン場の量子化から始めて，演算子積展開の公式，marginal演算子の存在，分配関数の構成，さらに$SU(2)$カレント代数を説明し，最後にツイストボゾン場に触れる．

5.1　自由ボゾン場の量子化

自由フェルミオン場の量子化は，Euclid平面上で行なったが，ここでは趣を変えてMinkowski座標(t,σ)を持つシリンダー($t\in(-\infty,\infty)$, $0\leqq\sigma\leqq 2\pi$)の上で自由ボゾン場$\varphi(t,\sigma)$の量子化を行なってみよう．作用積分は

$$S=\frac{1}{2\pi}\int_{-\infty}^{\infty}dt\int_0^{2\pi}d\sigma(\partial_\mu\varphi)^2 \tag{5.1.1}$$

で与えられる．ただし

$$(\partial_\mu\varphi)^2=(\partial_t\varphi)^2-(\partial_\sigma\varphi)^2 \tag{5.1.2}$$

である．自由フェルミオン場の場合と同様，この理論は質量スケールがない自

由場の理論なので共形不変になっている．またφのスケーリング次元はゼロである．

φに正準共役な場は$\partial_t\varphi/\pi$だから，同時刻の正準交換関係は

$$[\varphi(t,\sigma),\partial_t\varphi(t,\sigma')] = i\pi\delta(\sigma-\sigma') \tag{5.1.3}$$

となる．ここで$\delta(\sigma)$は周期2πのデルタ関数である．φは実数値をとる場であるが，(5.1.1) は$\varphi\to\varphi+\text{const.}$で不変であることに着目して，境界条件

$$\varphi(t,\sigma+2\pi) = \varphi(t,\sigma)+2\pi RN \tag{5.1.4}$$

を採用する．ここで，Rは実のパラメータで，Nは任意の整数である．この境界条件 (5.1.4) によって，ボゾン場のとり得る値の領域は開いた実直線($\varphi\in\mathbb{R}$)から，半径Rの円の周上($\varphi\in[0,2\pi R]$)へとコンパクト化される(図 5.1)．

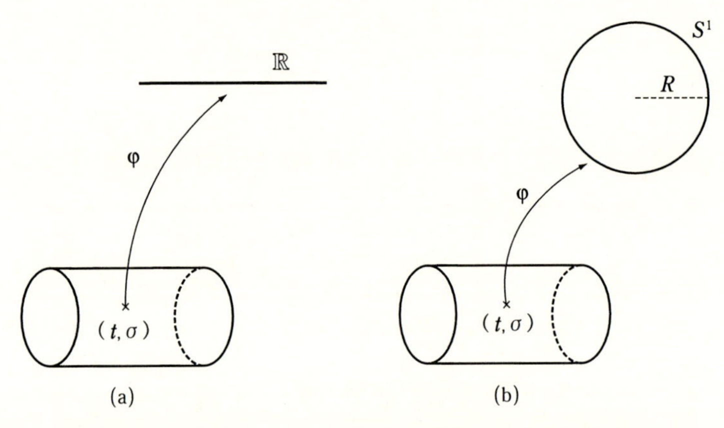

図 5.1　(a) 非コンパクトボゾン，(b) コンパクトボゾン

Nはφがこの円の上を(向きを含めて)何回まわっているかを勘定する巻き付き数(winding number)である．そこで，このようなボゾン場は，半径Rのコンパクト化されたボゾン，ないしは周期的ボゾンとよばれる．

境界条件 (5.1.4) を考慮すると$\varphi(t,\sigma)$の Fourier 展開は

$$\varphi(t,\sigma) = Q+\frac{1}{2}Pt+RN\sigma+\frac{i}{2}\sum_{n\neq 0}\frac{1}{n}(\alpha_n e^{-in(t+\sigma)}+\overline{\alpha}_n e^{-in(t-\sigma)}) \tag{5.1.5}$$

となる．Qはφのゼロモードで，Pはその正準共役量である．周期的デルタ関

数の公式

$$\delta(\sigma) = \frac{1}{2\pi} \sum_{n \in \mathbb{Z}} e^{in\sigma} \tag{5.1.6}$$

を用いて，交換関係 (5.1.3) より

$$\begin{aligned} &[Q, P] = i, \\ &[\alpha_m, \alpha_n] = m\delta_{m+n,0} = [\overline{\alpha}_m, \overline{\alpha}_n], \qquad [\alpha_m, \overline{\alpha}_n] = 0 \end{aligned} \tag{5.1.7}$$

を導くことは難しくない．後の便宜上

$$\alpha_0 = \frac{P}{2} + RN, \quad \overline{\alpha}_0 = \frac{P}{2} - RN \tag{5.1.8}$$

を定義しておく．

真空状態 $|0\rangle$ を

$$\alpha_n|0\rangle = 0, \quad \overline{\alpha}_n|0\rangle = 0, \quad n \geqq 0 \tag{5.1.9}$$

によって定義する．すなわち，$n<0$ $(n>0)$ の Fourier モード α_n $(\overline{\alpha}_n)$ が生成(消滅)演算子である．次のステップは状態空間を Fock 空間として構成すればよい．このとき，ゼロモード α_0, $\overline{\alpha}_0$ の取り扱いが大切であるが，その前に，以下で基本となる演算子積展開(OPE)の公式を次節で導いておこう．

5.1.1 自由ボゾン場の OPE

通常，OPE は z-平面上で考えるので共形変換

$$z = e^{i(t+\sigma)}, \quad \overline{z} = e^{i(t-\sigma)} \tag{5.1.10}$$

によって，シリンダーから平面に移ろう．そうすると (5.1.5) は

$$\varphi(t, \sigma) = \frac{1}{2}(\phi(z) + \overline{\phi}(\overline{z})), \tag{5.1.11}$$

ただし

$$\begin{aligned} \phi(z) &= Q - i\alpha_0 \log z + i \sum_{n \neq 0} \frac{1}{n} z^{-n} \alpha_n, \\ \overline{\phi}(\overline{z}) &= Q - i\,\overline{\alpha}_0 \log \overline{z} + i \sum_{n \neq 0} \frac{1}{n} \overline{z}^{-n} \overline{\alpha}_n \end{aligned} \tag{5.1.12}$$

である．$\varphi(t, \sigma)$ が正則および反正則部分 $\phi(z)$, $\overline{\phi}(\overline{z})$ へ分解してるわけだが，こ

れはもちろん右向き，左向きの波への分解に他ならない．いつもの通り以下ではもっぱら正則(z-)部分についてみていく．

$\log z$ の存在にみられるように，$\phi(z)$ そのものはあまり性質がよくないが，その z-微分をとると

$$i\partial\phi(z) = \sum_{n\in\mathbb{Z}} z^{-n-1}\alpha_n \tag{5.1.13}$$

となって見慣れた Laurent 展開のかたちになる．この場を

$$J(z) = i\partial\phi(z) \tag{5.1.14}$$

と書くことにする(同様に $\overline{J}(z)=i\overline{\partial}\,\overline{\phi}(\overline{z})$)．この $J(z)$ はすぐにみるように $U(1)$ カレントである．

$J(z)$ どうしの OPE の計算は，α_n の交換関係を用いて正規積の部分を抜き出すようにすればよい．交換子が消えない部分がまとまって OPE の特異点部分を出す．計算はフェルミオンの場合と同じなので読者の演習問題とする．結果は

$$\begin{aligned} J(z)J(w) &= \frac{1}{(z-w)^2} + :J(z)J(w): \\ &= \frac{1}{(z-w)^2} + :J(w)^2: + (z-w):\partial JJ(w): \\ &\quad + \frac{1}{2}(z-w)^2:\partial^2 JJ(w): + \cdots \end{aligned} \tag{5.1.15}$$

である．これより相関関数が

$$\langle J(z)J(w)\rangle = \frac{1}{(z-w)^2} \tag{5.1.16}$$

と求まる．これを積分して

$$\langle \phi(z)\phi(w)\rangle = -\log(z-w) \tag{5.1.17}$$

を得る．

次にストレステンソルは，Noether の定理より

$$T(z) = -\frac{1}{2}:(\partial\phi(z))^2:, \quad \overline{T}(\overline{z}) = -\frac{1}{2}:(\overline{\partial\phi}(\overline{z}))^2: \tag{5.1.18}$$

となる．(5.1.15) を基本にして Wick の定理を用いれば $T(z)$ どうしの OPE も，フェルミオンの場合をなぞって計算できる(§4.3 参照のこと)．結果は $c=$

1 Virasoro 代数になる．$T(z)$ を Laurent 展開すると

$$T(z)=\sum_{n\in\mathbb{Z}} z^{-n-2}L_n, \qquad (5.1.19)$$

ただし

$$L_n=\frac{1}{2}\sum_{m\in\mathbb{Z}} :\alpha_{m+n}\alpha_{-m}:, \qquad (5.1.20)$$

とくに

$$L_0=\frac{1}{2}\alpha_0^2+\sum_{n=1}^{\infty}\alpha_{-n}\alpha_n \qquad (5.1.21)$$

であることに注意する．

また，

$$\begin{aligned} T(z)J(w) &= \frac{1}{2}\times 2\times :J(z)\overbrace{J(z)J}(w): + \text{reg.} \\ &= (J(w)+(z-w)\partial J(w))\frac{1}{(z-w)^2}+\text{reg.} \\ &= \frac{J(w)}{(z-w)^2}+\frac{\partial J(w)}{z-w}+\text{reg.} \end{aligned} \qquad (5.1.22)$$

となるから，$J(z)$ は共形次元 $(1,0)$ をもつプライマリー場であることがわかる（(2.5.1) 式と比べてみよう）．同様に $\overline{J}(\overline{z})$ は共形次元 $(0,1)$ をもつプライマリー場である．これらはスピン ± 1 をもつ保存カレント

$$\partial_{\overline{z}}J(z)=0, \quad \partial_z\overline{J}(\overline{z})=0 \qquad (5.1.23)$$

である．これから周回積分で無次元の保存チャージ

$$Q_L=\oint_0\frac{dz}{2\pi i}J(z), \quad Q_R=\oint_0\frac{d\overline{z}}{2\pi i}\overline{J}(\overline{z}) \qquad (5.1.24)$$

ができる．§2.3 の要領で交換関係を計算すると

$$[Q_L,T(z)]=[Q_R,\overline{T}(\overline{z})]=0, \qquad (5.1.25)$$

また，明らかに

$$[Q_L,Q_L]=[Q_R,Q_R]=[Q_L,Q_R]=0 \qquad (5.1.26)$$

である．すなわち，Q_L，Q_R は $U(1)\times U(1)$ 対称性の生成子で，$J(z)$，$\overline{J}(\overline{z})$ は $U(1)$ カレントである．この対称性はもとの作用積分 (5.1.1) でみれば $\varphi\to$

$\varphi+\mathrm{const.}$ の下での不変性に他ならない．また(5.1.13)を(5.1.24)に代入すると，$Q_L=\alpha_0$，$Q_R=\overline{\alpha}_0$ であるから，(5.1.8)で定義した α_0，$\overline{\alpha}_0$ は状態の $U(1)$ チャージを計る演算子である．α_n は $U(1)$ カレントの Fourier 成分で，OPE (5.1.15) あるいは交換関係(5.1.7)は，**$U(1)$ カレント代数**(ないしは，**Kac-Moody 代数**)とよばれる．$c<1$ とは対照的に $c=1$ では $U(1)$ 連続対称性が現れるのである．

ストレステンソル(5.1.18)は(5.1.14)を用いて

$$T(z)=\frac{1}{2}:(J(z))^2: \tag{5.1.27}$$

と書けている．T がカレントの積 JJ で与えられている点を強調しよう．このようにカレント代数が存在すると，そのカレントの2乗積からストレステンソルが構成される．これを **Sugawara(菅原)構成法**とよぶ．$U(1)$ のようなアーベル代数のみならず，一般の非アーベル代数の場合にも有効であり，カレント代数の対称性をもつ CFT の重要な特徴である．内部対称性の演算子から，時空の座標変換を引き起こす演算子をつくっており，たいへん興味深い．

5.1.2　プライマリー状態と marginal 演算子

この節では，まず $c=1$ CFT の状態空間を調べ，次節でトーラス上のモジュラー不変な分配関数をつくる用意をしておく．そして $c=1$ CFT に特徴的な連続的に変化する臨界指数について議論する．

最初に，α_0，$\overline{\alpha}_0$ の固有値は(5.1.8)より，P の固有値 M/R，巻き付き数 N から決まる．ここで P は“座標” Q に共役な“運動量”なので，$1/R$ を単位にして計った．また，M は整数とする(その妥当性は後で構成する分配関数のモジュラー不変性より明らかになる)．固有状態を $|M,N\rangle$ と書くと(5.1.8)より

$$\alpha_0|M,N\rangle=\left(\frac{M}{2R}+RN\right)|M,N\rangle,$$
$$\overline{\alpha}_0|M,N\rangle=\left(\frac{M}{2R}-RN\right)|M,N\rangle \tag{5.1.28}$$

となる．この状態 $|M,N\rangle$ を $U(1)$ カレント代数の最高ウェイト状態とすると

$$\alpha_n|M,N\rangle=\overline{\alpha}_n|M,N\rangle=0,\quad n>0 \tag{5.1.29}$$

である．(5.1.21) より

$$L_0|M,N\rangle = \Delta_{M,N}|M,N\rangle, \quad \overline{L}_0|M,N\rangle = \overline{\Delta}_{M,N}|M,N\rangle, \tag{5.1.30}$$

ただし，

$$\Delta_{M,N} = \frac{1}{2}\Big(\frac{M}{2R}+RN\Big)^2, \quad \overline{\Delta}_{M,N} = \Delta_{M,-N} \tag{5.1.31}$$

となる．また，(5.1.20) と (5.1.29) より

$$L_n|M,N\rangle = \overline{L}_n|M,N\rangle = 0, \quad n>0 \tag{5.1.32}$$

となり，$|M,N\rangle$ はVirasoro 代数の最高ウェイト状態になっている．

共形次元 (5.1.31) は理論の連続パラメータ R に依存していることに注意しよう．ただし，R を変化させてもセントラルチャージの値は $c=1$ にとどまる．すなわち $c=1$ CFT は**臨界線**(critical line)を記述しているのである．このように連続的に変化する指数が現れる臨界現象の存在はBaxter の 8 頂点模型の厳密解によって初めて明らかにされた*1．ここで臨界指数の連続パラメータへの依存性がどのように理解されるかをみておく*2．場 $\Phi_\alpha(\boldsymbol{r})$ のスケーリング次元を x_α とし，2 点相関関数

$$\langle\Phi_\alpha(\boldsymbol{r})\Phi_\alpha(0)\rangle = |\boldsymbol{r}|^{-2x_\alpha} \tag{5.1.33}$$

を考えよう．x_α はある連続パラメータ λ に依存しているものとする．すると

$$\frac{\partial}{\partial\lambda}\langle\Phi_\alpha(\boldsymbol{r})\Phi_\alpha(0)\rangle = -2\frac{\partial x_\alpha}{\partial\lambda}|\boldsymbol{r}|^{-2x_\alpha}\log|\boldsymbol{r}| \tag{5.1.34}$$

となる．この λ を，くり込み群の固定点の作用 S^* に対するスカラー演算子 Φ_i による摂動の結合定数であるとしてみよう．すなわち作用積分を

$$S(\lambda) = S^* - \lambda\int d^2r\Phi_i(\boldsymbol{r}) \tag{5.1.35}$$

と書き表す．また Φ_i のスケーリング次元を x_i とする．そうすると，(5.1.34) の左辺はOPE を使って次のように評価される

$$\begin{aligned}&\frac{\partial}{\partial\lambda}\langle\Phi_\alpha(\boldsymbol{r})\Phi_\alpha(0)\rangle\\&\quad=\int d^2r'\langle\Phi_i(\boldsymbol{r}')\Phi_\alpha(\boldsymbol{r})\Phi_\alpha(0)\rangle\end{aligned}$$

---

*1 R. J. Baxter, *Phys. Rev. Lett.* **26** (1971) 832

*2 L. P. Kadanoff and F. J. Wegner, *Phys. Rev.* **B4** (1971) 3989

$$
\begin{aligned}
&= \int d^2r' \sum_{\beta} \frac{C_{i\alpha\beta}(\lambda)}{|\boldsymbol{r}'-\boldsymbol{r}|^{x_i+x_\alpha-x_\beta}} \langle \Phi_\beta(\boldsymbol{r})\Phi_\alpha(0)\rangle \\
&= C_{i\alpha\alpha}(\lambda)|\boldsymbol{r}|^{-2x_\alpha} \int^{|\boldsymbol{r}|} \xi^{-x_i+1} d\xi, \quad \xi = |\boldsymbol{r}'-\boldsymbol{r}|. \qquad (5.1.36)
\end{aligned}
$$

ここで $C_{i\alpha\beta}(\lambda)$ は OPE の構造定数で，λ への依存性を陽に書いておいた．(5.1.34) の右辺の対数因子を出すためには $x_i=2$ であることが必要である．$x_i=2$ とおけば

$$
C_{i\alpha\alpha}(\lambda)|\boldsymbol{r}|^{-2x_\alpha}\log|\boldsymbol{r}| \qquad (5.1.37)
$$

を得る．したがって，Φ_i は条件

$$
(\Delta_i, \overline{\Delta}_i) = (1,1), \quad C_{iii}(\lambda) = 0 \qquad (5.1.38)
$$

によって特徴づけられる演算子で **marginal 演算子**とよばれる*3．(5.1.38) で条件 $C_{iii}(\lambda)=0$ をおいたのは，Φ_i 自身が臨界線上で marginal であり続けるためには，λ に依存することなく共形次元 $(1,1)$ を保つ必要があるからである．$c=1$ CFT における marginal 演算子の具体形は

$$
J(z)\overline{J}(\overline{z}) = -\partial\phi(z)\overline{\partial}\,\overline{\phi}(\overline{z}) \qquad (5.1.39)
$$

であり，右向き，左向きカレントの積である．これは明らかに (5.1.38) を満足している．

5.1.3　分配関数

前節の議論より，$c=1$ CFT の状態空間は Fock 空間

$$
\bigoplus_{M,N\in\mathbb{Z}} \bigoplus_{m_i,n_j>0} \prod_i \overline{\alpha}_{-m_i} \prod_j \alpha_{-n_j}|M,N\rangle \qquad (5.1.40)
$$

で与えられることがわかる（(5.1.9)，(5.1.29) を思い起こそう）．この Fock 空間上で状態和をとれば，トーラス上の分配関数はただちに計算できる．すなわち

$$
\begin{aligned}
Z(\tau;R) &= \mathrm{Tr}\, q^{L_0-1/24}\overline{q}^{\overline{L}_0-1/24} \\
&= \frac{1}{|\eta(\tau)|^2} \sum_{M,N\in\mathbb{Z}} \langle M,N|q^{\alpha_0^2/2}\overline{q}^{\overline{\alpha}_0^2/2}|M,N\rangle
\end{aligned}
$$

*3　L. P. Kadanoff and A. C. Brown, *Ann. Phys.* **121** (1979) 318

$$= \frac{1}{|\eta(\tau)|^2} \sum_{M,N\in\mathbb{Z}} q^{\frac{1}{2}\left(\frac{M}{2R}+RN\right)^2} \overline{q}^{\frac{1}{2}\left(\frac{M}{2R}-RN\right)^2} \quad (5.1.41)$$

を得る*4．ここで $q=e^{2\pi i\tau}$，$\eta(\tau)$ は (4.1.21) の Dedekind の η 関数である．

モジュラー不変性を確認しておこう．まずスピンを調べると (5.1.31) より

$$\Delta_{M,N} - \overline{\Delta}_{M,N} = \Delta_{M,N} - \Delta_{M,-N} = MN \quad (5.1.42)$$

となって，スペクトルには整数スピンの状態しか含まれていない．また η 関数は

$$\eta(\tau+1) = e^{2\pi i/24}\eta(\tau) \quad (5.1.43)$$

とふるまう．よって T-変換：$\tau\to\tau+1$ に対して (5.1.41) は不変である．

次に S 変換：$\tau\to -1/\tau$ の下でのふるまいを調べる．M, N の二重和に Poisson の和公式

$$\sum_{N,M\in\mathbb{Z}} G(N,M) = \sum_{n,m\in\mathbb{Z}} \widetilde{G}(n,m),$$

$$\widetilde{G}(n,m) = \int_{-\infty}^{\infty} dxdy\, e^{2\pi i(nx+my)} G(x,y) \quad (5.1.44)$$

を応用すると

$$Z(\tau;R) = \frac{1}{|\eta(\tau)|^2} \sum_{M,N\in\mathbb{Z}} \int_{-\infty}^{\infty} dxdy$$

$$\times \exp\left[-\frac{1}{2}\left(\frac{\pi}{R^2}\mathrm{Im}\,\tau x^2 + 4\pi R^2\,\mathrm{Im}\,\tau y^2 - 4\pi i\,\mathrm{Re}\,\tau xy\right)\right.$$

$$\left. +2\pi i(Mx+Ny)\right] \quad (5.1.45)$$

を得る．完全平方して Gauss 積分を行ない，η 関数の S 変換の公式

$$\eta(-1/\tau) = (-i\tau)^{1/2}\eta(\tau) \quad (5.1.46)$$

を使うと

$$Z(\tau;R) = Z(-1/\tau;R) \quad (5.1.47)$$

と求まる．よって (5.1.41) が $c=1$ CFT のモジュラー不変な分配関数であることが示された．

分配関数 (3.3.3) の連続パラメータ R への依存性がモジュラー不変性と矛盾

*4 S.-K. Yang, *Nucl. Phys.* **B285** (1987) 183; P. Di Francesco, H. Saleur and J.-B. Zuber, *Nucl. Phys.* **B285** (1987) 454

なく入っていることに注目したい．さらに(3.3.3)で M と N を置き換えることによって

$$Z(\tau;R)=Z\left(\tau;\frac{1}{2R}\right) \tag{5.1.48}$$

が成り立つことがわかる．Kadanoff の Coulomb ガス描像に立つと M は磁荷，N は電荷とみなされる[*5]．つまり，この $R\leftrightarrow 1/R$ の下での対称性は一種の電荷-磁荷の双対性(duality)である．$R=1/\sqrt{2}$ では自己双対的(self dual)になっていることに注意しよう．実は，この点は $c=1$ CFT の対称性が $SU(2)$ 対称性に持ち上がっている点である．これに関しては§5.2でさらに議論する．

分配関数(5.1.41)から読みとれるスペクトルを $c=1$ Virasoro 代数の既約表現の観点で分析しておこう．$c=1$ CFT ではユニタリ条件は $\varDelta\geqq 0$ 以外に共形次元についての制約を課さない．ただし，次の数学的事実が知られている[*6]．

（i）　共形次元が $\varDelta=n^2/4$ $(n=0,1,2,\cdots)$ のとき，Verma モジュールのレベル $n+1$ に null 状態が現れる．この場合，既約表現の指標公式は

$$\chi_{n^2/4}=\frac{1}{\eta(\tau)}\left(q^{n^2/4}-q^{(n+2)^2/4}\right) \tag{5.1.49}$$

で与えられる．

（ii）　$\varDelta\neq n^2/4$ の場合，null 状態は現れず Verma モジュールそのものが既約表現になる．したがって，

$$\widetilde{\chi}_{\varDelta}=\frac{1}{\eta(\tau)}q^{\varDelta} \tag{5.1.50}$$

である((2.5.17), (4.1.20)をみよ)．

この(i),(ii)を用いて(5.1.41)を書き直せば自由ボゾンの Fock 空間を $c=1$ Virasoro 代数の既約表現に分解できる．一般に R^2 が有理数でなければ $M=N=0$ 以外に(i)に該当する状態は現れない．そこで簡単のため R^2 が有理数でない場合をみておこう．単純な書き換え

$$\frac{1}{\eta(\tau)}q^0=\chi_0+\chi_1+\chi_4+\cdots=\sum_{\ell=0}^{\infty}\chi_{\ell^2} \tag{5.1.51}$$

---

*5　L. P. Kadanoff, *J. Phys.* **A11** (1978) 1399

*6　V. G. Kac, Lecture notes in physics, vol.**94** (Springer, 1979) p.441

に気がつけば

$$Z(\tau:R)=\sum_{\ell,\ell'=0}^{\infty}\chi_{\ell^2}\chi_{\ell'^2}^{*}+\sum_{N,M=0,\,(N,M)\neq(0,0)}^{\infty}\widetilde{\chi}_{\Delta_{N,M}}\widetilde{\chi}_{\Delta_{N,-M}}^{*} \qquad (5.1.52)$$

を得る．第1項から読みとれるプライマリー場は共形次元 (ℓ^2,ℓ'^2) をもつが，$U(1)$ チャージはゼロである．このようなプライマリー場は $\phi(z)$ の微分多項式として表される．$\ell=\ell'=1$ の状態が共形次元 $(1,1)$ の marginal 演算子 (5.1.39) に対応している．また，$\ell=1$, $\ell'=0$ の共形次元 $(1,0)$ のプライマリー場はもちろん $U(1)$ カレント (5.1.14) である．非自明な例として，$\ell=2$, $\ell'=0$ の $\Delta=4$ のプライマリー場は

$$\frac{1}{9}:(:(\partial\phi)^2:)^2:-\frac{1}{12}\partial^2:(\partial\phi)^2:+\frac{1}{2}:\partial^3\phi\partial\phi: \qquad (5.1.53)$$

で与えられる．(5.1.52) から $c=1$ CFT には無限個のプライマリー場が存在していることが明らかである．この点において $c<1$ CFT と対照的である．

分配関数 (5.1.41) で記述される統計模型の代表例はスピン 1/2 の XXZ 量子スピン鎖である．ハミルトニアンは

$$H=-\sum_i(\sigma_i^X\sigma_{i+1}^X+\sigma_i^Y\sigma_{i+1}^Y+\Delta\,\sigma_i^Z\sigma_{i+1}^Z) \qquad (5.1.54)$$

であり，$\Delta=-\cos\mu$ とする．この系は絶対零度，$0\leqq\mu\leqq\pi$ の領域でギャップレスになり量子臨界現象を示す．これを $c=1$ CFT が記述する．R と μ との関係は

$$R^2=\frac{\pi}{2(\pi-\mu)} \qquad (5.1.55)$$

であることが知られている[*7]．$\mu=0$ のとき XXX 型のいわゆる Heisenberg 模型となり，ハミルトニアンは $SU(2)$ 対称性をもつ．対応する R の値は $1/\sqrt{2}$ で，前述の臨界線上の $SU(2)$ の点に正確に一致している．

5.1.4 カイラルボゾン場

正則部分に着目して，以上を一般的なかたちでまとめておこう．(5.1.25) か

*7 A. Luther and I. Peschel, *Phys. Rev.* **B12** (1975) 3908

ら，

$$[L_0, \alpha_0] = 0 \tag{5.1.56}$$

であるから，$U(1)$ カレント代数の最高ウェイト状態は，α_0 の固有値，すなわち $U(1)$ チャージ α と，L_0 の固有値，すなわち共形次元 Δ でラベル付けされ，$|\alpha, \Delta\rangle$ と表される．この最高ウェイト状態は

$$L_n|\alpha, \Delta\rangle = \alpha_n|\alpha, \Delta\rangle = 0, \quad n>0 \tag{5.1.57}$$

を満たす．$\alpha \neq 0$ のとき，α と Δ の関係は (5.1.21) より

$$\Delta = \frac{\alpha^2}{2} \tag{5.1.58}$$

である．ここで $\alpha=0$ のプライマリー状態の共形次元は必ずしも $\Delta=0$ に限らないということはすでにみた通りである．

カイラルボゾン $\phi(z)$ のモード展開を改めて

$$\begin{aligned} \phi(z) &= q - ip\log z + i\sum_{n\neq 0}\frac{1}{n}z^{-n}\alpha_n, \\ J(z) &= i\partial\phi(z) = \sum_{n\in\mathbb{Z}} z^{-n-1}\alpha_n, \quad \alpha_0 = p \end{aligned} \tag{5.1.59}$$

とする．ただし

$$[q, p] = i, \quad [\alpha_m, \alpha_n] = m\delta_{m+n,0} \tag{5.1.60}$$

である．

$U(1)$ チャージ α $(\neq 0)$ をもつプライマリー場($V_\alpha(z)$ と書こう)は，$\phi(z)$ を用いて，どのように表されるのだろうか．ここに**バーテックス演算子**(vertex operator)なるものが登場する．そのかたちは

$$V_\alpha(z) =: e^{i\alpha\phi(z)} : \tag{5.1.61}$$

である．ここで正規積は次のように定義される

$$: e^{i\alpha\phi(z)} := e^{i\alpha(q-ip\log z)}\exp\left(-\alpha\sum_{n<0}\frac{1}{n}z^{-n}\alpha_n\right)\exp\left(-\alpha\sum_{n>0}\frac{1}{n}z^{-n}\alpha_n\right). \tag{5.1.62}$$

ゼロモード部分は $[A, B]=c$-数 の場合の公式

$$e^{A+B} = e^A e^B e^{-[A,B]/2} \tag{5.1.63}$$

を用いると

$$e^{i\alpha(q-ip\log z)} = e^{i\alpha q}z^{\alpha p}z^{\alpha^2/2} \tag{5.1.64}$$

となるから

$$\begin{aligned}:e^{i\alpha\phi(z)}: &= e^{i\alpha q}z^{\alpha p}z^{\alpha^2/2}\exp\left(\alpha\sum_{n>0}\frac{1}{n}z^n\alpha_{-n}\right)\exp\left(-\alpha\sum_{n>0}\frac{1}{n}z^{-n}\alpha_n\right)\\ &\equiv e^{i\alpha q}z^{\alpha p}z^{\alpha^2/2}e^{i\alpha\phi_<(z)}e^{i\alpha\phi_>(z)}\end{aligned} \tag{5.1.65}$$

である．

まず，バーテックス演算子と $J(z)$ の OPE は以下のように

$$\begin{aligned}J(z):e^{i\alpha\phi(w)}: &= \sum_{n=0}^{\infty}\frac{(i\alpha)^n}{n!}J(z):(\phi(w))^n:\\ &= \sum_{n=0}^{\infty}\frac{(i\alpha)^n}{n!}n\overline{J(z):\phi(w)}(\phi(w))^{n-1}:+\text{reg.}\\ &= \sum_{n=0}^{\infty}\frac{(i\alpha)^n}{n!}n\frac{-i}{z-w}:(\phi(w))^{n-1}:+\text{reg.}\\ &= \frac{\alpha}{z-w}\sum_{n=1}^{\infty}\frac{(i\alpha)^{n-1}}{(n-1)!}:(\phi(w))^{n-1}:+\text{reg.}\\ &= \frac{\alpha}{z-w}:e^{i\alpha\phi(w)}:+\text{reg.}\end{aligned} \tag{5.1.66}$$

と計算される．この OPE は (5.1.61) が $U(1)$ チャージ α をもつことを示す．実際

$$\lim_{w\to 0}:e^{i\alpha\phi(w)}:|0\rangle = |\alpha\rangle \tag{5.1.67}$$

とおくと

$$\lim_{w\to 0}\oint_w\frac{dz}{2\pi i}J(z):e^{i\alpha\phi(w)}:|0\rangle = \oint_0\frac{dz}{2\pi i}\frac{\alpha}{z}|\alpha\rangle = \alpha|\alpha\rangle. \tag{5.1.68}$$

したがって，(5.1.24) より

$$Q_L|\alpha\rangle = \alpha|\alpha\rangle \tag{5.1.69}$$

を得る．

$T(z)$ との OPE は，Wick の定理に従って

$$\begin{aligned}&T(z):e^{i\alpha\phi(w)}:\\ &= \frac{1}{2}:(J(z))^2::e^{i\alpha\phi(w)}:\end{aligned}$$

$$= \frac{1}{2} : \overbrace{J(z)\overbrace{J(z)(:e^{i\alpha\phi(w)}}:)}: + \frac{1}{2} \times 2 : J(z)\overbrace{J(z)(:e^{i\alpha\phi(w)}}:) : +\text{reg.}$$
$$= \frac{\alpha^2/2}{(z-w)^2} : e^{i\alpha\phi(w)} : + \frac{\alpha}{z-w} : J(z)(:e^{i\alpha\phi(w)}:) : +\text{reg.} \tag{5.1.70}$$

ここで，第2項の分子は

$$\begin{aligned}\alpha : J(z)(:e^{i\alpha\phi(w)}:) : &= i\alpha : \partial\phi(z)(:e^{i\alpha\phi(w)}:) : \\ &= i\alpha : \partial\phi(w)(:e^{i\alpha\phi(w)}:) : +O(z-w) \\ &= \partial_w : e^{i\alpha\phi(w)} : +O(z-w)\end{aligned} \tag{5.1.71}$$

となる．すなわち，(5.1.61) が $\Delta=\alpha^2/2$（(5.1.58) と一致）のプライマリー場であることが示された．

最後にバーテックス演算子どうしの OPE の公式

$$:e^{i\alpha\phi(z)} :: e^{i\beta\phi(w)} := (z-w)^{\alpha\beta} : e^{i[\alpha\phi(z)+\beta\phi(w)]} : \tag{5.1.72}$$

を導いておこう．(5.1.60)，(5.1.63)，(5.1.65) を用いて

$$\begin{aligned}e^{i\alpha\phi_>(z)}e^{i\beta\phi_<(w)} &= \exp\left[i\alpha\phi_>(z), i\beta\phi_<(w)\right] e^{i\beta\phi_<(w)}e^{i\alpha\phi_>(z)} \\ &= \exp\left[-\alpha\beta\sum_{n>0}\frac{1}{n}\left(\frac{w}{z}\right)^n\right] e^{i\beta\phi_<(w)}e^{i\alpha\phi_>(z)} \\ &= \left(1-\frac{w}{z}\right)^{\alpha\beta} e^{i\beta\phi_<(w)}e^{i\alpha\phi_>(z)}\end{aligned} \tag{5.1.73}$$

となる．ただし $|z|>|w|$ とした．ゼロモード部分は

$$\begin{aligned}z^{\alpha p}e^{i\beta q} &= e^{i\alpha\beta[p,q]\log z}e^{i\beta q}z^{\alpha p} \\ &= z^{\alpha\beta}e^{i\beta q}z^{\alpha p}\end{aligned} \tag{5.1.74}$$

なので，結局 (5.1.72) が示された．

5.2　$SU(2)$ カレント代数

$c=1$ の臨界線上 $R=1/\sqrt{2}$ の点での $SU(2)$ 対称性を理解するために，この節では $c=1$ CFT そのものとは離れるが，**$SU(2)$ カレント代数**（Kac-Moody

代数ともよばれる)について説明する[*8]．通常の $SU(2)$ 代数は生成子を S^i $(i=1,2,3)$ として

$$[S^i, S^j] = i\varepsilon_{ij\ell}S^\ell \tag{5.2.1}$$

である．$\varepsilon_{ij\ell}$ は完全反対称な $SU(2)$ の構造定数で $\varepsilon_{123}=1$ である．$SU(2)$ カレント代数は $\Delta=1$ の正則カレント $J^i(z)$ の従う OPE

$$J^i(z)J^j(w) = \frac{k/2}{(z-w)^2}\delta_{ij} + \frac{i\varepsilon_{ij\ell}J^\ell(w)}{z-w} + \text{reg.} \tag{5.2.2}$$

で定義される．k は c–数でカレント代数のレベルとよばれる．モード展開を

$$J^i(z) = \sum_{n\in\mathbb{Z}} z^{-n-1}J^i_n \tag{5.2.3}$$

とすると，OPE (5.2.2) は交換関係

$$[J^i_m, J^j_n] = i\varepsilon_{ij\ell}J^\ell_{m+n} + \frac{k}{2}m\delta_{ij}\delta_{m+n,0} \tag{5.2.4}$$

と等価であることが § 2.3 にならって示される．ゼロモードは

$$J^i_0 = \oint_0 \frac{dz}{2\pi i}J^i(z) \tag{5.2.5}$$

で与えられ，これが $SU(2)$ チャージである．これらは (5.2.4) で $m=n=0$ とおけばわかるように (5.2.1) の $SU(2)$ 代数を満たしている．

Sugawara 構成法によって $SU(2)$ カレントから Virasoro 代数をつくることができる．Virasoro 生成子は

$$L_n = \frac{1}{k+2}\sum_{m\in\mathbb{Z}}\sum_{i=1}^{3} :J^i_{m+n}J^i_{-m}: \tag{5.2.6}$$

となる．ここでカレントの正規積は，正のモードのカレントを常に右側にもってくるものとして定義する．直接の計算でセントラルチャージは

$$c = \frac{3k}{k+2} \tag{5.2.7}$$

と求まる．分子の 3 は $SU(2)$ 代数の次元，分母 2 は随伴表現の 2 次のカシミアの値(dual Coxeter 数とよばれる)であることに注意しよう．

---

*8 カレント代数についての読みやすい総合報告として，P. Goddard and D. Olive, *Int. J. Mod. Phys.* **A1** (1986) 303

一般の単純 Lie 代数 G に対応するカレント代数は，(5.2.2) と同じように

$$J^i(z)J^j(w)=\frac{k/2}{(z-w)^2}\delta_{ij}+\frac{if_{ij\ell}J^\ell(w)}{z-w}+\text{reg.} \tag{5.2.8}$$

で与えられる．ここで，$i,j,\ell=1,\cdots,\dim G$，$f_{ij\ell}$ は G の構造定数，k がレベルである．やはり，Sugawara 構成法で Virasoro 生成子が書かれ，セントラルチャージは

$$c=\frac{k\dim G}{k+h_G^\vee} \tag{5.2.9}$$

となることが示される．ただし，$h_G^\vee$ は dual Coxeter 数を表す．$G=SU(N)$ ならば $\dim G=N^2-1$, $h_G^\vee=N$ である．

さて，$SU(2)$ カレント代数のユニタリ最高ウェイト表現を調べよう．J_n^i から

$$J_n^\pm\equiv J_n^1\pm iJ_n^2,\quad J_n^0\equiv J_n^3 \tag{5.2.10}$$

を定義し，Hermite 共役は

$$(J_n^\pm)^\dagger=J_{-n}^\mp,\quad (J_n^0)^\dagger=J_{-n}^0 \tag{5.2.11}$$

とする．最高ウェイト状態 $|j\rangle$ は $SU(2)$ スピンの大きさ j で指定され，次の条件を満たすものとする

$$\begin{aligned}&J_0^0|j\rangle=j|j\rangle,\\&J_0^+|j\rangle=0,\quad J_n^a|j\rangle=0,\quad n>0,\quad a=0,\pm\,.\end{aligned} \tag{5.2.12}$$

ここで J_0^0，J_0^+ に関する条件は通常の $SU(2)$ 代数と同じである．したがって，j は非負の整数ないし半整数をとる；$j=\ell/2$, $\ell=0,1,2,\cdots$.

さて

$$\widetilde{J}^+=J_{-1}^+,\quad \widetilde{J}^-=J_{+1}^-,\quad \widetilde{J}^0=J_0^0-\frac{k}{2} \tag{5.2.13}$$

とおくと，これらもまた

$$[\widetilde{J}^0,\widetilde{J}^\pm]=\pm\widetilde{J}^\pm,\quad [\widetilde{J}^+,\widetilde{J}^-]=2\widetilde{J}^0 \tag{5.2.14}$$

を満たし，$SU(2)$ 代数を生成していることがわかる．よって

$$2\widetilde{J}^0=2J_0^0-k \tag{5.2.15}$$

の固有値は整数だから，レベル k は整数でなければならない．さらに J_{-1}^+ を用いてユニタリ条件をみると

$$
\begin{aligned}
0 \leqq |J_{-1}^{+}|j\rangle|^2 &= \langle j|J_{+1}^{-}J_{-1}^{+}|j\rangle \\
&= \langle j|[J_{+1}^{-}, J_{-1}^{+}]|j\rangle \\
&= -2\langle j|(J_0^0 - k/2)|j\rangle \\
&= -2j + k
\end{aligned} \tag{5.2.16}
$$

である（$\langle j|j\rangle = 1$ とした）．ここで $|j\rangle = |0\rangle$ とすると $k \geqq 0$ となる．以上より，ユニタリ最高ウェイト表現においては，レベル k の値は

$$
k = 0, 1, 2, \cdots \tag{5.2.17}
$$

であり，最高ウェイト状態 $|j\rangle$ に許されるスピンは

$$
j = 0,\ \frac{1}{2},\ 1,\ \frac{3}{2},\ \cdots,\ \frac{k}{2} \tag{5.2.18}
$$

となる．$|j\rangle$ の共形次元は

$$
L_0|j\rangle = \frac{1}{k+2}\sum_{i=1}^{3}(J_0^i)^2|j\rangle \tag{5.2.19}
$$

であるから，2 次のカシミアの値から決まる．すなわち

$$
L_0|j\rangle = \Delta_j|j\rangle, \quad \Delta_j = \frac{j(j+1)}{k+2} \tag{5.2.20}
$$

を得る．$SU(2)$ 以外の一般のカレント代数の表現については脚注 *8 に示した文献に解説がある．

ここで $SU(2)$ の指標公式

$$
\chi_j^{su(2)}(\tau, z) = \mathrm{Tr}\, q^{L_0 - c/24} e^{2\pi i z J_0^0} \tag{5.2.21}
$$

を導入しよう．指標公式のアイデアは基本的に Virasoro 代数の場合と同じである．右辺の Tr は，最高ウェイト状態 $|j\rangle$ に L_{-n}, J_{-n}^a $(n>0)$ を作用させて得られるすべてのセカンダリー状態についての和を意味する．この表式で L_0 はハミルトニアン，J_0^0 は L_0 と可換なチャージなので，新たに加えた変数 z は外場のようなものである．こうすると，指標公式は L_0 のみならず，スピン J_0^0 の値も指定したうえでの状態の多重度を与えてくれる．(5.2.21) の陽な形も知られているが*9，ここではレベル $k=1$ の場合をみておこう．(5.2.18) よりスピン

---

*9 P. Goddard, A. Kent and D. Olive, *Commun. Math. Phys.* **103** (1986) 105

$j=0,\ 1/2$ のみ許される．指標公式は

$$\chi_0^{su(2)}(\tau,z)=\frac{1}{\eta(\tau)}\sum_{n\in\mathbb{Z}}q^{n^2}e^{2\pi izn},$$
$$\chi_{1/2}^{su(2)}(\tau,z)=\frac{1}{\eta(\tau)}\sum_{n\in\mathbb{Z}}q^{(n+1/2)^2}e^{2\pi iz(n+1/2)} \tag{5.2.22}$$

である．$j=1/2$ の式で $n=0,-1$ とおいてみよう．どちらも $\Delta=1/4$ ((5.2.20) の $k=1,\ j=1/2$ と一致)を与えるが，J_0^0 の値は $\pm1/2$ で，$j=1/2$ の最高ウェイト状態とスピン 2 重項の関係が正しくみえている．カレント代数については，話題が豊富で尽きないがより詳しくは参考文献に譲ることにする*10．

さて $c=1$ CFT の話題に戻って $R=1/\sqrt{2}$ の $SU(2)$ 対称性を理解しよう．(5.1.31) で $R=1/\sqrt{2}$ とおくと，すべての $\Delta_{M,N}$ は $(\text{整数})^2/4$ のかたちになる．とくに，

$$(\Delta_{\pm1,\pm1},\overline{\Delta}_{\pm1,\pm1})=(1,0),\quad(\Delta_{\pm1,\mp1},\overline{\Delta}_{\pm1,\mp1})=(0,1) \tag{5.2.23}$$

なる状態が現れ，それぞれスピン ±1 の正則，反正則カレントになっている．正則カレントに注目しよう．$(\Delta_{1,1},\overline{\Delta}_{1,1})=(1,0)$ はバーテックス演算子を用いて

$$J^+(z)=e^{i\sqrt{2}\phi(z)}, \tag{5.2.24}$$

また $(\Delta_{-1,-1},\overline{\Delta}_{-1,-1})=(1,0)$ も同様に

$$J^-(z)=e^{-i\sqrt{2}\phi(z)} \tag{5.2.25}$$

と表される．これら $J^\pm(z)$ と (5.1.14) の $J(z)$ の OPE を計算すると

$$J(z)J^\pm(w)=\frac{\pm J^\pm(w)}{z-w}+\text{reg.},$$
$$J^+(z)J^-(w)=\frac{1}{(z-w)^2}+\frac{2J(w)}{z-w}+\text{reg.},$$
$$J(z)J(w)=\frac{1/2}{(z-w)^2}+\text{reg.} \tag{5.2.26}$$

となって，レベル $k=1$ の $SU(2)$ カレント代数である．ここで $U(1)$ カレント

*10　V. G. Kac and D. H. Peterson, *Adv. in Math.* **53** (1984) 125; V.G. Knizhnik and A.B. Zamolodchikov, *Nucl. Phys.* **B247** (1984) 83; E. Witten, *Commun. Math. Phys.* **92** (1984) 455; A.M. Polyakov and P.B. Wiegmann, *Phys. Lett.* **B131** (1983) 121

$J(z)$ が $SU(2)$ の Cartan カレント $J^0(z)$ の役割を果たしていることも覚えておこう．また (5.2.7) に $k=1$ を代入すると，確かに $c=1$ になっている．

次に分配関数 (5.1.41) をみてみると

$$Z(\tau;1/\sqrt{2}) = \frac{1}{|\eta|^2} \sum_{M,N\in\mathbb{Z}} q^{(M+N)^2/4} \overline{q}^{(M-N)^2/4}$$
$$= \left|\frac{1}{\eta}\sum_{n\in\mathbb{Z}} q^{n^2}\right|^2 + \left|\frac{1}{\eta}\sum_{n\in\mathbb{Z}} q^{(n+1/2)^2}\right|^2 \qquad (5.2.27)$$

と書き直せる．ここで $k=1$ 指標公式 (5.2.22) を用いると

$$Z(\tau;1/\sqrt{2}) = |\chi_0^{su(2)}(\tau,0)|^2 + |\chi_{1/2}^{su(2)}(\tau,0)|^2 \qquad (5.2.28)$$

と表される．これより，$R=1/\sqrt{2}$ では $c=1$ CFT の Fock 空間が $k=1$ $SU(2)$ カレント代数の既約表現の空間にぴったり収まっていることがわかる．Virasoro 代数のもとではプライマリー場は無限個であったが，より高い $SU(2)$ カレント代数の対称性のもとでは，これら無限個の Virasoro プライマリー場がスピン $0,1/2$ の 2 個の（$SU(2)$ の意味での）プライマリー場の既約表現にまとまってしまうという著しい現象が起きている．

このように $c=1$ CFT の臨界線上で R^2 が有理数の場合には様々な高い対称性が現れる．面白い例として $c=1$ CFT が自由ボゾン場の理論であるにもかかわらず，$R=\sqrt{3}$ および $\sqrt{3}/2$ では $N=2$ 超対称性が出現することも知られている*11（図 5.4 も参照せよ）．

5.3 ツイストボゾン場

Baxter の 8 頂点模型の臨界線は，しかしながら，分配関数 (5.1.41) で表されるものではない．8 頂点模型と同じユニバーサリティ・クラスに属する Ashkin-Teller 模型をみてみよう．ハミルトニアンは

$$H = -\sum_{\langle ij\rangle} [K_2(s_is_j + t_it_j) + K_4 s_is_jt_it_j] \qquad (5.3.1)$$

*11 D. Friedan and S. Shenker, 巻末文献 [2]; S.-K. Yang and H.B. Zheng, *Nucl. Phys.* **B285** (1987) 410

である．s_i, t_i はそれぞれ ±1 をとり，2 次元正方格子上の格子点 i に定義された Ising スピンである．図 5.2 はこの模型の相図であり，$K_2 \leftrightarrow -K_2$ で対称である*12.

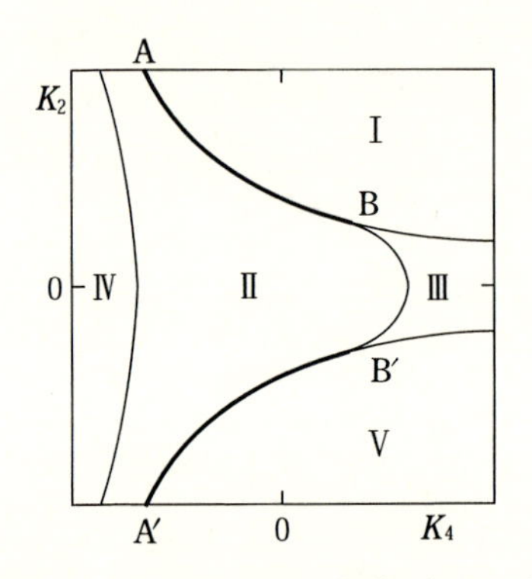

図 5.2　Ashkin-Teller 模型の相図．領域 I, V では $\langle s_i\rangle \neq 0, \langle t_i\rangle \neq 0, \langle s_i t_i\rangle \neq 0$, II では $\langle s_i\rangle = \langle t_i\rangle = \langle s_i t_i\rangle = 0$, III, IV では $\langle s_i\rangle = \langle t_i\rangle = 0, \langle s_i t_i\rangle \neq 0$ となっている．

ここで太い実線 AB(A′B′ と同等)が $c=1$ CFT で記述される臨界線であることに注目する．この線上では，一般に臨界指数が連続的に変化している．一方，同じ臨界線上でスピンの 2 点相関関数は

$$\langle s_i s_j\rangle = \langle t_i t_j\rangle \sim |i-j|^{-1/4}, \quad |i-j| \gg 1 \tag{5.3.2}$$

とふるまい，臨界指数 1/4 は (K_2, K_4) に依存しない．このことから，連続的に変化しない共形次元 $\left(\frac{1}{16}, \frac{1}{16}\right)$ をもつプライマリー場の存在が示唆される．しかし，(5.1.41) の分配関数はこのような状態を含んでいない．これを説明するためにツイストボゾン場を導入する．

§5.1.1 のボゾン場は，境界条件 (5.1.4) を満たしていた．これに対してツイストボゾン場は境界条件

$$\varphi(t, \sigma+2\pi) = -\varphi(t, \sigma) \tag{5.3.3}$$

を満たすものとする．これはガウシアン作用 (5.1.1) が $\varphi \to -\varphi$ で不変である

*12　R. J. Baxter, *Exactly solved models in statistical mechanics* (Academic Press, 1982) p.362

ことと両立する．このときカイラルボゾン場のモード展開は，(5.1.59) に代わって

$$\phi(z)=i\sum_{r\in\mathbb{Z}+1/2}\frac{1}{r}z^{-r}\alpha_r \tag{5.3.4}$$

となり，半整数モードが現れる．ゼロモードが出ていないことにも注意したい．読者は§4.3 で解説した周期的境界条件をもつ Ramond フェルミオンの状況と酷似していることに気づかれるであろう．実際，以下の議論は§4.3 と並行に展開される．

反周期的境界条件 (5.3.3) は，z-平面の原点に共形次元 $(\Delta_\sigma,\Delta_\sigma)$ をもつスピン場 $\sigma(z,\bar{z})$ が位置し，φ と σ の関係が互いに local でないことに由来するものと考える．また，$|\sigma\rangle$ は最高ウェイト条件

$$\alpha_r|\sigma\rangle=0,\quad r>0 \tag{5.3.5}$$

に従うものとすると，OPE

$$i\partial\phi(z)\sigma(w)=\frac{1}{(z-w)^{1/2}}\sigma_1(w)+\cdots \tag{5.3.6}$$

が成り立つ．ここで σ_1 は共形次元 $\Delta_{\sigma_1}=\Delta_\sigma+1/2$ をもつ場である．(5.3.4), (5.3.6) から，(4.3.29) の場合と同じようにして

$$\langle\sigma|i\partial\phi(z)i\partial\phi(w)|\sigma\rangle=\frac{1}{2}\frac{\sqrt{z/w}+\sqrt{w/z}}{(z-w)^2} \tag{5.3.7}$$

を得る．さらに (4.3.31), (4.3.32) と同様の計算を実行して

$$\langle\sigma|T(z)|\sigma\rangle=\frac{1/16}{z^2} \tag{5.3.8}$$

が導かれる．すなわちスピン場 σ は $\Delta_\sigma=1/16$ のプライマリー場である．

ここで (5.3.3) をもう一度見直そう．ϕ による z-平面から S^1 への写像を図 5.3 に与える．境界条件 $\phi(e^{2\pi i}z)=-\phi(z)$ のため，S^1 上の点 A と A' は同一視される．ただし，$\phi=0$ と $\phi=\dfrac{1}{2}(2\pi R)$ は特別で，この写像の固定点になっている．スピン場は，この 2 個の固定点それぞれに対応して存在するプライマリー場と考えられる*13．それらを $\sigma(z,\bar{z})$, $\tau(z,\bar{z})$ と書くと，どちらも共形次元

*13　L. Dixon, D. Friedan, E. Martinec and S. Shenker, *Nucl. Phys.* **B282** (1987) 13

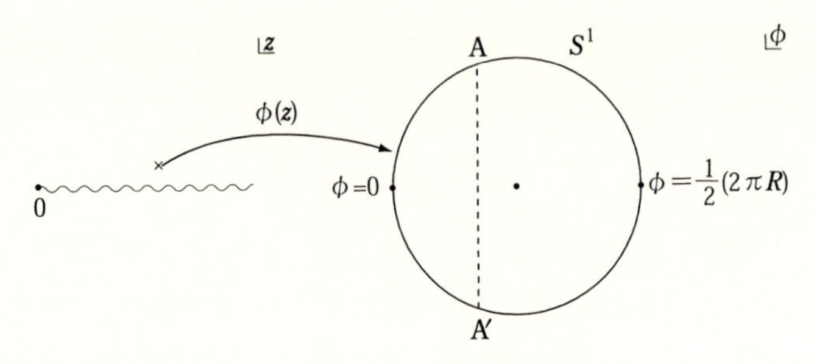

図 5.3　写像 $\phi: z \to S^1$．図 5.1(b) で共形変換 (5.1.10) を行ない，$\varphi(t,\sigma)$ の正則部分 $\phi(z)$ に注目する．z-平面上の原点にはスピン場 σ が位置し，波線はその分岐カットである．

$\left(\frac{1}{16},\frac{1}{16}\right)$ をもっており，Ashkin-Teller 模型の 2 個のオーダー変数 s_i，t_i に対応するスケーリング演算子と解釈される．こうして連続変化しない臨界指数の存在とその値も $c=1$ CFT によって完全に説明される．この 2 個のスピン場をもスペクトルに含むモジュラー不変な分配関数も R 依存性を保ちつつ構成できる．そのスペクトルを調べると共形次元 $(1,1)$ の marginal 演算子は存在するが，$(1,0)$ および $(0,1)$ の $U(1)$ カレントは存在しない．すなわち，ツイストボゾンを取り込んだ $c=1$ の臨界線上では $U(1)\times U(1)$ の対称性は破れている．一方，周期的ボゾンの場合は，すでにみたように，$U(1)\times U(1)$ の対称性があり，この点で 2 種の $c=1$ 臨界線が区別されるのである．

5.4　まとめ

$c=1$ CFT は，XXZ 量子スピン鎖の臨界線，および 8 頂点模型ないし Ashkin-Teller 模型に現れる臨界線の両方を記述することをみた．前者は周期的ボゾンで，後者は周期的ボゾンとツイストボゾンから成っている．実は，$c=1$ CFT のクラスは，この 2 種の臨界線で尽きているのではない．スペクトルに marginal 演算子をもたない，すなわち $c=1$ の臨界点を記述する 3 個のタイプの CFT の存在も知られている[*14]．分配関数の言葉でいえば，R 依存性を

*14　V. Pasquier, *J. Phys.* **A20** (1987) L1229

もつ2個のタイプと，Rに依存しない3個のタイプのモジュラー不変な分配関数が存在するのである．それらをまとめて図5.4に描いた[*15]．これを$c=1$ CFTの「モジュライ空間」とよぶならわしである．

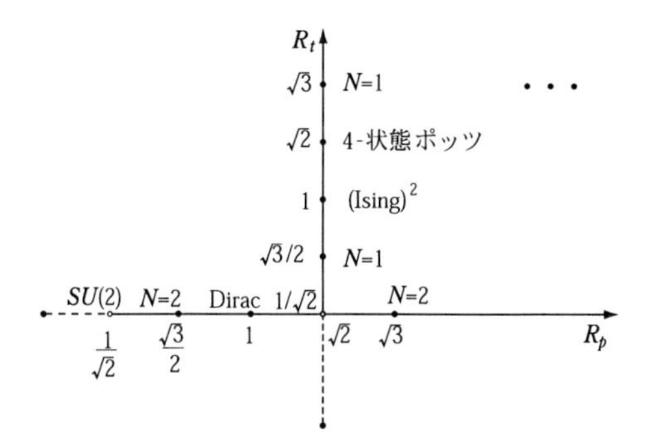

図5.4 $c=1$ CFTのモジュライ空間．横軸は周期的ボゾン(半径R_p)の，縦軸は「周期+ツイスト」ボゾン(半径R_t)の分配関数に対応している．「$N=1$」，「$N=2$」は超対称性を示す．横軸上$R_p=1$ではDiracフェルミオンと同等である．1次元電子系の言葉でいえば，これはスピンレスフェルミオンである．横軸，縦軸それぞれの実線部分と破線部分は(5.1.48)の双対変換で結ばれている．また，図右上の3個の点はmarginal演算子をもたない孤立した$c=1$ CFTを示す．

後で1次元電子系の朝永–Luttinger(TL)流体を議論するので，最後にここでの定式化との関係を述べておこう．まず，(5.1.4)の境界条件で$R=1/\sqrt{2}$と固定し，代わりに結合定数Kを作用積分に

$$S=\frac{1}{2\pi K}\int_{-\infty}^{\infty}dt\int_{0}^{2\pi}d\sigma(\partial_\mu\varphi)^2 \tag{5.4.1}$$

によって導入する．これに対応するハミルトニアンは

$$H=\int d\sigma\left[\frac{\pi K}{2}\Pi^2+\frac{1}{2\pi K}(\partial_\sigma\varphi)^2\right] \tag{5.4.2}$$

と求められる．ただし，Πはφに正準共役な場である．このとき共形次元の

*15 P. Ginsparg, *Nucl. Phys.* **B295** (1988) 153

式 (5.1.31) は,

$$\Delta_{M,N} = \frac{1}{2}\Big(\sqrt{\frac{K}{2}}M + \frac{1}{\sqrt{2K}}N\Big)^2 \tag{5.4.3}$$

と書き改められる．すなわち，今までの結果で

$$R \to 1/\sqrt{2K} \tag{5.4.4}$$

と読み替えればよい．

朝永–Luttinger 流体の低エネルギーハミルトニアンは (5.4.2) を用いて

$$\begin{aligned} H &= H_c + H_s, \\ H_\nu &= \int d\sigma\Big[\frac{\pi v_\nu K_\nu}{2}\Pi_\nu^2 + \frac{v_\nu}{2\pi K_\nu}(\partial_\sigma\varphi_\nu)^2\Big], \quad \nu = c, s \end{aligned} \tag{5.4.5}$$

で与えられる．ただし，H_c, H_s はそれぞれ分離した電荷，スピンの励起を記述する．また対応する Fermi 速度 v_ν も陽にしておいた．スピンセクターの固定点では $K_s=1$ で，(5.4.4) の読み替えルールによると $R=1/\sqrt{2}$ となり，$SU(2)$ 対称な Heisenberg 模型の臨界現象と同一のユニバーサリティ・クラスになっている．

くり込み群と共形場の理論

2次の相転移現象における普遍性やスケーリング則の出現は，現在では，くり込み群の考え方に基づいて深く理解されている．くり込み群の各固定点が臨界現象のそれぞれのユニバーサリティ・クラスに対応しており，共形場の理論とはこの固定点を記述する理論に他ならないのである．本章では，このスケール不変性を破るような摂動をCFTに加えた場合に現れる効果を，いかにCFTデータを用いて記述するかを解説し，より進んだレベルの臨界現象の理論やCFTの変形問題を学ぶうえで役立つと思われる基本的な事柄をまとめておく．

6.1　くり込み群方程式

まず，抽象的に2次元場の理論全体の成す「理論空間」(theory space)というものを考えよう．CFTは，この理論空間の中の共形不変性によって特徴付けられる点である．スケール不変性を破る摂動のもとで，CFTがどのような場の理論へ変わっていくかを調べる問題がCFTの変形(deformation)問題である．このような摂動とは，ミクロのレベルでは，たとえば温度Tを臨界点直上$T=T_c$から，少しずらしてみることである．そうすると，相関距離は無限大ではなくなるが，格子間隔aよりは十分大きい．そこで2つの極限$T\to T_c$，および$a\to 0$をうまく調節しながらとると(スケーリング極限)，質量をもつ連続時空上の場の理論を構成することができる．これがCFTの変形によって得られる場の理論のミクロな立場からの理解である．

ひとつのCFTモデルのスペクトル，演算子積展開の構造定数などをまとめて

CFT データとよぼう．1987 年に A.B. Zamolodchikov により提起された CFT の変形問題のプログラムでは，与えられた CFT データから出発して，2 次元場の理論の理論空間のより一般的な構造を探っていくことが最重要な課題である[*1]．その背景にあって基礎となる理論が**くり込み群**(renormalization group, 略して RG)である．以下では，はじめに，くり込み群の方程式を導きながら，くり込み群の理論における基本的な概念を復習する．次に，2 次元場の理論におけるくり込み群の流れについて成立する c–定理を紹介する．続く節からは，以上の一般論に基づき β 関数の計算例，有限サイズスケーリング則への補正，$SU(2)$ スピン鎖における対数補正，CFT を結ぶくり込み群の流れなど，CFT データを用いたくり込み群の計算法を説明する．

まず，2 次元の Euclid 空間上の場の理論におけるくり込み群を解説しよう[*2]．くり込み群の**固定点**(fixed point)に対応するスケール不変な場の理論の作用積分を S^* と書くことにしよう．臨界現象の理論では S^* は，通常，固定点ハミルトニアンとよばれるものである．固定点は共形場の理論によって記述されるので，S^* は共形場の理論の作用積分と考えてよい．たとえば，$c=1/2$ CFT ならば S^* は (4.3.1) のように自由フェルミオン場で表される．しかし，一般には S^* は陽に書き下せるものではなく，またこれからの考察でも陽な形を必要としない．固定点近傍における作用積分は

$$S = S^* - \sum_i \int \frac{d^2r}{2\pi} g_i \phi_i(\boldsymbol{r}) \tag{6.1.1}$$

のように表される．S^* に対する第 2 項の摂動項が固定点からの“ずれ”を示しており，$\phi_i(\boldsymbol{r})$ はスカラー場で，g_i は結合定数である．固定点近傍としたので g_i は十分小さいものとする．$\phi_i(\boldsymbol{r})$ のスケーリング次元を x_i とすると，S は無次元なので g_i はその次元として $2-x_i$ をもつ．(6.1.1) において微小スケール変換(dilatation) $r_\mu \to r'_\mu = (1+dt)r_\mu$ $(dt \ll 1)$ を施すと $\phi_i(\boldsymbol{r}) \to (1+dt)^{-x_i}\phi_i(\boldsymbol{r})$ と移るので，作用積分は

$$S \;\to S^* - \sum_i (1+dt)^2(1+dt)^{-x_i} \int \frac{d^2r}{2\pi} g_i \phi_i(\boldsymbol{r})$$

---

*1　A. B. Zamolodchikov, *Adv. Stud. Pure Math.* **19** (1989) 1

*2　A. B. Zamolodchikov, *Sov. J. Nucl. Phys.* **46** (1987) 1090

$$\simeq S-dt\sum_i(2-x_i)\int\frac{d^2r}{2\pi}g_i\phi_i(\boldsymbol{r}) \tag{6.1.2}$$

と変化する．ここで，もちろん S^* のスケール不変性を用いている．一方，ストレステンソルの定義式 (2.2.4) から

$$S\to S+dt\int\frac{d^2r}{2\pi}(T_{11}(\boldsymbol{r})+T_{22}(\boldsymbol{r}))=S-dt\int\frac{d^2r}{2\pi}4\Theta(\boldsymbol{r}) \tag{6.1.3}$$

である．(6.1.2) と比べるとストレステンソルのトレースとして

$$4\Theta(\boldsymbol{r})=\sum_i(2-x_i)g_i\phi_i(\boldsymbol{r}) \tag{6.1.4}$$

を得る．ここで

$$\beta_i(g)=(2-x_i)g_i \tag{6.1.5}$$

と書いてみると，(6.1.4) は

$$4\Theta(\boldsymbol{r})=\sum_i\beta_i(g)\phi_i(\boldsymbol{r}) \tag{6.1.6}$$

となる．すぐにみるように，(6.1.5) はくり込み群の議論で馴染み深い β 関数を線形近似の範囲で与えている．

ここまでは $|g_i|\ll 1$ として，線形近似で取り扱ったが，以下ではこの仮定を除くことにする．作用密度 $S(\boldsymbol{r})$ を

$$S=\int\frac{d^2r}{2\pi}S(\boldsymbol{r}) \tag{6.1.7}$$

によって定義し，スカラー場 $\phi_i(\boldsymbol{r})$ と結合定数 g_i の関係は

$$\phi_i(\boldsymbol{r})=-\frac{\partial}{\partial g_i}S(\boldsymbol{r}) \tag{6.1.8}$$

で与えられるものとする．

まず，β 関数を導入しよう．くり込み群のアイデアの核心は，長さのスケールの変化を結合定数および場の演算子のくり込みとして吸収し，処理することにある．そこでスケール変換 $r_\mu\to(1+dt)r_\mu$ のもとでの結合定数の変化分を

$$dg_i=\beta_i(g)dt \tag{6.1.9}$$

と表す．$\beta_i(g)$ は先に簡単に触れた β 関数である．すなわち，g_i のスケール因子 t への依存性は微分方程式

$$\frac{dg_i}{dt} = \beta_i(g) \tag{6.1.10}$$

の解曲線 $\{g_i(t)\}$ により定められる．この解曲線をくり込み群の**軌跡**(RG trajectory)とよぶ．くり込み群の固定点 $g_i = g_i^*$ は β 関数の零点

$$\beta_i(g^*) = 0 \tag{6.1.11}$$

として定義される．β 関数の具体的な計算例は後で紹介する．

線形近似 (6.1.5) では固定点は $g_i^* = 0$ である．このとき方程式 (6.1.10) の解は $g_i(t) \sim e^{y_i t}$ となる．ここで，

$$y_i = 2 - x_i \tag{6.1.12}$$

は，くり込み群の**固有値**(RG eigenvalue)とよばれている．$t \gg 1$（長距離領域，ないしは赤外(IR)領域)において，$y_i > 0$ ならば $g_i(t)$ は大きくなり，逆に $y_i < 0$ ならば $g_i(t)$ は小さくなる．すなわち，$y_i > 0$ $(x_i < 2)$ をもつ演算子は，IR 領域における系を固定点から遠ざける役割を果たし，relevant な演算子とよばれる．一方，$y_i < 0$ $(x_i > 2)$ の演算子は IR 領域で固定点に近づくにつれて小さくなるので，irrelevant な演算子とよばれる．

したがって，結合定数 $\{g_i\}$ の空間において，irrelevant な結合定数の張る部分多様体は，くり込み変換のもとで安定であり，固定点はこの部分多様体上にある．このような部分多様体は臨界的であるといわれる(critical manifold)．すなわち，irrelevant な結合定数の大きさは critical manifold 上において固定点までの“距離”を測る目安と思ってよい．$y_i < 0$ ということは，くり込み変換のもとでこの距離がどんどん縮まって，いずれ固定点に到達することを意味する(図 6.1)．

この固定点までの“距離”は物理的にはスケーリング則に対する補正をもたらす．この点については，あとの節で具体的に議論する．すなわち，critical manifold 上の点に対応する「理論」はすべて同一のユニバーサリティ・クラスに属する．

一方，relevant な結合定数の張る部分多様体は不安定であるといわれる(unstable manifold)．relevant な結合定数は stable manifold からの“ずれ”を表している．くり込み変換のもとでこの“ずれ”は大きくなり，くり込み群の軌跡は，固定点から離れる方向へと伸びていく(図 6.2)．

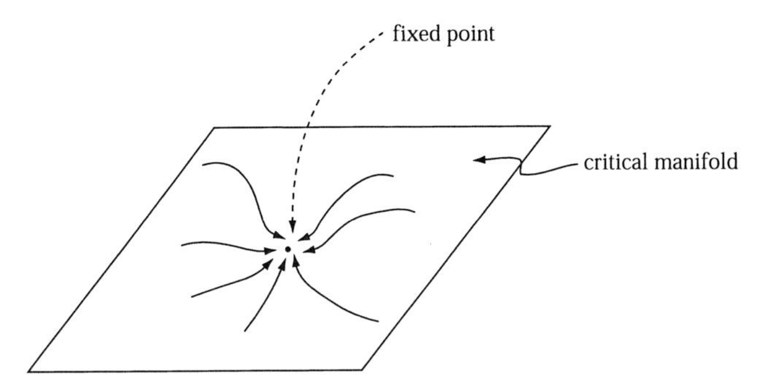

図 6.1　critical manifold 上のくり込み群の流れ

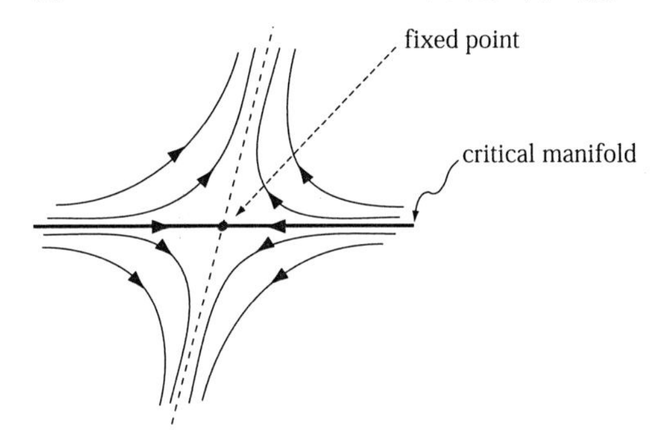

図 6.2　critical manifold から離れていくくり込み群の流れ

$y_i=0$ $(x_i=2)$ のとき演算子は marginal であるといわれる．その性質は具体的には β 関数のふるまいから決まり，marginally relevant と marginally irrelevant の場合に分かれる（(6.4.12) あたりの議論を見よ）．また，$c=1$ CFT のように marginal 演算子の摂動が存在しても，β 関数がゼロにとどまる場合がある．このときは，exactly ないし truly marginal 演算子とよばれる．

次に，(6.1.3) より

$$4\Theta(\boldsymbol{r}) = -\frac{dS(\boldsymbol{r})}{dt} = -\Big(\frac{\partial}{\partial t}+\sum_i \frac{dg_i}{dt}\frac{\partial}{\partial g_i}\Big)S(\boldsymbol{r}) \tag{6.1.13}$$

である．$S(\boldsymbol{r})$ は t に陽に依らないこと，および (6.1.8) と (6.1.10) から

$$4\Theta(\boldsymbol{r}) = \sum_i \beta_i(g)\phi_i(\boldsymbol{r}) \tag{6.1.14}$$

となる．固定点近傍の線形近似の範囲では，これは(6.1.6)に他ならず，β関数が(6.1.5)で与えられることがわかる．

さて，N点相関関数はe^{-S}をBoltzmann因子として

$$\langle A_1(\boldsymbol{r}_1)\cdots A_N(\boldsymbol{r}_N)\rangle = \int e^{-S}A_1(\boldsymbol{r}_1)\cdots A_N(\boldsymbol{r}_N) \tag{6.1.15}$$

のように書ける．ただし，積分記号は，経路積分ならばその積分測度を，分配関数の意味ではTr（トレース）を表すものと理解する．ここでWard恒等式(2.2.9)をdilatationの場合（(2.2.15)を見よ）について書き下すと

$$\sum_{a=1}^{N}\left(r_\mu^a\frac{\partial}{\partial r_\mu^a}+\widehat{D}_a\right)\langle X\rangle = 4\int\frac{d^2y}{2\pi}\langle\Theta(\boldsymbol{y})X\rangle \tag{6.1.16}$$

である（くり返し添字μについては和をとる）．記号の簡単のため$A_1(\boldsymbol{r}_1)\cdots A_N(\boldsymbol{r}_N)\equiv X$とおいた．(6.1.8)を用いて(6.1.15)をg_iで微分し，

$$\frac{\partial}{\partial g_i}\langle X\rangle = \sum_{a=1}^{N}\langle\widehat{B}_i^a X\rangle+\int\frac{d^2y}{2\pi}\langle\phi_i(\boldsymbol{y})X\rangle \tag{6.1.17}$$

を得る．ただし，

$$\widehat{B}_i A(\boldsymbol{r}) = \frac{\partial}{\partial g_i}A(\boldsymbol{r}) \tag{6.1.18}$$

とする．(6.1.17)に$\beta_i(g)$をかけてiについて足し上げると

$$\sum_i\beta_i\frac{\partial}{\partial g_i}\langle X\rangle = \sum_{a=1}^{N}\sum_i\beta_i\langle\widehat{B}_i^a X\rangle+4\int\frac{d^2y}{2\pi}\langle\Theta(\boldsymbol{y})X\rangle \tag{6.1.19}$$

となる．ここで第2項では(6.1.14)を使った．演算子

$$\widehat{\Gamma} = \widehat{D}+\sum_i\beta_i\widehat{B}_i \tag{6.1.20}$$

を定義しよう．そして(6.1.16)と(6.1.19)から$\langle\Theta(\boldsymbol{y})X\rangle$の項を消去すると

$$\left[\sum_{a=1}^{N}\left(r_\mu^a\frac{\partial}{\partial r_\mu^a}+\widehat{\Gamma}_a\right)-\sum_i\beta_i\frac{\partial}{\partial g_i}\right]\langle A_1(\boldsymbol{r}_1)\cdots A_N(\boldsymbol{r}_N)\rangle = 0 \tag{6.1.21}$$

を得る．これが N 点相関関数についての**くり込み群の方程式**である[*3]．$\widehat{\Gamma}$ は場のスケーリング次元を決める演算子である（より具体的には，(6.5.23) 以下の議論を参考のこと）[*4]．

演算子 $\widehat{\Gamma}$ の作用を陽に書き下すと

$$\widehat{\Gamma}\phi_i(\boldsymbol{r}) = \sum_j \gamma_{ij}\phi_j(\boldsymbol{r}) = \sum_j \left(2\delta_{ij} - \frac{\partial\beta_j}{\partial g_i}\right)\phi_j(\boldsymbol{r}) \tag{6.1.22}$$

となることが知られている．これを用いると，たとえば

$$\begin{aligned}\widehat{\Gamma}\Theta(\boldsymbol{r}) &= \frac{1}{4}\left(\widehat{D} + \sum_j \beta_j \frac{\partial}{\partial g_j}\right)\sum_i \beta_i\phi_i(\boldsymbol{r}) \\ &= \frac{1}{4}\left(\sum_i \beta_i \widehat{\Gamma}\phi_i(\boldsymbol{r}) + \sum_{i,j}\beta_j \frac{\partial\beta_i}{\partial g_j}\phi_i(\boldsymbol{r})\right) \\ &= \frac{1}{4}\left(\sum_{i,j}\beta_i\left(2\delta_{ij} - \frac{\partial\beta_j}{\partial g_i}\right)\phi_j(\boldsymbol{r}) + \sum_{i,j}\beta_j\frac{\partial\beta_i}{\partial g_j}\phi_i(\boldsymbol{r})\right) \\ &= 2\Theta(\boldsymbol{r}) \end{aligned}\tag{6.1.23}$$

となって，$\Theta(\boldsymbol{r})$ のスケーリング次元 2 が求まる．さらにストレステンソルの保存則 (2.2.7) より

$$(\widehat{\Gamma} - 2)T(\boldsymbol{r}) = (\widehat{\Gamma} - 2)\overline{T}(\boldsymbol{r}) = 0 \tag{6.1.24}$$

となる．すなわち，ストレステンソルの次元は**正準次元**（canonical dimension）の値 2 であり，これはストレステンソルが保存カレントであることと合致する．線形近似では (6.1.22) は対角化され

$$\widehat{\Gamma}\phi_i(\boldsymbol{r}) = x_i\phi_i(\boldsymbol{r}) \tag{6.1.25}$$

となる．

6.2 Zamolodchikov の c–定理

この節の目的は理論空間の大局的な構造を知るうえで非常に重要な Zamolod-

*3 具体的な場の量子論の場合の例として，たとえば，4 次元 ϕ^4 理論において質量に依存しない引き算処方を用いたとき導かれるくり込み群方程式は (6.1.21) の形のものである．

*4 通常の場の量子論の用語を使うと，スケーリング次元は場の正準次元と異常次元の和で与えられる．

chikov の c–定理を証明することである*5．そのために，臨界点直上にない系においても成り立っている保存則を調べよう．その代表がストレステンソルの保存則であり

$$\partial_{\bar{z}} T(z,\bar{z}) = \partial_z \Theta(z,\bar{z}), \qquad \partial_z \overline{T}(z,\bar{z}) = \partial_{\bar{z}} \Theta(z,\bar{z}) \tag{6.2.1}$$

によって与えられる．2 次元の複素テンソルの記号を用いると $T = T_{zz}$, $\overline{T} = T_{\bar{z}\bar{z}}$, $\Theta = \Theta_{z\bar{z}} = \Theta_{\bar{z}z}$ であり，T, $\overline{T}$, Θ はそれぞれスピン $(2,0)$, $(0,2)$, $(1,1)$ をもつ．議論の見通しをよくするために (6.2.1) を一般化して，スピン $(h,0)$ をもつ保存カレント $W(z,\bar{z})$ が存在すると考えよう．ただし，$h>1$ とする．保存則は

$$\partial_{\bar{z}} W(z,\bar{z}) = \partial_z Q(z,\bar{z}) \tag{6.2.2}$$

である．ここで Q はスピン $(h-1,1)$ をもつ．W, Q の 2 点相関関数は，W および Q のスピンの構造から

$$\begin{aligned}
\langle W(z,\bar{z}) W(0,0) \rangle &= \frac{F(\tau)}{z^{2h}}, \\
\langle W(z,\bar{z}) Q(0,0) \rangle &= \frac{H(\tau)}{z^{2h-1}\bar{z}} = \langle Q(z,\bar{z}) W(0,0) \rangle, \\
\langle Q(z,\bar{z}) Q(0,0) \rangle &= \frac{G(\tau)}{z^{2(h-1)}\bar{z}^2}
\end{aligned} \tag{6.2.3}$$

のように書くことができる．ただし $\tau = \ln(z\bar{z})$ とした．ここで $\partial_z f(\tau) = \dot{f}(\tau)/z$ ($\cdot = d/d\tau$) 等を用いて (6.2.3) を微分すると

$$\begin{aligned}
\langle \partial_{\bar{z}} W(z,\bar{z}) W(0,0) \rangle &= \frac{\dot{F}(\tau)}{z^{2h}\bar{z}}, \\
\langle \partial_z Q(z,\bar{z}) W(0,0) \rangle &= -(2h-1)\frac{H(\tau)}{z^{2h}\bar{z}} + \frac{\dot{H}(\tau)}{z^{2h}\bar{z}}
\end{aligned} \tag{6.2.4}$$

となる．保存則 (6.2.2) より辺々等しくなって

$$\dot{F}(\tau) = -(2h-1)H(\tau) + \dot{H}(\tau) \tag{6.2.5}$$

が導かれる．同様に $\langle \partial_{\bar{z}} WQ \rangle$, $\langle \partial_z QQ \rangle$ から

$$\dot{H}(\tau) - H(\tau) = \dot{G}(\tau) - 2(h-1)G(\tau) \tag{6.2.6}$$

となる．ここで，天下りであるが

*5　A. B. Zamolodchikov, *JETP Lett.* **43** (1986) 730

$$K(\tau) = F(\tau) + 2(h-1)H(\tau) - (2h-1)G(\tau) \tag{6.2.7}$$

を定義しよう．これを τ で微分し，$\dot{F}$, $\dot{G}$ には (6.2.5), (6.2.6) をそれぞれ代入すると

$$\dot{K}(\tau) = -2(2h-1)(h-1)G(\tau) \tag{6.2.8}$$

を得る．$G(\tau)$ は，状態 $|Q\rangle$ のノルムの 2 乗なので，ユニタリーな理論では非負の量である．すなわち，$\dot{K}(\tau) \leqq 0$ ゆえ，$K(\tau)$ はくり込み群の軌跡に沿って単調非増加な関数になっていることがわかった．

さて，固定点では $Q=0$ となって，W は正則カレント $W(z)$ になるものとしよう．固定点上における $F(\tau)$ の値を F^* と書くと (6.2.3) より

$$\langle W(z)W(0)\rangle = \frac{F^*}{z^{2h}} \tag{6.2.9}$$

となる．これをカレント W の交換関係に翻訳すると F^* は中心拡大の項に対応していることに注意する．ここで W としてストレステンソル T を選べば，$Q=\Theta$ である．$K(\tau)=c(\tau)/2$ とおくと (6.2.8) で $h=2$ として

$$\dot{c}(\tau) = -12G(\tau). \tag{6.2.10}$$

固定点では $\Theta(\boldsymbol{r})=0$ で，そのときの c の値を c^* とすると $F^*=c^*/2$ となるので

$$\langle T(z)T(0)\rangle = \frac{c^*/2}{z^4} \tag{6.2.11}$$

を得る．すなわち，c^* は Virasoro 代数のセントラルチャージに一致する．したがって，ユニタリーな 2 次元場の理論においてストレステンソルの 2 点関数から定義される c–関数

$$c(\tau) = 2(F(\tau) + 2H(\tau) - 3G(\tau)) \tag{6.2.12}$$

は，くり込み群の軌跡に沿って単調非増加な関数であり，固定点での値はセントラルチャージ に一致することが示された．これが有名な Zamolodchikov の **c–定理**である．

次に c-定理の系として導かれるくり込み群の流れの一般的性質を説明する．(6.2.10) の左辺は

$$\frac{1}{2}\frac{d}{dt}c = \frac{1}{2}\sum_i \frac{dg_i}{dt}\frac{\partial c}{\partial g_i} = \frac{1}{2}\sum_i \beta_i \frac{\partial c}{\partial g_i} \tag{6.2.13}$$

と書き直される．また(6.2.3)に(6.1.14)を代入すると($Q=\Theta$)

$$\langle\Theta(z,\bar{z})\Theta(0,0)\rangle=\frac{1}{16}\sum_{i,j}\beta_i(g)\beta_j(g)\langle\phi_i(z,\bar{z})\phi_j(0,0)\rangle \quad (6.2.14)$$

となる．ここで

$$G_{ij}(\tau,g)=(z\bar{z})^2\langle\phi_i(z,\bar{z})\phi_j(0,0)\rangle \quad (6.2.15)$$

と定義すれば(6.2.10)は

$$\sum_i\beta_i\frac{\partial c}{\partial g_i}=-\frac{3}{2}\sum_{i,j}G_{ij}\beta_i\beta_j \quad (6.2.16)$$

となる．よって

$$\beta_i(g)=-\frac{2}{3}\sum_j G_{ij}^{-1}\frac{\partial c}{\partial g_j} \quad (6.2.17)$$

が導かれた．β_i は結合定数の空間のベクトル場と考えられよう．この式はベクトル場 β_i が“ポテンシャル” c の勾配として与えられることを示す．すなわち2次元のユニタリーな場の理論におけるくり込み群の流れ(flow)はgradient flowになっていることが証明された．

c–定理に類似した性質が，絶対零度の残留エントロピー(あるいは，基底状態の縮退)にも現れていることが最近指摘され，“g–定理”などとよばれている[*6]．この残留エントロピー効果を示す代表例が非自明な固定点をもつオーバー・スクリーニングの多チャンネル近藤効果である(12章)．境界のあるCFTにおいてもこの残留エントロピーが有限で存在する場合がある．異なるタイプの境界をもつCFT(ただし，セントラルチャージは等しい)をつなぐくり込み群の軌跡に沿って，この残留エントロピーは常に減少することが，今まで調べられてきた具体例や ϵ 展開法で知られている．これが“g–定理”の内容である．まだ，きっちり証明されておらず定理とはよべないが，興味深い現象である．

6.3　1-ループのくり込み群

この節では β 関数を具体的に計算してみたい．(6.1.1)にある摂動を調べ，β

*6　I. Affleck and A.W.W. Ludwig, *Phys. Rev.* **B48** (1993) 7297

関数を固定点 S^* の CFT データを用いて求めることが目的である．“1-ループ”の近似の β 関数は以下のように計算できる．まずは，簡単のため 1 個のスカラー場 $\phi(\boldsymbol{r})$ による摂動

$$S = S^* - g\int\frac{d^2r}{2\pi}\phi(\boldsymbol{r}) \tag{6.3.1}$$

を詳しく調べよう．a を実空間のカットオフ(cut-off，ないしは格子間隔と思ってもよい)とし，裸(bare)の結合定数 λ を $\lambda = a^{2-x}g$ により導入する．この裸の結合定数を用いて β 関数を計算するのである．(6.3.1) の摂動項を指数関数の肩から落してくると，分配関数の摂動展開は形式的に

$$\begin{aligned} Z(\lambda) &= \sum_{n=0}^{\infty}\int e^{-S^*}\int\frac{d^2r_1}{2\pi}\cdots\frac{d^2r_n}{2\pi}\frac{(\lambda a^{x-2})^n}{n!}\phi(\boldsymbol{r}_1)\cdots\phi(\boldsymbol{r}_n) \\ &= \sum_{n=0}^{\infty}\int\frac{d^2r_1}{2\pi}\cdots\frac{d^2r_n}{2\pi}\frac{(\lambda a^{x-2})^n}{n!}\langle\phi(\boldsymbol{r}_1)\cdots\phi(\boldsymbol{r}_n)\rangle \end{aligned} \tag{6.3.2}$$

となる．ここで $\langle\cdots\rangle$ は，e^{-S^*} を用いた期待値であり CFT から計算される．

計算の基本方針はミクロのスケール a を変化させたとき，分配関数 $Z(\lambda)$ が不変にとどまるように λ のスケール依存性を定めることによって β 関数を決めようというものである．(6.3.2) の実空間積分は一般に $\boldsymbol{r}_a \to \boldsymbol{r}_b$ における紫外(UV)発散を含むので，正則化(regularization)の手続きが必要である．すると，$Z(\lambda)$ の a への依存性は (i) $\lambda = a^{2-x}g$，および (ii) 実空間積分の UV 正則化の 2 箇所から生じてくる．UV のカットオフとして積分領域を $|r_{ab}| > a$ と制限することにする．ただし $|r_{ab}| = |\boldsymbol{r}_a - \boldsymbol{r}_b|$ とした．すなわち (6.3.2) を

$$Z(\lambda) = \sum_{n=0}^{\infty}\int\frac{d^2r_1}{2\pi}\cdots\frac{d^2r_n}{2\pi}\frac{(\lambda a^{x-2})^n}{n!}\langle\phi(\boldsymbol{r}_1)\cdots\phi(\boldsymbol{r}_n)\rangle\prod_{a<b}H(|r_{ab}|-a) \tag{6.3.3}$$

によって与える．ここで $H(x)$ は階段関数である．

まず，$a \to (1+dt)a$ $(dt \ll 1)$ としたとき $(\lambda a^{x-2})^n$ から現れる変化分は λ に

$$\lambda \to (1+(2-x)dt)\lambda \tag{6.3.4}$$

のような t–依存性をもたせれば吸収できることは明らかであろう．UV のカットオフからは

$$H(|r_{ab}|-a) \to H(|r_{ab}|-a-adt) = H(|r_{ab}|-a) - adt\delta(|r_{ab}|-a) \tag{6.3.5}$$

であるから，この第2項による変化分

$$-adt\int\frac{d^2r_a}{2\pi}\frac{d^2r_b}{2\pi}\cdots\langle\cdots\phi(\boldsymbol{r}_a)\phi(\boldsymbol{r}_b)\cdots\rangle\delta(|r_{ab}|-a) \tag{6.3.6}$$

をくり込めばよい．これは $\phi(\boldsymbol{r})$ どうしの演算子積展開(OPE)が

$$\phi(\boldsymbol{r}_a)\phi(\boldsymbol{r}_b)=\frac{C}{|r_{ab}|^x}\phi(\boldsymbol{r}_b)+\cdots \tag{6.3.7}$$

であるならば，

$$\begin{aligned}&-adtC\int\frac{d^2r_a}{2\pi}\frac{d^2r_b}{2\pi}\frac{1}{|\boldsymbol{r}_{ab}|^x}\langle\cdots\phi(\boldsymbol{r}_b)\cdots\rangle\delta(|r_{ab}|-a)\\&\quad=-adtCa\frac{1}{a^x}\int\frac{d^2r_b}{2\pi}\langle\cdots\phi(\boldsymbol{r}_b)\cdots\rangle\end{aligned} \tag{6.3.8}$$

となる．したがって(6.3.3)の λ^n 次の項のUV regulatorから生じる変化分として

$$\begin{aligned}&\frac{(\lambda a^{x-2})^n}{n!}(-dt)Ca^{2-x}\frac{n(n-1)}{2}\\&\quad\times\int\frac{d^2r_1}{2\pi}\cdots\frac{d^2r_{n-1}}{2\pi}\langle\phi(\boldsymbol{r}_1)\cdots\phi(\boldsymbol{r}_{n-1})\rangle\prod_{a<b}H(|r_{ab}|-a)\\&=\frac{(\lambda a^{x-2})^{n-2}}{(n-2)!}\lambda^2a^{x-2}\frac{C}{2}(-dt)\\&\quad\times\int\frac{d^2r_1}{2\pi}\cdots\frac{d^2r_{n-1}}{2\pi}\langle\phi(\boldsymbol{r}_1)\cdots\phi(\boldsymbol{r}_{n-1})\rangle\prod_{a<b}H(|r_{ab}|-a)\end{aligned} \tag{6.3.9}$$

を得る．ただし，第1行目の因子 $n(n-1)/2$ は ϕ の可能な対を(6.3.7)によってつぶす(contraction)場合分けの数である．この被積分関数がちょうど λ^{n-1} 次の項と一致していることに注意したい．そこで λ を(6.3.4)に加えて $O(\lambda^2)$ の t-依存性をもつものとし，

$$\lambda\to\lambda+dt(2-x)\lambda+dt\frac{C}{2}\lambda^2+O(\lambda^3) \tag{6.3.10}$$

のように変化させよう．こうすると(6.3.3)の λ^{n-1} 次の項の因子 $(\lambda a^{x-2})^{n-1}$ から現れる変化分とちょうど打ち消し合うようにできる．実際(6.3.10)のもとで

$$\frac{(\lambda a^{x-2})^{n-1}}{(n-1)!} \to \frac{(\lambda a^{x-2})^{n-1}}{(n-1)!} + \frac{(\lambda a^{x-2})^{n-2}}{(n-2)!} \lambda^2 a^{x-2} \frac{C}{2} dt \tag{6.3.11}$$

となっている．したがって，β 関数が

$$\frac{d\lambda}{dt} = \beta(\lambda) = (2-x)\lambda + \frac{C}{2}\lambda^2 + O(\lambda^3) \tag{6.3.12}$$

と求まる．

複数のスカラー場による摂動の場合も計算の方針は同じである．OPE

$$\phi_i(\boldsymbol{r}_a)\phi_j(\boldsymbol{r}_b) = \sum_k \frac{C_{ijk}}{|r_{ab}|^{x_i+x_j-x_k}} \phi_k(\boldsymbol{r}_b) \tag{6.3.13}$$

を用いてつぶしていくのだが，その場合分けを丁寧に追っていけばよい．結果として β 関数

$$\frac{d\lambda_i}{dt} = \beta_i(\lambda) = (2-x_i)\lambda_i + \frac{1}{2}\sum_{j,k} C_{ijk}\lambda_j\lambda_k + O(\lambda^3) \tag{6.3.14}$$

が導かれる．この右辺は

$$\frac{\partial}{\partial\lambda_i}\left(\frac{1}{2}\sum_k (2-x_k)\lambda_k^2 + \frac{1}{6}\sum_{j,k,\ell} C_{jk\ell}\lambda_j\lambda_k\lambda_\ell\right) \tag{6.3.15}$$

と書き直せて，確かに c-定理から期待される gradient flow の形にまとめられる．ただし，OPE の構造定数 C_{ijk} は i,j,k について完全対称であるという性質を使った．

6.4 有限サイズスケーリング則への補正

プライマリー状態 $|\phi_i\rangle$ に対応する有限サイズスケーリング則は，§3.2 で学んだように

$$E_i - E_0 = \frac{2\pi}{L} x_i \tag{6.4.1}$$

であった．ただし，速度 $v=1$ とおき，L は有限系のサイズである．このふるまいに対する摂動による補正を調べる．(6.1.1) の $\phi_i(\boldsymbol{r})$ を，無限小転送行列 $\widehat{\mathcal{H}}$ の Hilbert 空間に働く演算子 $\widehat{\phi}_j(\sigma)$ に置き換えると $\widehat{\mathcal{H}}$ は

$$\hat{\mathcal{H}} = \hat{\mathcal{H}}^* - \sum_j \int_0^L \frac{d\sigma}{2\pi} g_j \hat{\phi}_j(\sigma) \tag{6.4.2}$$

となる．この第2項の寄与を摂動展開の1次のオーダーで評価すると，(6.4.1)は

$$E_i - E_0 = \frac{2\pi}{L} x_i - \sum_j \int_0^L \frac{d\sigma}{2\pi} g_j \langle \phi_i | \hat{\phi}_j(\sigma) | \phi_i \rangle \tag{6.4.3}$$

のように補正される．第2項の行列要素は次のようにして求められる．まず，シリンダー上のプライマリー場の3点関数は，2点関数をプライマリー場の変換則(2.5.2)を使って導いた手順に沿って，バルクの3点関数(2.5.26)から計算される．計算は簡単で，結果は

$$\begin{aligned}&\langle \phi_i(\sigma_1, t_1) \phi_j(\sigma_2, t_2) \phi_k(\sigma_3, t_3) \rangle_{\text{strip}} \\ &\simeq \left(\frac{2\pi}{L}\right)^{x_i + x_j + x_k} C_{ijk} e^{-2\pi x_i (t_1 - t_2)/L} e^{-2\pi x_k (t_2 - t_3)/L} \\ &\quad \times e^{2\pi i s_i (\sigma_1 - \sigma_2)/L} e^{2\pi i s_k (\sigma_2 - \sigma_3)/L}\end{aligned} \tag{6.4.4}$$

である．ただし，$t_1 \gg t_2 \gg t_3$ とし，s_i は ϕ_i のスピン（$= \Delta_i - \overline{\Delta}_i$）である．一方，転送行列の方法でこの相関関数を計算すると

$$\langle 0 | \hat{\phi}_i(\sigma_1) | \phi_i \rangle e^{-2\pi x_i (t_1 - t_2)/L} \langle \phi_i | \hat{\phi}_j(\sigma_2) | \phi_k \rangle e^{-2\pi x_k (t_2 - t_3)/L} \langle \phi_k | \hat{\phi}_k(\sigma_3) | 0 \rangle \tag{6.4.5}$$

となる．ここで，(3.2.5)と(3.2.6)を比較して得られる行列要素の表式

$$\langle 0 | \hat{\phi}_i(\sigma_1) | \phi_i \rangle = \left(\frac{2\pi}{L}\right)^{x_i} e^{2\pi i s_i \sigma_1 / L} \tag{6.4.6}$$

に気がつく．そうすると(6.4.4)と(6.4.5)より

$$\langle \phi_i | \hat{\phi}_j(\sigma_2) | \phi_k \rangle = \left(\frac{2\pi}{L}\right)^{x_j} C_{ijk} e^{2\pi i (s_i - s_k) \sigma_2 / L} \tag{6.4.7}$$

を得る．したがって

$$\begin{aligned}E_i - E_0 &= \frac{2\pi}{L} x_i - \sum_j \frac{L}{2\pi} g_j \left(\frac{2\pi}{L}\right)^{x_j} C_{iij} \\ &= \frac{2\pi}{L} x_i \left[1 - \sum_j \frac{g_j}{x_i} C_{iij} \left(\frac{2\pi}{L}\right)^{x_j - 2}\right]\end{aligned} \tag{6.4.8}$$

となる．摂動の演算子 $\phi_j(\boldsymbol{r})$ が irrelevant ならば $x_j>2$ なので，補正項は $L\to\infty$ につれてべきで小さくなる．逆に ϕ_j が relevant ならば $x_j<2$ で，補正項は非臨界的ふるまいへのクロスオーバーを記述する第1近似になっている．

次に摂動の演算子に marginal 演算子が存在する場合の補正を調べる*7．$\phi_1(\boldsymbol{r})\equiv\phi(\boldsymbol{r})$ が marginal，すなわち $x_1=2\equiv x$ であり，対応する結合定数 g の β 関数として

$$\frac{dg}{dt}=\frac{C}{2}g^2+O(g^3) \tag{6.4.9}$$

を仮定しよう．また他の $\phi_j(\boldsymbol{r})$ の β 関数は

$$\frac{dg_j}{dt}=(2-x_j)g_j+C_jgg_j+O(g^2g_j) \tag{6.4.10}$$

であるとする．ここで C, C_j は

$$\begin{aligned}\langle\phi(\boldsymbol{r}_1)\phi(\boldsymbol{r}_2)\phi(\boldsymbol{r}_3)\rangle&=C|r_{12}|^{-x}|r_{13}|^{-x}|r_{23}|^{-x},\\ \langle\phi(\boldsymbol{r}_1)\phi_j(\boldsymbol{r}_2)\phi_j(\boldsymbol{r}_3)\rangle&=C_j|r_{12}|^{-x}|r_{13}|^{-x}|r_{23}|^{2x_j-x}\end{aligned} \tag{6.4.11}$$

である．微分方程式 (6.4.9) はすぐに解けて，その解は

$$g(t)=\frac{g}{1-Ctg/2} \tag{6.4.12}$$

と求まる．したがって，$C<0$ とすると，$g>0$ の場合には $\phi(\boldsymbol{r})$ は marginally irrelevant，逆に $g<0$ のときは marginally relevant な演算子である．($C>0$ ならば g の正負が反対になる)．

以下では，marginally irrelevant の場合を詳しく議論しよう．まず，$r_\mu\to e^tr_\mu$ とスケール変換したとき相関距離は

$$\xi(g,L)=e^t\xi(g(t),e^{-t}L) \tag{6.4.13}$$

とスケールされる．ここで $e^t=L$ と選ぶと

$$\xi(g,L)=L\xi(g(\ln L),1) \tag{6.4.14}$$

である．エネルギーギャップは相関距離の逆数であることから

$$E_j-E_0=\xi_j^{-1}(g,\ L)=\frac{1}{L}\xi_j^{-1}(g(\ln L),\ 1)$$

*7 J. L. Cardy, *J. Phys.* **A19** (1986) L1093

$$= \frac{1}{L}\Phi_j\left(\frac{g}{1-Cg/2\cdot\ln L}\right) \qquad (6.4.15)$$

となる．ここで Φ_j はユニバーサルなスケーリング関数であり，$g(t)$ については (6.4.12) を用いた．この式は $g \ll 1$ のとき

$$\begin{aligned} E_j - E_0 &\sim \frac{1}{L}\Phi_j\left(g\left(1+\frac{C}{2}g\ln L\right)\right) \\ &\sim \frac{1}{L}(\Phi_j(0)+g\Phi_j'(0)+O(g^2)) \end{aligned} \qquad (6.4.16)$$

と展開される．一方，(6.4.8) によれば

$$E_j - E_0 \sim \frac{2\pi}{L}x_j - \frac{2\pi}{L}gC_{jj1}\left(\frac{2\pi}{L}\right)^{x_1-2} \qquad (6.4.17)$$

である．$x_1=2$，$C_{jj1}=C_j$ とおいて (6.4.16) と比べると

$$\Phi_j(0) = 2\pi x_j, \qquad \Phi_j'(0) = -2\pi C_j \qquad (6.4.18)$$

を得る．したがって $L\to\infty$ で $\ln L \gg 1/(Cg)$ とすると，(6.4.15) は

$$\begin{aligned} E_j - E_0 &\sim \frac{1}{L}\Phi_j\left(-\frac{2}{C\ln L}\right) \\ &= \frac{1}{L}\left[\Phi_j(0)-\frac{2}{C\ln L}\Phi_j'(0)+O((\ln L)^2)\right] \\ &= \frac{2\pi}{L}\left[x_j+\frac{2C_j}{C}\frac{1}{\ln L}\right] \end{aligned} \qquad (6.4.19)$$

となる．すなわち，$L\to\infty$ におけるスケーリング則への補正は対数的で，かつユニバーサルである．同様に基底状態のエネルギーの有限サイズスケーリング則 (3.2.15) にも対数補正が生じる．詳しくは原論文をみてもらいたい．

6.5　$SU(2)$ スピン鎖に現れる対数補正

対数補正 (6.4.19) を導いたテクニックを用いると，スピン鎖の絶対零度の帯磁率の外部磁場への対数的依存性や相関関数の対数項[*8]を，marginally irrelevant な演算子の存在から容易に説明することができる．$SU(2)$ 対称なス

[*8] I. Affleck, D. Gepner, H. J. Schulz and T. Ziman, *J. Phys.* **A22** (1989) 511

ピン鎖を考えよう．スピン s をもつ $SU(2)$ スピンハミルトニアンにおいて相互作用項をうまく調節するとレベル k の値が $k=2s$ に等しい $SU(2)$ カレント代数で記述される多重臨界点が現れる*9．すなわち，複数個の relevant な相互作用を消して，critical manifold 上に系をのせるのである．可積分な $SU(2)$ スピン鎖の絶対零度の臨界現象が具体例になっている*10．このとき，絶対零度，ゼロ外部磁場のもとでの帯磁率 χ_s は

$$\chi_s = \frac{Lk}{2\pi v}, \qquad L \to \infty \tag{6.5.1}$$

で与えられる*11．ここで v はスピン波の速度で，L はスピン鎖の長さである．磁化密度は $SU(2)$ カレントの第 3 成分であり，χ_s はカレントの 2 点関数 (6.5.2) の積分から得られることに思い至れば，χ_s がレベル k に比例することが理解できる．ちなみに，朝永–Luttinger 流体（TL）では $k=1$ なので確かに (11.5.4) は (6.5.1) に $k=1$ を代入した結果に等しくなっている．

ここで，$SU(2)$ の OPE の構造定数等についてまとめておこう．レベル k の $SU(2)$ カレントの 2 点関数（(5.2.2) を見よ）は

$$\langle J^i(z)J^j(w)\rangle = \frac{k/2}{(z-w)^2}\delta_{ij} \tag{6.5.2}$$

である．反正則カレント $\overline{J}^i(\overline{z})$ も同様の 2 点関数をもつ．以下では $J=J_L$, $\overline{J}=J_R$ と書く．$SU(2)$ チャージは

$$\boldsymbol{S}_L = \oint_0 \frac{dz}{2\pi i}\boldsymbol{J}_L(z), \qquad \boldsymbol{S}_R = \oint_0 \frac{d\overline{z}}{2\pi i}\boldsymbol{J}_R(\overline{z}) \tag{6.5.3}$$

で与えられる．ここで $[\boldsymbol{S}_L, \boldsymbol{S}_R]=0$ である．$SU(2)$ カレントから $SU(2)$ 1 重項の marginal 演算子 $\widehat{\phi}(\sigma)$ が

$$\widehat{\phi}(\sigma) = \frac{2}{\sqrt{3}\,k}\boldsymbol{J}_L\cdot\boldsymbol{J}_R \tag{6.5.4}$$

として作られる．$\boldsymbol{J}_L$ は $(\Delta,\overline{\Delta})=(1,0)$，$\boldsymbol{J}_R$ は $(\Delta,\overline{\Delta})=(0,1)$ をもつから $\phi(\boldsymbol{r})$ は共形次元 $(1,1)$ をもつ marginal 演算子である．規格化は $\langle\widehat{\phi}(\sigma)\widehat{\phi}(0)\rangle=1/|\sigma|^2$,

*9 I. Affleck and F.D.M. Haldane, *Phys. Rev.* **B36** (1987) 5291

*10 H. M. Babujan, *Nucl. Phys.* **B215** (1983) 317

*11 I. Affleck, *Phys. Rev. Lett.* **56** (1986) 2763

$|\sigma| \gg 1$ となるように決めた.

ϕ_i を $SU(2)$ の固有状態とすると，行列要素

$$\langle \phi_i | \widehat{\phi}(\sigma) | \phi_i \rangle = \left(\frac{2\pi}{L}\right)^2 \frac{2}{\sqrt{3}\,k} [\boldsymbol{S}_L \cdot \boldsymbol{S}_R]_i \tag{6.5.5}$$

を計算することができる. ここで $\boldsymbol{J}_L$ と $\boldsymbol{J}_R$ は可換であること，および並進対称性より許される置き換え $\boldsymbol{J}_L(\sigma) \to 2\pi \boldsymbol{S}_L/L$ （$\boldsymbol{J}_R$ も同様）を用いた. また，$[\boldsymbol{S}_L \cdot \boldsymbol{S}_R]_i$ は，ϕ_i のスピン

$$\boldsymbol{S} = \boldsymbol{S}_L + \boldsymbol{S}_R \tag{6.5.6}$$

の大きさを s，$\boldsymbol{S}_L$ および $\boldsymbol{S}_R$ の大きさを s_L，s_R とすると

$$\begin{aligned}[\boldsymbol{S}_L \cdot \boldsymbol{S}_R]_i &= \langle \phi_i | \boldsymbol{S}_L \cdot \boldsymbol{S}_R | \phi_i \rangle \\ &= \frac{1}{2} \langle \phi_i | ((\boldsymbol{S}_L + \boldsymbol{S}_R)^2 - \boldsymbol{S}_L^2 - \boldsymbol{S}_R^2) | \phi_i \rangle \\ &= \frac{1}{2} (s(s+1) - s_L(s_L+1) - s_R(s_R+1))\end{aligned} \tag{6.5.7}$$

である. (6.5.5) を (6.4.7) と比べると（$\phi_k = \phi_i$, $\phi_j = \phi$, $x_j = 2$），

$$C_j = \frac{2}{\sqrt{3}\,k} [\boldsymbol{S}_L \cdot \boldsymbol{S}_R]_j \tag{6.5.8}$$

を得る. (6.5.4) の ϕ は $s=0$, $s_L = s_R = 1$ をもつので，(6.5.7) より $\langle \phi | \widehat{\phi}(\sigma) | \phi \rangle$ を評価すると

$$C = -\frac{4}{\sqrt{3}\,k} \tag{6.5.9}$$

となる. よって (6.4.9), (6.4.10) の β 関数の係数が陽に求められた.

さて，H を外部磁場とすると，帯磁率は基底エネルギー $E(H)$ から

$$\chi_s = -\frac{\partial^2 E(H)}{\partial H^2} \tag{6.5.10}$$

と求まるので

$$E(H) - E(0) = -\frac{LH^2 k}{4\pi v}, \qquad L \to \infty,\ H \to 0 \tag{6.5.11}$$

が読みとれる. H は次元1をもつことに注意する. H が有限の値をとるとき，marginal 演算子 $\phi(\boldsymbol{r})$ が存在すると，前節の議論にならってスケーリング則

(6.5.11) は

$$E(H)-E(0)=-\frac{LH^2}{v}\varPhi(g(H)) \tag{6.5.12}$$

と表される．$\varPhi$ は無次元のユニバーサルな関数であり，marginal な結合定数は (6.4.12) から

$$g(H)=\frac{g}{1-(C/2)g\ln(1/H)} \tag{6.5.13}$$

である．ゆえに $\ln(1/H)\gg 1/(Cg)$ のときは

$$E(H)-E(0)\simeq-\frac{LH^2}{v}\left(\varPhi(0)-\frac{2}{C}\frac{\varPhi'(0)}{\ln(1/H)}\right) \tag{6.5.14}$$

となる．

$\varPhi'(0)$ を求めるには，まず marginal 演算子による摂動項

$$\delta\mathcal{H}=-vg\int_0^L\frac{d\sigma}{2\pi}\widehat{\phi}(\sigma) \tag{6.5.15}$$

の寄与を 1 次近似で評価して

$$E(H)-E(0)\simeq-\frac{LH^2k}{4\pi v}-vg\int_0^L\frac{d\sigma}{2\pi}\langle\widehat{\phi}(\sigma)\rangle \tag{6.5.16}$$

を得る．$\langle\widehat{\phi}(\sigma)\rangle$ は

$$\langle 0|(S_L^3+S_R^3)|0\rangle=-\frac{\partial E}{\partial H}=\frac{L}{2\pi}\frac{kH}{v}\equiv\mathcal{M}L \tag{6.5.17}$$

を用いると，

$$\begin{aligned}\langle\widehat{\phi}(\sigma)\rangle&=\frac{2}{\sqrt{3}\,k}\langle 0|J_L^3J_R^3(\sigma)|0\rangle\\&=\frac{2}{\sqrt{3}\,k}\left(\frac{2\pi}{L}\langle 0|S_L^3|0\rangle\right)^2\\&=\frac{2}{\sqrt{3}\,k}\left(2\pi\frac{\mathcal{M}}{2}\right)^2\end{aligned} \tag{6.5.18}$$

となる．一方，(6.5.12) を $g\ll 1$ として展開すると

$$E(H)-E(0)\simeq-\frac{LH^2}{v}(\varPhi(0)+g\varPhi'(0)) \tag{6.5.19}$$

である．これと (6.5.16) に (6.5.18) を代入した結果を比べて

$$\Phi(0)=\frac{k}{4\pi},\qquad \Phi'(0)=\frac{k}{4\sqrt{3}\,\pi} \tag{6.5.20}$$

を得る．したがって，$\ln(1/H)\gg 1/(Cg)$ のとき

$$\begin{aligned} E(H)-E(0) &\simeq -\frac{LH^2}{v}\left[\frac{k}{4\pi}-2\left(-\frac{\sqrt{3}\,k}{4}\right)\frac{k}{4\sqrt{3}\,\pi}\frac{1}{\ln(1/H)}\right] \\ &= -\frac{LH^2}{v}\frac{k}{4\pi}\left[1+\frac{k}{2}\frac{1}{\ln(1/H)}\right] \end{aligned} \tag{6.5.21}$$

となる．ゆえに $H\ll 1$ の場合の帯磁率として

$$\chi_s=\frac{Lk}{2\pi v}\left[1-\frac{k}{2}\frac{1}{\ln H}\right] \tag{6.5.22}$$

が導かれる．同じ方法を用いて $s=1/2$ Heisenberg 鎖における帯磁率の温度への対数的依存性も議論されている*12.

次に相関関数に現れる対数補正を調べよう．2 点関数

$$G_i(r,g)=\langle\phi_i(\boldsymbol{r})\phi_i(0)\rangle,\qquad r=|\boldsymbol{r}| \tag{6.5.23}$$

についてのくり込み群方程式 (6.1.21) を書くと

$$\left[\frac{\partial}{\partial\ln r}-\beta(g)\frac{\partial}{\partial g}+2\gamma_i(g)\right]G_i(r,g)=0 \tag{6.5.24}$$

になる．この方程式の解が

$$G_i(r,g)=\exp\left[-\int_{r_0}^{r}\frac{dr'}{r'}2\gamma_i(g(r'))\right]G_i(r_0,g(r)) \tag{6.5.25}$$

で与えられることは容易にチェックできるだろう．(6.4.10) を使うと γ_i は (6.1.22) より

$$\gamma_i=2-\frac{\partial\beta_i}{\partial g_i}=2-(2-x_i+C_i g)=x_i-C_i g \tag{6.5.26}$$

と求まる．したがって

$$G_i(r,g)=\left(\frac{r}{r_0}\right)^{-2x_i}\exp\left[2C_i\int_{r_0}^{r}\frac{dr'}{r'}g(r')\right]G_i(r_0,g(r)) \tag{6.5.27}$$

---

*12　S. Eggert, I. Affleck and M. Takahashi, *Phys. Rev. Lett.* **73** (1994) 332; K. Nomura, *Phys. Rev.* **B48** (1993) 16814

となる．$\ln r \gg 1/(Cg)$ なる漸近領域では (6.4.12) より $g(r) \simeq -2/(C\ln r)$ である．上に代入すれば

$$2C_i \int^r \frac{dr'}{r'} \frac{-2}{C\ln r'} = -\frac{4C_i}{C} \ln\ln r \qquad (6.5.28)$$

なので，結果として

$$\langle \phi_i(\boldsymbol{r})\phi_i(0)\rangle \sim \frac{1}{r^{2x_i}} (\ln r)^{-4C_i/C} \qquad (6.5.29)$$

を得る．

例として，$s=1/2$ の Heisenberg スピン鎖のスピン−スピン相関 $\langle \boldsymbol{S}(\boldsymbol{r})\cdot\boldsymbol{S}(0)\rangle$ を調べてみよう．$\boldsymbol{S}(\boldsymbol{r})$ は $k=1$ $SU(2)$ カレント代数におけるスピン $s_L=s_R=1/2$, $s=1$，よって $\Delta=\overline{\Delta}=1/4$ ((5.2.20) で $k=1$, $j=1/2$ とおく)をもつプライマリー場なので，(6.5.8)，(6.5.9) より

$$\frac{C_i}{C} = -\frac{\sqrt{3}}{4}\cdot\frac{2}{\sqrt{3}}\cdot\frac{1}{2}\left(2-\frac{3}{4}-\frac{3}{4}\right) = -\frac{1}{8} \qquad (6.5.30)$$

となる．(6.5.29) に代入して $\left(x_i=\frac{1}{4}\times 2=\frac{1}{2}\right)$

$$\langle \boldsymbol{S}(\boldsymbol{r})\cdot\boldsymbol{S}(0)\rangle \sim \frac{1}{r}(\ln r)^{1/2} \qquad (6.5.31)$$

となり，よく知られた結果を再現する．

6.6　くり込み群の流れと CFT

最後に，くり込み群の流れをより具体的に理解するためにユニタリ離散系列の CFT の変形を考えてみよう．セントラルチャージ

$$c_p = 1-\frac{6}{p(p+1)}, \qquad p=2,3,\cdots \qquad (6.6.1)$$

をもつユニタリ離散系列の CFT(以下，M_p と記す)に共形次元 $\Delta=\overline{\Delta}=\Delta_{13}$ をもつプライマリー場 $\phi=\phi_{13}$ の摂動をかける．スケーリング次元は (4.1.12) より

$$x = 2\Delta_{13} = 2-\frac{4}{p+1} \equiv 2-\epsilon \qquad (6.6.2)$$

である．ϕ_{13} は，M_p のスペクトルにおいてスケーリング次元の最も大きい relevant な演算子である（least relevant operator, (4.2.1) を見よ）．また ϕ_{13} どうしの OPE は (6.3.7) の形をもち構造定数は

$$C = \frac{4}{\sqrt{3}}\frac{(1-\epsilon)^2}{(1-\epsilon/2)(1-3\epsilon/4)}\left[\frac{\Gamma(1-\epsilon/4)}{\Gamma(1+\epsilon/4)}\right]^{\frac{3}{2}}\left[\frac{\Gamma(1+3\epsilon/4)}{\Gamma(1-3\epsilon/4)}\right]^{\frac{1}{2}}$$
$$\times\left[\frac{\Gamma(1+\epsilon/2)}{\Gamma(1-\epsilon/2)}\right]^2\frac{\Gamma(1-\epsilon)}{\Gamma(1+\epsilon)}$$
$$= \frac{4}{\sqrt{3}}\left(1-\frac{3\epsilon}{4}+O(\epsilon^2)\right) \tag{6.6.3}$$

であることが知られている．$\Gamma(x)$ はガンマ関数である．したがって β 関数は (6.3.12) で与えられる．この β 関数は M_p に対応する固定点 $\lambda=0$ の他に，新しい固定点

$$\lambda^* = -2(2-x)/C \tag{6.6.4}$$

をもっている．ここで (6.6.2)，(6.6.3) を代入すると

$$\beta(\lambda) = \epsilon\lambda + \frac{2}{\sqrt{3}}\left(1-\frac{3\epsilon}{2}\right)\lambda^2 + O(\lambda^3) \tag{6.6.5}$$

となり，$\lambda\sim\epsilon$ ならば，この展開は ϵ についての展開になっている．一方，λ^* の値は ϵ で展開すると $\lambda^*\sim-\sqrt{3}\epsilon/2$ となる．これは $O(\epsilon)$ なので，$\epsilon\ll 1$ の範囲で新しい固定点が存在することがわかる．

この新しい固定点でのセントラルチャージの値を c–定理を使って求めてみよう．(6.2.17)，(6.3.15) より c–関数は

$$c(\lambda) = c_* + \alpha\tilde{c}(\lambda) \tag{6.6.6}$$

となる．ただし，c_* は UV 極限でのセントラルチャージの値 $c_*=c_p$ であり，$\tilde{c}(\lambda)$ は

$$\tilde{c}(\lambda) \simeq \frac{1}{2}\epsilon\lambda^2 + \frac{1}{6}C\lambda^3 \tag{6.6.7}$$

である．係数 α は次のようにして決めることができる．$(z\bar{z})^{1/2}=R$ とおくと，(6.2.10) は

$$\frac{d}{dR}c(R) = -\frac{24}{R}G(R) \tag{6.6.8}$$

となる．これをRで積分すれば，UVとIRでのセントラルチャージの差Δcを得る．(6.2.3)より$G(R)=R^4\langle\Theta(R)\Theta(0)\rangle$であるから，(6.1.6)を用いて

$$\begin{aligned}\Delta c &= -24\int_0^\infty dRR^{-1}G(R)\\ &= -24\int_0^\infty dRR^3\langle\Theta(R)\Theta(0)\rangle\\ &= -24\cdot\frac{1}{16}\lambda^2\epsilon^2\int_0^\infty dRR^3\langle\phi(R)\phi(0)\rangle\\ &= -24\cdot\frac{1}{16}\lambda^2\epsilon^2\int_0^\infty dRR^3\frac{1}{R^{2x}}\end{aligned} \tag{6.6.9}$$

と変形される．Rについての積分は

$$\begin{aligned}\int_0^\infty dRR^{3-2x} &= \lim_{R_0\to\infty}\frac{1}{2}\int_0^{R_0^2}ds\,s^{1-x}\\ &= \lim_{R_0\to\infty}\frac{1}{2\epsilon}[1+2\epsilon\ln R_0+O(\epsilon^2)]\end{aligned} \tag{6.6.10}$$

のようにϵ展開できる．そこで，ϵについての主要項のみを残して

$$\Delta c = c-c_* = -\frac{3}{4}\lambda^2\epsilon \tag{6.6.11}$$

を得る．(6.6.6)と比較してみると，$\alpha=-3/2$と定まる．

新しい固定点(6.6.4)でのセントラルチャージの値は

$$\begin{aligned}c(\lambda^*) &= c_*+\alpha\tilde{c}(\lambda^*)\\ &= c_*-\frac{3}{2}\cdot\frac{2}{3}\frac{\epsilon^3}{C^2}\\ &= c_*-\frac{\epsilon^3}{C^2}\end{aligned} \tag{6.6.12}$$

となる．ここで$c_*=c_p$，またCには(6.6.3)を代入すると

$$\begin{aligned}c(\lambda^*) &= c_p-\frac{3}{4^2}\cdot\left(\frac{4}{p}\right)^3+O(p^{-4})\\ &= c_p-\frac{12}{p^3}+O(p^{-4}) = c_{p-1}\end{aligned} \tag{6.6.13}$$

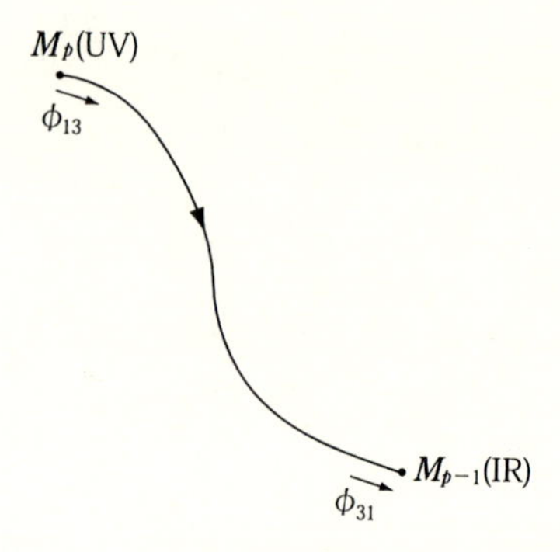

図 6.3　くり込み群の流れ：$M_p \to M_{p-1}$

が得られる．したがって，固定点 λ^* は M_{p-1} によって記述される．このように M_p を ϕ_{13} で変形すると，図 6.3 のように M_p（UV 極限）から M_{p-1}（IR 極限）へのくり込み群の流れが生じることが見い出された[*13]．

さらに，$\lambda=\lambda^*$ での β 関数の傾きから，演算子 ϕ の M_{p-1} におけるスケーリング次元 $x(\lambda^*)$ が読みとれる，

$$\begin{aligned}\left.\frac{d\beta}{d\lambda}\right|_{\lambda=\lambda^*} &= \epsilon+\frac{4}{\sqrt{3}}\left(1-\frac{3\epsilon}{2}\right)\lambda^* \\ &= \epsilon+\frac{4}{\sqrt{3}}\left(1-\frac{3\epsilon}{2}\right)\left(-\frac{\sqrt{3}}{2}\epsilon\right) \\ &= -\epsilon+O(\epsilon^2) = 2-x(\lambda^*). \end{aligned} \qquad (6.6.14)$$

よって

$$x(\lambda^*) = 2+\frac{4}{p}+O(p^{-2}) = 2+\frac{4}{p-1} = 2\Delta_{31} \qquad (6.6.15)$$

となる．ただし，Δ_{31} は M_{p-1} モデルの共形次元である．すなわち，$\lambda=\lambda^*$ では $\phi=\phi_{31}$ であることがわかる．この ϕ_{31} は M_{p-1} における leading irrelevant な演算子である．

このようなくり込み群の流れは §4.2 で解説した Landau-Ginzburg 型模型の性質とも一致するものである．$\phi_{22}\sim\varphi$ とすると (4.2.6) より $\phi_{13}=\phi_{p-1,p-2}\sim\varphi^{2p-4}$ である．ゆえに ϕ_{13} の摂動項をもつ作用積分は (8.54) より

＊13　A. B. Zamolodchikov, *Sov. J. Nucl. Phys.* **46** (1987) 1090; A.W.W. Ludwig and J. L. Cardy, *Nucl. Phys.* **B285** (1987) 687

$$S = \int d^2x \left(\frac{1}{2} \partial\varphi\bar{\partial}\varphi + \lambda\varphi^{2p-4} + g\varphi^{2p-2} \right) \tag{6.6.16}$$

となる．このとき，φ^{2p-2} の項は irrelevant になり

$$S \to S_{\text{eff}} = \int d^2x \left(\frac{1}{2} \partial\varphi\bar{\partial}\varphi + \lambda\varphi^{2(p-1)-2} \right) \tag{6.6.17}$$

を得る．すなわち，M_{p-1} の有効作用になっている．

以上は，$p \gg 1$ とした ϵ 展開法による議論であるが，最近では因子化 S 行列に基づく熱力学 Bethe 仮説法によって，任意の $p\ (>3)$ についてくり込み群の流れ $M_p \to M_{p-1}$ が示されている[*14]．突然，因子化 S 行列が現れ，唐突に感じられる読者も多いと思うので，その由来を簡単に説明しておこう．CFT における Virasoro 代数の生成子は，場の理論における保存量である．これらが無限個存在することは，CFT が場の理論として可積分であることを意味する．CFT を relevant 演算子で変形すると共形不変性は失われる．しかし，M_p モデルの ϕ_{13} 演算子による変形のもとでは，運動量について高次の保存量が存在するという著しい特徴がある[*15]．ϕ_{13} による変形を考えるとき，結合定数の符合を変えると，β 関数に新しい固定点は現れず，スケーリング極限で質量をもつ連続的な場の理論が構成される．この理論は無限個の保存量をもつ可積分場の理論になる．したがって，粒子の散乱は因子化 S 行列で記述されることになる．実は，この場の理論はよく知られた sine-Gordon 模型(§7.3)と非常に深い関係があり[*16]，また量子 KdV 方程式との関係も見い出されている[*17]．なお，可積分性と S 行列の因子化については，Bethe 仮説法との関連で§9.1 で具体的な説明を行なう．

このような臨界点からはずれた領域における無限個の保存則は，結合定数の符合に依らずに存在する．すなわち，$M_p \to M_{p-1}$ のくり込み群の流れに沿っても存在している．Zamolodchikov 兄弟は，このような 2 個の固定点をつなぐくり込み群の軌跡に伴う因子化 S 行列の理論を提唱した(massless S-ma-

---

*14　Al. B. Zamolodchikov, *Nucl. Phys.* **B358** (1991) 524

*15　A. B. Zamolodchikov, *JETP Lett.* **46** (1987) 160

*16　T. Eguchi and S.-K. Yang, *Phys. Lett.* **B224** (1989) 373; **B235** (1990) 282

*17　R. Sasaki and I. Yamanaka, *Adv. Stud. Pure Math.* **16** (1988) 271

trix)*[18]．その理論的基礎はまだ十分明らかにされてはいないが，具体的な応用では大きな成功を収めている．

2つの例を挙げておこう．θ をパラメータとするインスタントン項のついた2次元 $O(3)$ 非線形シグマ模型において $\theta=\pi$ とすると gapless になると信じられている．$O(3)$ シグマ模型は漸近自由性をもつので，θ の値に依らず UV 極限は $c=3$ ガウシアン CFT で記述される．一方，$\theta=\pi$ のとき IR 極限は $k=1$ $SU(2)$ カレント代数($c=1$)で記述されると考えられている．したがって，$\theta=\pi$ のとき，UV と IR をつなぐくり込み群の流れが存在する(c の大きさは c–定理に従って減少している)．この流れを表す S 行列模型が与えられている．

また，固体電子論の話題としては $\nu=1/3$ の分数量子 Hall 系のエッジ状態のトンネル伝導度の厳密なスケーリング関数が，S 行列を用いた熱力学 Bethe 仮説法によって計算されている*[19]．これはカイラル朝永–Luttinger 流体において，左運動成分と右運動成分が局所的な不純物を介して相互作用する系を調べる問題である．この相互作用項は一般に複数個の relevant 項をもつが，$\nu=1/3$ は特別でただ1個の relevant 項から成っている．この $\nu=1/3$ のエッジ系は，ちょうど，境界のある CFT を relevant な境界相互作用項で変形した可積分場の理論と等価になっており，可積分系の手法が有効に適用されたのである．

---

*18　A. B. Zamolodchikov and Al. B. Zamolodchikov, *Nucl. Phys.* **B379** (1992) 602

*19　P. Fendley, A.W.W. Ludwig and H. Saleur, *Nucl. Phys.* **B430** (1994) 577

朝永-Luttinger 模型とボゾン化法

本章では1次元系の量子臨界現象に話題を移し，それを記述する最も基本的な模型である朝永–Luttinger 模型を紹介する．この模型は特殊な相互作用を持っているにもかかわらず，多くの1次元量子臨界系の本質的な性質を記述する．さらに，この模型に基づいてボゾン化法の概略を述べる．ボゾン化法(bosonization method)は，1次元量子系の低エネルギー励起を調和振動子の集まりとして記述するもので，フェルミオン系，ボゾン系，スピン系などの量子臨界現象を統一的に理解するのにたいへん有効な方法である．具体的な応用例として，1次元 Heisenberg 模型のボゾン化を実行する．

7.1　朝永模型と Luttinger 模型

多粒子からなるフェルミオン系の低エネルギー励起を系統的に研究することは，Landau のフェルミ流体に関する研究以来，現在に至るまで活発に行われてきている．その中で，1次元フェルミオン系の素励起に関する先駆的な研究は，朝永振一郎によって1950年になされた*1．朝永の考察した模型は，フェルミ面付近でスペクトルが線形の分散関係を持つ簡単化された多粒子系である(図 7.1(a))．この研究では，フェルミオン系の素励起が近似的にボゾンで記述できることがすでに示されている．これが1次元電子系の理論研究の実質的な幕開けであり，ボゾン化法の始まりでもある．その後，同様の模型は J. M. Luttinger *2 により調べられ，朝永と類似の相対論的な模型を考えれば

*1　S. Tomonaga, *Prog. Theor. Phys.* **5** (1950) 544

*2　J. M. Luttinger, *J. Math. Phys.* **4** (1963) 1154

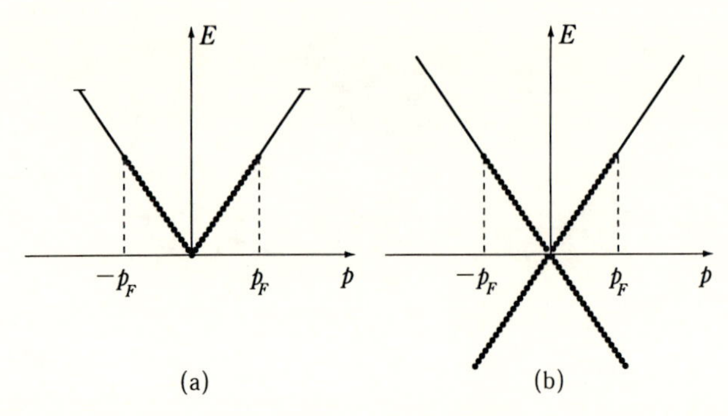

図 7.1 エネルギースペクトル：(a) 朝永模型，(b) Luttinger 模型．朝永模型ではバンド幅は有限であるが，相対論的な Luttinger 模型ではバンド幅無限大で，基底状態は Dirac の海となる．

厳密解が求められることが示された(図 7.1(b))．このような研究の経緯から，線形分散を持つ“厳密に解ける”模型は，朝永–Luttinger 模型と称されることが多い．ちなみに，素粒子の分野では，この模型は Thirring 模型とよばれる．以下に，この模型について簡単に説明する．

まず，多粒子のフェルミオン系の低エネルギー励起をモデル化する際，次のような簡単化ができることを思い出そう．まず出発点は自由粒子のハミルトニアン

$$
\begin{aligned}
H_K &= \frac{-\hbar^2}{2m}\int dx\psi^\dagger(x)\frac{d^2}{dx^2}\psi(x) \\
&= \frac{\hbar^2}{2m}\sum_p p^2 a_p^\dagger a_p
\end{aligned}
\tag{7.1.1}
$$

である．ただし，$\psi^\dagger(x), \psi(x)$ は反交換関係

$$
[\psi^\dagger(x), \psi(x')]_+ = \delta(x-x')
\tag{7.1.2}
$$

を満たす通常のフェルミオン場であり，$a_p^\dagger$, a_p はその Fourier 成分である．すなわち $\psi(x) = 1/\sqrt{L}\sum_p e^{ipx}a_p$ である．ただし，系の長さを L とした．簡単のため，今後 $\hbar = 1$ とおくことにする．まず，フェルミオン系では多粒子は Fermi 面までぎっしりと詰まっており，その低エネルギー励起には Fermi 面付近の電子のみが関与し，バンド全体の構造はあまり効かない．そこで，Fermi 波数付

近でエネルギー分散を線形化しても，本質的な物理は記述されるはずである．このような考察に基づき，運動エネルギーを

$$H_K = v_F \sum_p [(p-p_F)a_p^{(+)\dagger}a_p^{(+)} + (-p-p_F)a_p^{(-)\dagger}a_p^{(-)}] \qquad (7.1.3)$$

の線形分散を持つハミルトニアンで近似する．ただし v_F は Fermi 速度，$\pm p_F$ は左右の Fermi 波数，$a_p^{(+)}$ ($a_p^{(-)}$) はそれぞれ右向き(左向きの)電子の消滅演算子である．ここで，運動量の和において上限と下限を示していないが，朝永模型では運動量のカットオフが有限であるのに対して，Luttinger 模型ではこのカットオフが無限大である(図 7.1)．したがって，後者では基底状態は負の無限大から Fermi 波数 $\pm p_F$ まで電子が詰まった Dirac の海となっている．どちらの模型も Fermi 面付近の低エネルギー励起を記述するのに本質的な差はないが，後者では相互作用を入れても厳密に解ける模型を構成できる．そこで以下では，Luttinger のバージョンを中心に扱い，これを朝永–Luttinger 模型とよぶことにする．

運動エネルギー (7.1.3) を実空間で表示すると，右向き($\psi_+(x)$)と左向き($\psi_-(x)$)の Fermi 場を用いて

$$H_K = v_F \int dx \left[\psi_+^\dagger(x)\left(-i\frac{d}{dx}\right)\psi_+(x) + \psi_-^\dagger(x)\left(i\frac{d}{dx}\right)\psi_-(x)\right] \qquad (7.1.4)$$

と記述される．線形分散を反映して，エネルギーは座標の一階微分で与えられる．これは Lorenz 不変な massless な Dirac フェルミオンに他ならない．ただし，右(左)向きの Fermi 場 $\psi_\pm(x)$ は，もともとの Fermi 場 $\psi(x)$ を低エネルギー領域で

$$\psi(x) \simeq e^{ip_F x}\psi_+(x) + e^{-ip_F x}\psi_-(x) \qquad (7.1.5)$$

と展開したものである．

相互作用の効果は後回しにして，まず (7.1.3)(あるいは (7.1.4))の自由ハミルトニアンの性質を詳しく調べる．ここで，右向きと左向きのフェルミオンに関してそれぞれ密度演算子

$$J_+(p) = \sum_q a_{q+p}^{(+)\dagger}a_q^{(+)}, \qquad J_-(p) = \sum_q a_{q+p}^{(-)\dagger}a_q^{(-)} \qquad (7.1.6)$$

を導入する．この演算子はボゾンの交換関係

$$[J_+(p), J_-(p')] = 0 \tag{7.1.7}$$

$$[J_+(-p), J_+(p')] = [J_-(p), J_-(-p')] = \frac{pL}{2\pi}\delta_{pp'} \tag{7.1.8}$$

を満たしている．これは，自由ボゾン場の量子化で現れた $U(1)$ の Kac-Moody 代数に他ならない．これらは，第 2 式の $p=p'$ の場合を除いて容易に導出できる．一方，$p=p'$ の場合には交換関係が

$$[J_+(-p), J_+(p)] = \sum_q (n_{q-p} - n_q) \tag{7.1.9}$$

となることが示される．ここで n_p は，右向きブランチで運動量 p を持つ状態の占有数である．さて，この右辺の演算子の取り扱いには注意が必要である．通常の 1 次元の電子バンドを考えて右辺の和を実行すると，これがゼロになることがわかる．一方，今の模型の特殊事情は，底なしのバンド(Dirac の海)を考えているということである．このことを考慮すると $p>0$ に対して右辺の和は

$$\begin{aligned}\sum_q (n_{q-p} - n_q) &= \Big[\sum_{q \geqq p_0} + \sum_{q<p_0}\Big](n_{q-p} - n_q) \\ &= \sum_{q \geqq p_0}(n_{q-p} - n_q) = \sum_{p_0 - p \leqq q < p_0} n_q \\ &= \frac{Lp}{2\pi}\end{aligned} \tag{7.1.10}$$

と見積もることができ，有限の値が得られる．ただし，上の計算である p_0 以下の運動量では状態が完全に占有され，それ以上で任意の粒子・正孔励起があるものとした．

このように，低エネルギー励起に注目し連続場の理論へ移行する際には，その極限の取り方に注意が必要である．実際，Luttinger の研究ではこの部分の取り扱いが正確でなかった*3．このように，フェルミオン系の低エネルギーの密度ゆらぎはボゾンとして扱えることがわかる．ちなみに，通常のボゾンの消滅演算子 $b_p^{\pm}$ は $b_p^{\pm} = [2\pi/(pL)]^{1/2} J_{\pm}(p)$ と規格化することにより得られる．

さて，運動エネルギーの項をもう少し変形してみる．まず，ハミルトニアン

*3　D. C. Mattis and E. H. Lieb, *J. Math. Phys.* **6** (1965) 304

(7.1.3) と密度演算子 (7.1.6) の交換関係が

$$[H_K, J_+(p)] = v_F p J_+(p) \tag{7.1.11}$$

となることは，$a_p, a_p^\dagger$ の反交換関係を用いると簡単に示せる．この交換関係は，仮にハミルトニアンが

$$H_K = \frac{2\pi v_F}{L} \sum_{p>0} [J_+(p)J_+(-p) + J_-(-p)J_-(p)] \tag{7.1.12}$$

となっていれば自然に導かれるものである．したがって，(7.1.3)（あるいは (7.1.4)）のかわりに (7.1.12) を今考えている自由粒子の有効ハミルトニアンとみなして差し支えない．この H_K の変換が，朝永–Luttinger 模型を解くための最初のステップである．ここで少し不思議なことは，もともと運動エネルギーが Fermi 演算子 $\psi_\pm(x)$ の 2 次形式で書かれていたのに，結果として得られたハミルトニアンは $J(x)$ に関して 2 次，すなわち $\psi_\pm(x)$ に関して 4 次となっていることである．このような非自明な同等性を導くには，線形分散スペクトルの性質が十分に活用されている．以下に見るように，この特殊な性質を利用することにより（本質的な物理を残しつつ）厳密に解ける相互作用模型が構成できる．

さて，粒子間の相互作用を導入する．朝永–Luttinger 模型では，相互作用の係数を g_i というパラメタで表す習わしがある．図 7.2 に，相互作用をダイアグラムを用いて表してある．

この中から以下の 2 つの相互作用 g_2, g_4 を考える．

$$H_I = \frac{1}{2L} \sum_p [2g_2 J_+(p)J_-(-p) + g_4\{J_+(p)J_+(-p) + J_-(-p)J_-(p)\}] \tag{7.1.13}$$

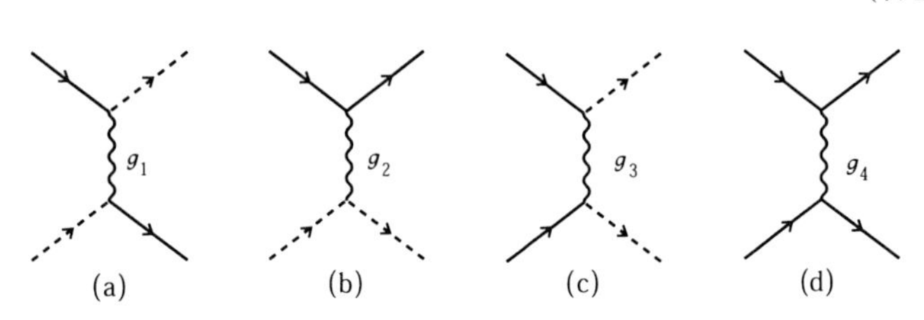

図 7.2　朝永–Luttinger 模型の相互作用．(a) 後方散乱 g_1，(b) 前方散乱 g_2，(c) ウムクラップ散乱 g_3，(d) 前方散乱 g_4．ここで実線と破線はそれぞれ右向きと左向きの電子線であり波線が相互作用を表している．スピンレスの模型では後方散乱は前方散乱と等価である．

図 7.2 からわかるように，g_4 の散乱プロセスでは，同じ向きの粒子どうしが散乱し，g_2 プロセスでは反対向きの粒子が散乱される．この際に散乱による大きな(p_F 程度の)運動量のやりとりはない．このような理由からこの 2 つのタイプの散乱は前方散乱とよばれる．この他に図に示したように，後方散乱 g_1，ウムクラップ散乱 g_3 などの相互作用もある．ただし，今考えているスピンレスのフェルミオン系では，後方散乱は前方散乱と区別することができない．というのは，後方散乱を起こす項 $g_1\psi_+^\dagger\psi_-\psi_-^\dagger\psi_+$ は演算子の並べかえで前方散乱 g_2 の項 $\psi_+^\dagger\psi_+\psi_-^\dagger\psi_-$ と同じ形になるからである．朝永–Luttinger 模型ではこのような前方散乱のみ考慮し，図の g_3 のプロセスで表されるようなウムクラップ散乱は簡単のため無視する．この範囲では，(7.1.12),(7.1.13) からわかるようにハミルトニアン全体が密度演算子に関して 2 次形式になっている．したがって，非自明な相互作用があるにもかかわらず，これを対角化し厳密解を得ることができるのである．

ここで，相互作用の効果について簡単にコメントする．まず，g_4 の項は自由ハミルトニアン (7.1.12) とまったく同じ形をしているので，このタイプの相互作用は Fermi 速度 v_F を変化させるのみである．一方で，g_2 の項は後で見るように Fermi 速度だけでなく臨界指数のくり込みも起こす．さて，ハミルトニアン全体 (H_K+H_I) を対角化してみる．まず g_4 の項を速度の変化分 $v_F+g_4/(2\pi)$ として取り入れる．g_2 項を含めた全ハミルトニアンを対角化するため，ユニタリ演算子 e^{iS} による変換を考えて非対角項 J_+J_- を消去する．ただし，

$$S=\frac{2\pi i}{L}\sum_{p\neq 0}\frac{\theta}{p}J_+(p)J_-(-p) \tag{7.1.14}$$

である．このユニタリ変換でハミルトニアンが対角化できるためには，θ は

$$\tanh(2\theta)=-\frac{g_2}{2\pi v_F+g_4} \tag{7.1.15}$$

を満たさなければならないことがわかる．このようにパラメタ θ を選ぶとハミルトニアンは次の正準変換で，

$$\begin{aligned}\widetilde{H}&=e^{iS}He^{-iS}\\&=\frac{2\pi v_F+g_4}{L}\mathrm{sech}(2\theta)\sum_{p>0}[J_+(p)J_+(-p)+J_-(-p)J_-(p)]\end{aligned} \tag{7.1.16}$$

と対角化できる．ただし，定数項(発散している)は真空のエネルギーのくり込みを与えるものとして省略した．この計算は，まず次の公式

$$e^{iS}J_{\pm}(p)e^{-iS} = J_{\pm}(p)\cosh\theta + J_{\mp}(p)\sinh\theta \tag{7.1.17}$$

を導き，これをハミルトニアンの変換式に直接代入することにより簡単に得られる．その結果，相互作用によって速度は

$$\begin{aligned} v_F^* &= \left(v_F + \frac{g_4}{2\pi}\right)\mathrm{sech}(2\theta) \\ &= \left[\left(v_F + \frac{g_4}{2\pi}\right)^2 - \left(\frac{g_2}{2\pi}\right)^2\right]^{1/2} \end{aligned} \tag{7.1.18}$$

とくり込まれることがわかる．すなわち Fermi 面から計った励起スペクトルは，$\epsilon(p) = v_F^*|p|$ の線形分散で与えられる．したがって，この系はギャップレスの励起を持つ量子臨界系であることがわかる．このように，前方散乱のみ考慮した朝永–Luttinger 模型では，ハミルトニアンを密度演算子の 2 次形式で表示することができ，その結果この模型を厳密に解くことができる．また，この励起はボゾン粒子として扱うことができるので，相関関数なども含めた種々の物理量を実際に計算することができる．相関関数については，10, 11 章でふれる予定である．

さて，以上のようなボゾン化法のアイデアを用いて，一般の量子多体系を解析することを考える．そのような場合には，上に述べたような簡単な前方散乱だけでなく，ウムクラップ散乱などの“解けない相互作用”が一般に存在し，系の性質を厳密に取り扱うことは難しくなる．たとえば，相互作用は $J_{\pm}$ の複雑な関数となる．このような模型の解析にボゾン化法を応用するために，もう少し理論を整理しておくと見通しがよい．以下にボゾン化法のスタンダードな表示法である位相ハミルトニアンの方法を簡単に紹介する．

7.2 位相ハミルトニアン

前節で用いた密度演算子 $J_{\pm}(q)$ はボゾン演算子であるので，ここまでの計算でボゾン化法の手続きは基本的に完了している．ただし，以下に示す位相に関するボゾン場を導入すると，連続体の調和振動子との対応が明確になり，共形

場の理論との関係も見通しがよくなる．まず，密度演算子から 2 種類のボゾン場 $\varphi(x)$ と $\Pi(x)$ を導入する．

$$\varphi(x)=\frac{i\pi}{L}\sum_{p\neq 0}\frac{1}{p}e^{-\alpha|p|/2-ipx}[J_+(p)+J_-(p)]+\frac{N\pi x}{L}+Q \tag{7.2.1}$$

$$\Pi(x)=\frac{-1}{L}\sum_{p\neq 0}e^{-\alpha|p|/2-ipx}[J_+(p)-J_-(p)]-\frac{J}{L} \tag{7.2.2}$$

ここで $\alpha\ (\rightarrow 0)$ は格子間隔程度の微少量で，和が収束するように導入してある．(7.2.1) の最後にある定数項 Q はボゾン場の Fourier 成分のゼロモードに対応しており，(7.2.2) の J はそれに共役なカレントである．すなわち，$[Q,J]=-i$ の交換関係が成立するものとする．このボゾン場 $\varphi(x)$ の導入の仕方は，第 5 章で自由ボゾン場の量子化の際に行ったのと同じものである．上記の 2 つのボゾン場は

$$[\varphi(x),\Pi(y)]=i\delta(x-y) \tag{7.2.3}$$

の交換関係を満たす正準共役な場であることがわかる．これは (7.2.1), (7.2.2) 式より

$$\begin{aligned}
[\varphi(x),\Pi(y)]&=\frac{-\pi i}{L^2}\sum_{p,p'\neq 0}\frac{1}{p}e^{-\alpha(|p|+|p'|)/2-i(px+p'y)}\\
&\quad\times[J_+(p)+J_-(p),J_+(p')-J_-(p')]-\frac{1}{L}[Q,J]\\
&=\frac{-\pi i}{L^2}\sum_{p,p'\neq 0}\frac{1}{p}e^{-\alpha(|p|+|p'|)/2-i(px+p'y)}\left(\frac{p'L}{2\pi}-\frac{pL}{2\pi}\right)\delta_{p+p',0}+\frac{i}{L}\\
&=\frac{i}{L}\sum_{p}e^{-\alpha|p|-ip(x-y)}=\frac{i}{2\pi}\int_{-\infty}^{\infty}dpe^{-\alpha|p|-ip(x-y)}\\
&=i\delta(x-y)
\end{aligned} \tag{7.2.4}$$

と容易にチェックできる．(7.2.1) の定義からわかるように，ボゾン場は密度ゆらぎを表している．実際，(7.2.1) からボゾン場 $\varphi(x)$ が粒子密度 $J(x)$ と

$$\frac{\partial\varphi}{\partial x}=\pi J(x)\equiv\pi(J_+(x)+J_-(x)) \tag{7.2.5}$$

の関係にあることがわかる（(5.1.14) 式も参照）．また，(7.2.2) は

$$\Pi(x)=-(J_+(x)-J_-(x)) \tag{7.2.6}$$

と実空間の密度演算子を用いて書くこともできる．以下の(7.2.7)式からわかるように $\Pi(x)$ はゲージ変換の自由度に関連した量であるので，(7.2.3)の交換関係は粒子数と位相の間に成り立つ交換関係に類似のものである．

この2つの共役なボゾン場 $\varphi(x)$ と $\Pi(x)$ を用いると(7.1.4)に現れたFermi場は

$$\psi_{\pm} = \lim_{\alpha \to 0} \frac{1}{\sqrt{2\pi\alpha}} \eta_{\pm} \exp\Big(\pm i\varphi(x) - i\pi \int_{-\infty}^{x} \Pi(x')dx'\Big) \qquad (7.2.7)$$

と書くことができる．ただし，$\eta_{\pm}$ は反交換関係に関連した演算子であるが($(\eta_{\pm})^2 = 1$)，この因子の起源については以下に述べる．このフェルミオン場の導入の仕方は少し天下り的であるが，直接の計算でこの表式がフェルミオンの交換関係を満たしていることを示せる．たとえば，$x > x'$ に対して

$$\begin{aligned}
\psi_{+}^{\dagger}(x)\psi_{+}(x') &= \frac{1}{2\pi\alpha} e^{-i\Phi_{+}(x)} e^{i\Phi_{+}(x')} \\
&= \frac{1}{2\pi\alpha} e^{[\Phi_{+}(x), \Phi_{+}(x')]/2} e^{-i(\Phi_{+}(x) - \Phi_{+}(x'))} \\
&= \frac{i}{2\pi\alpha} e^{-i(\Phi_{+}(x) - \Phi_{+}(x'))} \\
&= -\psi_{+}(x')\psi_{+}^{\dagger}(x) \qquad (7.2.8)
\end{aligned}$$

の反交換関係が示される．ここで，簡単のため

$$\Phi_{\pm}(x) = \pm\varphi(x) - \pi \int_{-\infty}^{x} \Pi(x')dx' \qquad (7.2.9)$$

という関数を導入し，第1行から2行へは公式(5.1.63)を利用し，2行目から3行目はボゾン場の正準交換関係(7.2.3)を用いた．この指数関数タイプの演算子は共形場の理論でバーテックス演算子とよんだものに他ならない．Fermi場をこのように表示すると，$\varphi(x)$ と $\Pi(x)$ がフェルミオンの位相に関係したボゾン場であることがわかる．式(7.2.7)は，1次元系ではフェルミオンの演算子を集団励起の密度演算子(ボゾン)から構成できることを示している．

ここで，式(7.2.7)のFermi演算子について，いくつか注意をしておく．まず，この演算子は粒子を消滅させる演算子でなければならないが，この性質は $\varphi(x)$ のゼロモードである Q によって表現されている．したがって，(7.2.1)のゼロモードはFermi演算子を作るには不可欠なものである．いくつかの文献で

はこの部分が見落とされていることがあるので注意する必要がある．もう一つは因子 $\eta_\pm$ であり，これは右向きと左向きのフェルミオン場の反交換関係を正しく出すために導入されている．もともと右向きのボゾン場と左向きのボゾン場は独立であるので，それから作られる左右のフェルミオン場はそのままでは可換となってしまう．これを補う因子が $\eta_\pm$ である．具体的に $\eta_\pm$ を書き下すにはいくつかの方法があるが，たとえば $\eta_+=1$, $\eta_-=e^{i\pi N_+}$ などはその例となっている．ただし，$N_\pm$ は左右のブランチの電子数である．この $\eta_\pm$ の導入の仕方は次節の Jordan-Wigner 変換にいくぶん似ている．ただし，今の場合この因子を忘れてもハミルトニアンの形などに影響を及ぼさないこともあるが，Jordan-Wigner 変換ではこれは致命的な欠陥となる．

さて，計算の例として (7.2.7) のバーテックス演算子を用いて密度演算子を書き下してみる．(7.2.8) と同様の計算で，$\alpha\to 0$ のとき

$$
\begin{aligned}
\psi_+^\dagger(x+\alpha)\psi_+(x) &= \frac{i}{2\pi\alpha}e^{-i(\Phi_+(x+\alpha)-\Phi_+(x))} \\
&\simeq \frac{i}{2\pi\alpha}[1-i(\Phi_+(x+\alpha)-\Phi_+(x))] \\
&= \frac{i}{2\pi\alpha}+\frac{1}{2\pi}\partial_x\Phi_+(x) \qquad (7.2.10)
\end{aligned}
$$

であることが示される．同様に左向き成分の式も得られるので，結局

$$
\begin{aligned}
:\psi_+^\dagger(x)\psi_+(x)+\psi_-^\dagger(x)\psi_-(x):+\overline{J} &= \frac{1}{2\pi}[\partial_x\Phi_+(x)-\partial_x\Phi_-(x)] \\
&= \frac{1}{\pi}\partial_x\varphi(x) \qquad (7.2.11)
\end{aligned}
$$

が得られる．ただし，$\overline{J}=N/L$．これは (7.2.5) に他ならない．

このようなボゾン化の手続きをふむと，朝永–Luttinger 模型をボゾン場 φ と Π で表示することができる．まず，(7.2.5) より

$$
J_+(x)^2+J_-(x)^2 = \frac{1}{2}\left[\frac{1}{\pi^2}\left(\frac{\partial\varphi(x)}{\partial x}\right)^2+\Pi(x)^2\right] \qquad (7.2.12)
$$

$$
J_+(x)J_-(x) = \frac{1}{2}\left[\frac{1}{\pi^2}\left(\frac{\partial\varphi(x)}{\partial x}\right)^2-\Pi(x)^2\right] \qquad (7.2.13)
$$

となる．これを用いて，g_2 項, g_4 項を含む全ハミルトニアンを $\varphi(x)$, $\Pi(x)$ を用

いて表示する．両式の左辺は g_2 項，g_4 項に他ならないことに注意して，H_K+H_I に代入すると

$$H=\frac{1}{4}\int dx\left[(2\pi v_F+g_4-g_2)\Pi(x)^2+\frac{1}{\pi^2}(2\pi v_F+g_4+g_2)\left(\frac{\partial\varphi(x)}{\partial x}\right)^2\right]$$
$$=v_F^*\int dx\left[\frac{\pi K^*}{2}\Pi^2+\frac{1}{2\pi K^*}(\partial_x\varphi)^2\right] \tag{7.2.14}$$

のハミルトニアンで記述される．ただし，ここで速度 v_F^* は (7.1.18) で定義されたもので，無次元の結合定数 K^* は朝永–Luttinger 模型に対して

$$K^*=\left[\frac{2\pi v_F+g_4-g_2}{2\pi v_F+g_4+g_2}\right]^{1/2} \tag{7.2.15}$$

と求められる．(7.2.14) の形が**位相ハミルトニアン**とよばれるもので，ボゾン化法の出発点となっているものである．これは 5 章で説明した自由ボゾン場の理論に他ならない．

このように，ボゾン化法は 1 次元量子臨界系の低エネルギー素励起を調和振動子の集まりとして記述するものである．ここまでは，いわゆる "解ける模型" の話であるが，一般の相互作用を持つ統計模型を厳密に扱うことは難しい．そのため，ボゾン化法に基づいて相互作用の効果を近似的に解析しなければならない．この中で，弱結合理論とよばれるアプローチがこれまで盛んに行われてきた．これは，解ける模型すなわち朝永–Luttinger 模型から出発し，摂動論やくり込み群の方法を用いて相互作用による影響を調べ，式 (7.2.14) の速度 v_F^* や結合定数 K^* のくり込みを計算するものである．しかしながら，より一般の模型で v_F^* や K^* の値を正確に求めることは容易ではなく，強相関の模型ではこれは特に難しい．この問題点については，次章でふれることにし，以下では具体的な例を用いてボゾン化法の演習を行ってみる．

7.3 Heisenberg 模型と sine-Gordon 模型

以上のボゾン化法を格子模型に応用してみる．ここでは，よく知られた 1 次元 Heisenberg 模型を例として扱う．ハミルトニアンは以前書き下したように

$$H = \sum_{\langle ij \rangle} \left[\frac{1}{2} J (S_i^+ S_j^- + S_i^- S_j^+) + J_z S_i^z S_j^z \right] \tag{7.3.1}$$

の形で与えられ，z 方向の異方性として $\Delta = J_z/J$ を導入してある．$\Delta = 1$ が通常の等方的 Heisenberg 模型である．以下，格子点数 L からなる系を周期境界条件のもとで考察する．

7.3.1 Jordan-Wigner 変換

朝永の方法にしたがって，この模型の低エネルギー励起をボゾン化法で扱うためには，まずフェルミオンの演算子でハミルトニアンを表示し直す必要がある．この変換は Jordan-Wigner 変換とよばれる．スピン演算子を Fermi 演算子と対応づけるため，まず↓スピンが格子点をすべて埋めている場合を真空にとる．こうすると，↓スピンが↑スピンに変化した格子点に粒子が生成されたと考えることができる．すなわち，フェルミオンの生成・消滅演算子 $a_i^\dagger$, a_i を用いると，たとえば j 番目の格子点のスピンの z 成分は

$$S_j^z = a_i^\dagger a_j - 1/2 \tag{7.3.2}$$

と表現できる．さらに，S_j^+ は↓スピンを↑スピンに変えるので，単純に考えると $S_j^+ = a_j^\dagger$ となるような気がするが，これはまちがいである．上記のスピン演算子は異なるサイトにおいて，反交換ではなく交換することを正しく取り入れなければならない．したがって，スピン演算子を Fermi 演算子で表示するためには，交換関係と反交換関係を結びつけるような変換を導入する必要がある．このことを考慮すると，スピン演算子は Fermi 演算子を用いて，各サイトで

$$S_j^+ = \exp\left[-i\pi \sum_{\ell=1}^{j-1} n_\ell \right] a_j^\dagger \tag{7.3.3}$$

$$S_j^- = a_j \exp\left[i\pi \sum_{\ell=1}^{j-1} n_\ell \right] \tag{7.3.4}$$

のように表されることがわかる．(7.3.2) と (7.3.4) が **Jordan-Wigner 変換**とよばれるものである．この式に現れた指数関数の因子は，ストリング演算子とよばれ，この変換の中心的な役割を果たしている．この表示を用いると，異なったサイトでのスピンは，$i < j$ として

$$
\begin{aligned}
[S_i^+, S_j^-] &= \exp\left[-i\pi \sum_{k<i} n_k\right] a_i^\dagger a_j \exp\left[i\pi \sum_{k<j} n_k\right] \\
&\quad -a_j \exp\left[i\pi \sum_{k<j} n_k\right] \exp\left[-i\pi \sum_{k<i} n_k\right] a_i^\dagger \\
&= a_i^\dagger \exp\left[i\pi \sum_{i\leqq k<j} n_k\right] a_j - a_j \exp\left[i\pi \sum_{i\leqq k<j} n_k\right] a_i^\dagger \\
&= [a_i^\dagger, a_j]_+ \exp\left[i\pi \sum_{i\leqq k<j} n_k\right] \\
&= 0
\end{aligned}
\tag{7.3.5}
$$

と確かに交換関係を満足していることがわかる．ただし，計算の途中でフェルミオンの反交換関係を使った．このフェルミ演算子を用いると，ハミルトニアンの XY 成分の項は，

$$
\begin{aligned}
S_j^+ S_{j+1}^- &= \exp\left[-i\pi \sum_{k<j} n_k\right] a_j^\dagger a_{j+1} \exp\left[i\pi \sum_{k<j+1} n_k\right] \\
&= a_j^\dagger e^{i\pi n_j} a_{j+1} \\
&= a_j^\dagger a_{j+1}
\end{aligned}
\tag{7.3.6}
$$

と書き直すことができる．$S^\pm$ はストリング演算子の複雑な形をしているが，最近接ホッピング項ではこれがちょうどキャンセルして，通常のフェルミオンのホッピング(格子上の運動)になっている．結局，全ハミルトニアンは

$$
H = -J_z\left(M - \frac{L}{4}\right) + J\sum_{\langle ij\rangle} a_i^\dagger a_j + J_z \sum_{\langle ij\rangle} a_i^\dagger a_i a_j^\dagger a_j \tag{7.3.7}
$$

の相互作用するフェルミオン系のハミルトニアンに帰着する．ただし，M はフェルミオンの数である．このように，Jordan-Wigner 変換でスピン模型をフェルミオン模型に変えることにより，XY 成分がホッピング項に，Z 成分が相互作用項に変換されることがわかる．

このような Jordan-Wigner 変換は，1 次元模型の表示をボゾンからフェルミオン(または逆)に変換するのに一般的に用いることができる．すなわち，(7.3.4) に現れている指数関数の因子が波動関数の対称性を変化させ，粒子の

統計性をボゾンからフェルミオン(または逆)に変換する．この意味で“1 次元系では統計性は意味を持たない” と言われることもある．しかし，フェルミオンとボゾンの同等性は，粒子数を固定した場合にのみ成り立つことを強調しておく．系の粒子数変化をともなうような物理量には，1 次元といえども (7.3.4) に現れたタイプの位相因子を通してボゾンとフェルミオンの違いがでる．これについては 10 章で改めて議論する．

7.3.2　ボゾン化と sine-Gordon 模型

以下では，簡単のため外部磁場がゼロの場合を考える．このとき，↑と↓スピンの数は同じであるので，全格子数の半分は↑スピンとなっている．これはフェルミオンの言葉で言うとバンドがちょうど半分詰まった half-filling の状態に対応している(図 7.3)．したがって，Fermi 波数は磁場がゼロの場合 $p_F=\pi/2\alpha$ である(α は格子間隔)．

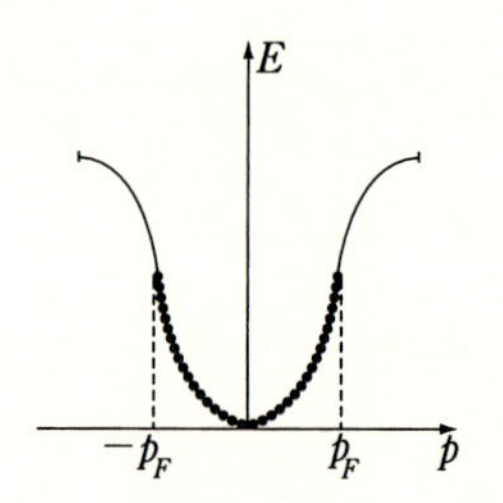

図 7.3　零磁場のスピン鎖はフェルミオンに焼き直すと，half-filling の系に対応する．

まず，(7.3.7) 式のように Fermi 演算子で表示したハミルトニアンでは，もとの XY 成分の項は，粒子の自由な運動エネルギー項に対応するので，この項は朝永–Luttinger の方法にそって簡単にボゾン化できる．すなわち，Fermi 波数 $p_F=\pm\pi/(2\alpha)$ 付近でスペクトルを線形化してボゾン化を行う．今，格子間隔 α に対して，連続極限 $\alpha\to 0$ を考える．この極限で Fermi 演算子を

$$a_j \to \sqrt{\alpha}\,[e^{ip_F x}\psi_+(x)+e^{-ip_F x}\psi_-(x)] \tag{7.3.8}$$

と連続的な場の演算子 $\psi_\pm(x)$ で置き換える．ただし，$\psi_\pm(x)$ は格子間隔に比べゆっくりと変化する連続場である．この連続場への移行で XY 成分の自由フェ

ルミオン部分は，式 (7.1.12) と同じタイプの位相ハミルトニアン

$$
\begin{aligned}
H &= v_F \int dx \Big[\psi_+^\dagger(x)\Big(-i\frac{d}{dx}\Big)\psi_+(x) + \psi_-^\dagger(x)\Big(i\frac{d}{dx}\Big)\psi_-(x)\Big] \\
&= \int dx \Big[\frac{\pi v_F}{2}\Pi^2 + \frac{v_F}{2\pi}(\partial_x\varphi)^2\Big] \qquad (7.3.9)
\end{aligned}
$$

に帰着する．ただし，$v_F = J\alpha$ であり，相互作用がないので $K^* = 1$ となっている．次に，スピンの Z 成分からでてきた相互作用の部分のボゾン化を行う．連続極限で相互作用の項は

$$
\begin{aligned}
\sum_i a_i^\dagger a_i a_{i+1}^\dagger a_{i+1} = \alpha \int dx \Big[&\psi_+^\dagger(x)\psi_+(x) + \psi_-^\dagger(x)\psi_-(x) \\
&+ e^{-2ip_F x}\psi_+^\dagger(x)\psi_-(x) + e^{+2ip_F x}\psi_-^\dagger(x)\psi_+(x)\Big] \\
&\times [x \to (x+\alpha)] \qquad (7.3.10)
\end{aligned}
$$

となるが，右辺を展開してまとめると，

$$
\begin{aligned}
\alpha \int dx \Big[&J_+(x)J_+(x+\alpha) + J_-(x)J_-(x+\alpha) \\
&+ J_+(x)J_-(x+\alpha) + J_-(x)J_+(x+\alpha) \\
&- \psi_+^\dagger(x)\psi_-(x)\psi_-^\dagger(x+\alpha)\psi_+(x+\alpha) \\
&- \psi_-^\dagger(x)\psi_+(x)\psi_+^\dagger(x+\alpha)\psi_-(x+\alpha) \\
&- e^{-4ip_F x}\psi_+^\dagger(x)\psi_-(x)\psi_+^\dagger(x+\alpha)\psi_-(x+\alpha) \\
&- e^{4ip_F x}\psi_-^\dagger(x)\psi_+(x)\psi_-^\dagger(x+\alpha)\psi_+(x+\alpha)\Big] \\
&+ (e^{\pm 2ip_F}\text{oscillating terms}) \qquad (7.3.11)
\end{aligned}
$$

となる．ここで $p_F = \pi/(2\alpha)$ であるので $e^{2ip_F x} = (-1)^j$ になることに注意すると，$e^{2ip_F x}$ で振動する項は積分の結果消えると期待される．結局，連続極限 $(\alpha \to 0)$ において，相互作用のハミルトニアンは

$$
H_I = J_z\alpha \int dx \Big[J_+J_+ + J_-J_- + 4J_+J_- - (\psi_+^\dagger\psi_-)^2 - (\psi_-^\dagger\psi_+)^2\Big] \qquad (7.3.12)
$$

となる．ここで右辺で $J_{\pm}(x)$ で表された相互作用は，朝永–Luttinger 模型における g_4 項と g_2 項に他ならない．したがって，ここまでの相互作用であれば，前と同様に対角化が実行でき (7.2.14) の位相ハミルトニアンが得られる．最後の項は，これまでにでなかったタイプの相互作用であり，2 粒子が右(左)のブランチから左(右)へと散乱されるプロセスを表している(これはいわゆるウムクラップ散乱に対応している)．単純に $\alpha=0$ とすると，フェルミオンの反対称性からこの項は消えるように思われるが，$\alpha\to 0$ の極限ではこの項が残りうる．式 (7.2.7) の Fermi 場の表式をこれに代入すればこの相互作用もボゾン場で表示できる．すなわち，(7.2.8) と同様の計算で得られる

$$\psi_+^\dagger(x)\psi_-(x) = \frac{1}{2\pi\alpha}e^{-i\Phi_+(x)}e^{i\Phi_-(x)} = \frac{1}{2\pi\alpha}e^{-2i\varphi(x)} \tag{7.3.13}$$

の式を (7.3.12) に用いれば，$\cos(4\varphi)$ に比例した相互作用が得られることがわかる．ここで (7.2.7) の因子 $\eta_\pm$ は簡単のため省略した(ウムクラップ項には最終的に $(\eta_\pm)^2=1$ のみが寄与する)．結局，ここまでの手続きをまとめると，Heisenberg 模型のボゾン化された 有効ハミルトニアンとして(定数項は除く)

$$H = \int dx \left[\frac{\pi v_F^* K^*}{2}\Pi^2 + \frac{v_F^*}{2\pi K^*}(\partial_x\varphi)^2 - \frac{2J_z\alpha}{(2\pi\alpha)^2}\cos(4\varphi)\right] \tag{7.3.14}$$

を得る．最後の cos 項が朝永–Luttinger 模型からのずれを表す “解けない” 相互作用となっている．ただし，速度 v_F^* と結合定数 K^* は (7.1.18), (7.2.15) 式で，$g_2=J_z\alpha$, $g_4=J_z\alpha$ とおいたもので与えられる．

ここまでの有効ハミルトニアンの導出には，一見近似が入っていないように見えるが，連続極限をとる過程で相互作用 J_z のくり込みが正しく取り入れられていない．したがって，ここで得られた K^* や v_F^* を用いると，XY 模型(自由模型)の付近で J_z の一次までしか正確に議論することはできないことを指摘しておく．たとえば (7.3.11) で最後の振動項は積分を実行した際にキャンセルするものとして単純に落としたが，これはくり込みの効果を通して v^* や K^* に影響を与える．しかしながら，K^* や v_F^* が与えられた理論パラメタであると思うと，さらに正確な議論を展開することができる．すなわち，この有効ハミル

トニアンは，量子 **sine-Gordon 模型**として場の理論でなじみ深い模型であり，6 章で述べたくり込み群を用いることによって最後の cos 項が K^* の値に応じてどのような効果をもたらすかよく調べられている．まず，sine-Gordon 模型の $\cos(4\varphi)$ のスケーリング次元が $4K^*$ であることを考慮すると，6 章の解析がそのまま適用でき K^* の値によって系のユニバーサリティ・クラスが以下のように分類される．結果をまとめると

（1） くり込まれた結合定数が $K^*>1/2$ 場合には，cos 項は irrelevant となりくり込みの結果この項は消える．これは，XY 的な異方性を持つ場合 $\Delta=J_z/J<1$ に対応している．

（2） 結合定数 $K^*<1/2$ 場合には，cos 項は relevant となりギャップを生成する．これは，Ising 的な異方性の場合，$\Delta=J_z/J>1$ に対応する．

（3） 等方的な場合 $K^*=1/2\,(\Delta=1)$ には，marginally irrelevant で cos 項はくり込みの結果消える．したがって，スピン励起は massless となる．marginally irrelevant であるため，種々の物理量に対数補正が現れる．

この結果は，Bethe 仮説法を用いて知られている結果と一致している．ここでは K^* の値はすでに計算できたものとして場合分けをした．しかしながら，K^* を $\Delta=J_z/J$ の関数として正確に導くことはボゾン化法の範囲では困難である．たとえば，(1) の場合，くり込みの結果として最後の項は消え朝永–Luttinger 模型に帰着するが，このくり込みの過程において，速度 v_F^* や結合定数 K^* の値もさらにくり込まれる．このくり込まれたパラメタの値を正確に決定することは容易ではない．したがって，通常ボゾン化法では，自由な模型のまわりでの $(\Delta\simeq 0)$ くり込み群を併用して近似的に模型の解析を行う．このような方法は，自由模型から出発し弱い相互作用の場合を扱うので，**弱結合の理論**（weak-coupling theory）とよばれている．あるいは，朝永–Luttinger 模型の相互作用は，g_n と書く習わしがあるので，このような弱結合の理論は ***g*-ology** などとよばれることもある．

以上でボゾン化法の概略は終わりであるが，この章を終える前にいくつかコメントをしておく．ここまでのボゾン化法は，物性論において標準的なもので，これはいわゆる Abel 型のボゾン化法とよばれるものである．すなわち，系の低エネルギー励起を $U(1)$ 対称性を持つボゾン場で記述するものである．

このような Abel 型ボゾン化法は，計算を具体的に実行するのに適しているが，系の対称性が高い場合には必ずしもよい方法ではない．たとえば，等方的な Heisenberg 模型ではスピンのグローバルな $SU(2)$ 対称性を保つ必要があるが，Abel 型ボゾン化法を用いるとくり込みのプロセスでこの対称性が $SU(2)$ から $U(1)$ に落ちるという欠点がある．このように，系に高い対称性がある場合にはその対称性を生成するようなカレントを用いてボゾン化を実行することが望ましい．このような非 Abel 対称性(たとえば，上記の $SU(2)$)を壊さないようなボゾン化法は，非 Abel 型のボゾン化法とよばれる．この方法は，$S \geqq 1$ の Heisenberg 模型や多重チャネル近藤模型の解析でその威力を発揮してきた．これについては，12 章の近藤効果の節で簡単にふれることにする．

Bethe仮説法

前章では，ボゾン化法によって正確に解くことのできる朝永–Luttinger 模型を紹介したが，この模型は相対論的な分散をもつかなり特殊な模型となっている．本章では，1 次元量子多体系の厳密解(exact solution)をより系統的に求めることのできる Bethe 仮説法 (Bethe Ansatz) を導入する．一般に量子多体問題が厳密に解けるということは，多体の散乱行列が 2 体の散乱行列に因子化されることに他ならず，このため Bethe 仮説法では 2 体散乱行列が本質的な役割を演じる．ここでは Bethe 仮説法を用いてボゾン系ならびに Heisenberg スピン系の厳密解を求め，この方法のエッセンスを紹介する．さらに計算方法に慣れるため，Heisenberg 模型における基底エネルギーおよび素励起スペクトルを計算する．

8.1　Bethe 仮説法とは

Bethe 仮説法を用いた研究は長い歴史を持ち，統計物理や物性物理の分野に多くの重要な成果を生み出してきた．この方法は，1930 年代に H.Bethe によって 1 次元強磁性 Heisenberg 模型のスピン波理論として導入され[*1]，その後，反強磁性模型の厳密な基底エネルギーの計算にも応用された．これらの初期の研究を経て，Bethe 仮説法は可積分系(integrable system)に対する厳密解の系統的な方法として確立された．これに大きく寄与したものの一つとして，Bethe 仮説を内部自由度のある系に拡張した C.N.Yang の[*2] 研究がある．この研究に

*1　H. A. Bethe, *Z. Phys.* **71** (1931) 205

*2　C. N. Yang, *Phys. Rev. Lett.* **19** (1967) 1312

より“厳密に解ける模型”とは何かということが認識され，現在 Yang-Baxter 方程式 とよばれている基礎的な関係式が導入されている．Bethe 仮説法によって求められた厳密解の代表的な例として，Hubbard 模型，近藤模型，Anderson 模型などの基礎的な模型が多くある．Bethe 仮説法では，相互作用を持つ多粒子系の固有関数に Bethe 波動関数といわれる特別な形を仮定し，これが自己無撞着に厳密解になっていることを示す．このような手続きをふむため，厳密な方法であるにもかかわらず，Bethe 仮説法とよばれる．

もう少し細かく分類すると，Bethe 仮説法にはいくつかの種類がある．Schrödinger 方程式の波動関数を直接求める通常の Bethe 仮説法は座標 Bethe 仮説法（coordinate Bethe Ansatz）とよばれる．これを量子逆散乱法で代数的に定式化したものは代数的 Bethe 仮説法，また関数の解析性を利用した解析的 Bethe 仮説法などがある．

どの方法も最終的に求められる Bethe 方程式は同じものであるが，それぞれ一長一短がある．たとえば，代数的 Bethe 仮説法は可積分性の証明にはむいているが，Bethe 方程式を具体的に導く段階はかなり複雑な計算を必要とする．本書ではスタンダードな座標 Bethe 仮説法を紹介する．

8.2　相互作用するボゾン系

まず，Bethe 仮説法で解ける最も簡単な例として，デルタ関数型の斥力相互作用を持つボゾン系を扱う．ハミルトニアンは座標表示で，

$$H=-\sum_{i=1}^{N}\frac{\partial^2}{\partial x_i^2}+2c\sum_{i<j}\delta(x_i-x_j), \qquad c>0 \tag{8.2.1}$$

と表される．この N 粒子系のエネルギースペクトルを求めるため，まず長さ L の 1 次元系で 2 ボゾンの散乱問題を考えてみる．互いに粒子が離れている場合には，相互作用が効かないので，波動関数は平面波で与えられる．相互作用による散乱の効果を取り入れるため，2 粒子の座標を $0\leqq x_i, x_j\leqq L$ とし，領域 $\mathrm{I}(x_i<x_j)$ と領域 $\mathrm{II}(x_i>x_j)$ に分けて波動関数 $\psi(x_i,x_j)$ を次のように定義する．

$$\psi_{\mathrm{I}}(x_i,x_j)=a_{ij}(\mathrm{I})e^{i(k_ix_i+k_jx_j)}+a_{ji}(\mathrm{I})e^{i(k_jx_i+k_ix_j)} \tag{8.2.2}$$

$$\psi_{\mathrm{II}}(x_i,x_j)=a_{ij}(\mathrm{II})e^{i(k_jx_i+k_ix_j)}+a_{ji}(\mathrm{II})e^{i(k_ix_i+k_jx_j)} \tag{8.2.3}$$

それぞれの係数は Bose 対称性より $a_{ij}(\mathrm{I})=a_{ij}(\mathrm{II})$, $a_{ji}(\mathrm{I})=a_{ji}(\mathrm{II})$ を満たさなければならない．これは境界上 $(x_i=x_j)$ での波動関数の連続性 $\psi_{\mathrm{I}}=\psi_{\mathrm{II}}$ を満足したものとなっている．次に波動関数の微係数に関する条件を導く．相互作用がデルタ関数型なので，容易に想像されるように微係数は $x_i=x_j$ で不連続になる．これを実際に求めるため $\psi(x_i,x_j)$ に関する Schrödinger 方程式を重心座標と相対座標 $r=x_i-x_j$ で書き直し $r=0$ の近傍で r について積分する．その結果，波動関数の微係数に関する不連続性を表す式

$$\left(\frac{\partial}{\partial x_i}-\frac{\partial}{\partial x_j}\right)\psi\bigg|_{x_i=x_j+0}-\left(\frac{\partial}{\partial x_i}-\frac{\partial}{\partial x_j}\right)\psi\bigg|_{x_i=x_j-0}=2c\psi\bigg|_{x_i=x_j} \tag{8.2.4}$$

が得られる．2 体の散乱振幅を $S_{ij}=a_{ji}(\mathrm{I})/a_{ij}(\mathrm{I})$ で定義してみると (8.2.3) と (8.2.4) より

$$S_{ij}=\frac{k_i-k_j-ic}{k_i-k_j+ic} \tag{8.2.5}$$

となる．これで 2 粒子散乱に関する情報は揃ったことになる．そこで，この 2 粒子系に周期境界条件を課してみると，$S_{ij}=1$ が得られ，これより散乱の効果を含んだ k_i,k_j が決定される．これを用いると $E=k_i^2+k_j^2$ よりエネルギー固有値が正確に求められ，問題が完全に解けたことになる．

さて，N 個のボゾンからなる多粒子問題を考える．2 粒子問題からの類推で，空間座標に関して $0\leqq x_{Q_1}<x_{Q_2}<\cdots<x_{Q_N}\leqq L$ の配置をとるものを領域 Q と名づける．ただし，$\{Q_1,Q_2,\cdots,Q_N\}$ は $\{1,2,\cdots,N\}$ のある置換で与えられるものとする．この領域 Q における多粒子の固有関数として，次のような "Bethe 波動関数" を仮定する．

$$\psi=\sum_P a(P;Q)\exp\left[i\sum_{j=1}^{N}k_{P_j}x_{Q_j}\right] \tag{8.2.6}$$

すなわち N 個の互いに異なる運動量 $k_1<k_2<\cdots<k_N$ を用いて，波動関数を平面波の重ね合わせで書いている．ここで和に現れた P は N 個の運動量に関して $N!$ 個の順列和をとることを意味している．この波動関数の構成の仕方は，相互作用のない自由粒子系の固有関数の重ね合わせで多体系の固有関数を書き下し，相互作用の効果は係数 $a(P;Q)$ や波数 k_j の中にくり込むというものである．このような固有関数に対する仮定が **Bethe 仮説**とよばれるものである．

このBethe波動関数に関して注意したいことは，N 個の k_j は散乱の前後でそれぞれ独立に保存しているということである．これは通常の運動量保存則やエネルギー保存則に比べると，たいへん強い制限である．このことは，系に何か高い対称性が内在していることを示している．さらに，この k_j には相互作用の効果が取り込まれている．この意味で，1粒子問題に現れる通常の運動量と区別し，k_j を**擬運動量**(quasimomentum)とよぶことが多い．

さて2粒子問題の場合と同じように，$x_{Q_i}=x_{Q_j}$ における波動関数連続と微係数不連続の条件を考慮すると，式(8.2.6)のBethe波動関数中の任意の係数の関係を求めることができる．著しいことに，これらの係数の関係は2体の散乱行列(scattering matrix)S_{ij} で完全に決まってしまうという性質を持っている．すなわち，k_i, k_j の並びが異なる係数は

$$a(k_j, k_i; Q) = S_{ij}a(k_i, k_j; Q) \tag{8.2.7}$$

で互いに結びついている．式(8.2.6)のBethe波動関数が矛盾なく固有関数になっていることは直接ハミルトニアンを作用させて確かめることができる．したがって，Bethe波動関数が固有関数となっていることが容易にわかる．しかし，より一般的な場合(内部自由度を含む系など)にBethe仮説を系統的に適用するためには，解けるための条件とは何かを明確にする必要がある．この条件はYang-Baxter関係式とよばれているが，これについては9章で述べることにする．

さて，エネルギー固有値を求めるために，周期境界条件を課してみる．長さ L の線分での周期境界条件は，$\psi(x_1, \cdots, x_j, \cdots, x_N)=\psi(x_1, \cdots, x_j+L, \cdots, x_N)$ で与えられる．実際に x_j を L だけ移動させると，粒子が交換するごとに S_{ij} という散乱因子がでてくることが(8.2.6)からわかるので，周期境界条件は(8.2.7)より

$$\exp(ik_jL) = \prod_{i\neq j} S_{ij} = \prod_{i\neq j} \frac{k_j-k_i+ic}{k_j-k_i-ic}, \qquad j=1,2,\cdots,N \tag{8.2.8}$$

となる．これが最終的な**Bethe方程式**であるが，両辺の対数をとって

$$k_jL = 2\pi I_j - 2\sum_{i\neq j} \tan^{-1}[(k_j-k_i)/c] \tag{8.2.9}$$

としたほうが見やすい．ここで I_j は量子数であり，整数か(全粒子数が奇数)あ

るいは半整数(偶数)をとる．また $\tan^{-1}(x)$ は主値をとるものとする．エネルギーはこの擬運動量を用いて相互作用のない場合と同じ形

$$E = \sum_{j=1}^{N} k_j^2 \tag{8.2.10}$$

で与えられる．すなわち，相互作用の効果はすべて擬運動量 k_j にくり込まれている．式 (8.2.9) を解いてエネルギーを計算すれば系のスペクトルを正確に求めることができる．簡単な極限として，$c \to \infty$ を考えると，(8.2.9) は $k_j = 2\pi I_j/L$ となり，よく知られたハードコアボゾンのエネルギー $E = \sum_{j=1}^{N} (2\pi I_j/L)^2$ が得られる．

8.2.1 散乱行列の因子化と可積分性

ここで，(8.2.9) の Bethe 方程式が何を意味しているか考えてみる．今，1 次元鎖上を j 番目の粒子が長さ L だけ伝播したとすると，波動関数には e^{ik_jL} の位相因子がつく．相互作用がある場合には，伝播の途中に他の粒子からの散乱を受けるので，多体の散乱行列 S_N が波動関数に掛け合わされる．この多体の散乱行列を見積もることができれば，問題が解けたことになるが，これは一般にたいへん厄介である．ところが，今扱っている問題ではこれを対角化することができた．ここで注意すべき点は，N 体の散乱行列 S_N が 2 体の散乱行列の積 $\prod S_{ij}$ に分解されていることである．これは散乱行列の**因子化** (factorization) とよばれる．この因子化のおかげで，(8.2.9) から分かるように擬運動量 k_j には他の粒子からの散乱効果が 2 体の位相シフト(phase shift)のみを通して現れる．

このように Bethe 仮説法で多体問題が解けるということは，多体の散乱行列が因子化されることと同義である．すなわち，Bethe 仮説法が適用できるための条件は，散乱行列の因子化の条件 (後で述べる Yang-Baxter 関係式) に他ならない．このように可積分模型では散乱行列の因子化が本質的であり，系の散乱に関する情報はすべて 2 体の散乱の中に含まれている．

8.3　Heisenberg 模型の厳密解

さて，序論でふれた 1 次元反強磁性 Heisenberg 模型の厳密解を Bethe 仮説法で求めてみる．ハミルトニアンをもう一度書き下しておくと

$$H=J\sum_{\langle ij\rangle}\boldsymbol{S}_i\cdot\boldsymbol{S}_j=J\sum_{\langle ij\rangle}\Big[S_i^zS_j^z+\frac{1}{2}(S_i^+S_j^-+S_i^-S_j^+)\Big] \qquad (8.3.1)$$

である．ただし，格子点の数は L 個(L は偶数)であるとする．前節の Bose 系との対応を明確にするため，上記のスピン模型をボゾン演算子で表示する．これは前章の Jordan-Wigner 変換の取り扱いとほとんど同じ方法で実行できる．すなわち，各格子点ですべてスピンが上向きの状態 $|0\rangle$ を真空状態とし，ある格子点 x_i でスピンが上向きから下向きになったとき，そこにボゾンが 1 個生成されたと考える．したがって，一般に M 個のスピンが反転した状態

$$|M\rangle=\sum_{(x_1,x_2\cdots,x_M)}\psi(x_1,x_2,\cdots,x_M)S_{x_1}^-S_{x_2}^-\cdots S_{x_M}^-|0\rangle \qquad (8.3.2)$$

は M 個のボゾンが格子上に生成されたものとみなす．ここで，$\psi(x_1,x_2,\cdots,x_M)$ が座標表示での Schrödinger の波動関数に対応している．同じ格子点に 2 個以上のボゾンは来ないので，$\{x_i\}$ は互いに異なる格子点となっている．ボゾンの生成演算子を $b_x^\dagger$ とするとスピン反転 $S_x^+S_y^-$ の項はボゾンの飛び移り $b_x^\dagger b_y$ と等価になり，z 成分相互作用の項を生み出す．したがって，Heisenberg 模型 (8.3.1) は，次のような格子上でのボゾン模型

$$H=-J\Big(M-\frac{L}{4}\Big)+J\sum_{\langle xy\rangle}b_x^\dagger b_y+J\sum_{\langle xy\rangle}b_x^\dagger b_x b_y^\dagger b_y \qquad (8.3.3)$$

に帰着する．ただし，各格子点には 2 個以上のボゾンは来ないというハードコアの条件が付加されている．また相互作用は隣り合った格子のボゾンにのみ作用する．前節の方法にならって，この模型を Bethe 仮説法で解いてみる．まず 2 粒子問題を考え，波動関数 $\psi(x_1,x_2)$ を (8.2.3) のように平面波の重ね合わせで書く．各項の係数を求めるために，(8.3.2) の Bethe 状態 $|M=2\rangle$ にハミルトニアンを作用させてみる．その際，ボゾンは同一格子点を 2 重占有できない(ハードコア)こと，さらに隣どうしの格子点のみで相互作用をすることを考慮

すると，それぞれの係数が決定される．その結果，2 体の散乱行列として

$$S_{ij}=\frac{\lambda_i-\lambda_j-2i}{\lambda_i-\lambda_j+2i} \tag{8.3.4}$$

が得られる．ここで擬運動量 k_j のかわりに

$$\lambda_j=\cot(k_j/2), \qquad 0\leqq k_j\leqq\pi \tag{8.3.5}$$

で定義された変数 λ を導入した．

さて，M 粒子問題を考え，Bethe 型 (8.2.6) に波動関数を書く．これが自己無撞着に固有関数になっていることは前節とまったく同様に確かめることができる．この場合，(8.3.4) の 2 体散乱が，系のすべての性質を決定する．このような考察に基づくと，周期境界条件のもとで (8.2.8) に対応する Bethe 方程式は

$$e^{ik_jL}=\left[\frac{\lambda_j+i}{\lambda_j-i}\right]^L=\prod_{\ell\neq j}\frac{\lambda_j-\lambda_\ell+2i}{\lambda_j-\lambda_\ell-2i} \tag{8.3.6}$$

となることが容易に分かる．ここで第 2 式を得るのに (8.3.5) の関係を用いた．両辺の対数をとると，

$$2L\tan^{-1}(\lambda_j)=2\pi I_j+2\sum_{i\neq j}\tan^{-1}[(\lambda_j-\lambda_i)/2] \tag{8.3.7}$$

となる．I_j は系のスペクトルを分類する量子数であり，整数(M が奇数)かあるいは反整数 (M が偶数) である．全エネルギーは (8.3.5) を用いると

$$E=-J\left[\sum_{j=1}^{M}(1-\cos k_j)-\frac{L}{4}\right]=-2J\sum_{j=1}^{M}\frac{1}{\lambda_j^2+1}+\frac{LJ}{4} \tag{8.3.8}$$

となる．また系の全運動量は (8.3.5), (8.3.7) より

$$P=\sum_{j=1}^{M}k_j=2\sum_{j=1}^{M}(-\tan^{-1}\lambda_j+\pi/2)=-\sum_{j=1}^{M}2\pi I_j/L+M\pi \tag{8.3.9}$$

で与えられる．(8.3.7), (8.3.8), (8.3.9) 式が，全スピン $S=S_z=L/2-M$ に対する，Heisenberg 模型の Bethe 方程式である．

8.3.1 基底状態

さて，Bethe 方程式 (8.3.7) を基にして，具体的に物理量を算出してみる．以下に示す計算法は，多くの可解模型にそのまま適用できる．まず，熱力学的

極限を考えてバルク物理量を扱う．このためには上記の擬運動量 1 つ 1 つの値ではなく，その分布を問題にすればよい．そこで，準備として式 (8.3.7) を用いて

$$z(\lambda) = 2\tan^{-1}(\lambda) - \frac{2}{L}\sum_i \tan^{-1}[(\lambda-\lambda_i)/2] \tag{8.3.10}$$

という関数を定義する．この関数を用いると，I_j は $z(\lambda_j)=2\pi I_j/L$ を満たすことが分かる．容易に想像できるように，基底状態では λ_j が解であれば $-\lambda_j$ も解であり，解は原点を中心に対称に分布する．また，基底状態では量子数は密に分布するので，$I_{j+1}=I_j+1$ とする．すなわち I_j は原点のまわりに稠密にかつ対称に分布している．そこで，分布の端点に対応して $z(-Q)=2\pi(I_1-1/2)/L$, $z(Q)=2\pi(I_M+1/2)/L$ により擬運動量の Fermi 点に対応する Q を導入する．ここで擬運動量の分布関数 $\sigma(\lambda)$ を熱力学的極限で $\sigma(\lambda_j)=1/L(\lambda_{j+1}-\lambda_j)$ により定義すると，

$$\sigma(\lambda) + \int_{-Q}^{Q} \frac{2/\pi}{4+(\lambda-\lambda')^2}\sigma(\lambda')d\lambda' = \frac{1/\pi}{1+\lambda^2} \tag{8.3.11}$$

を得る．ただし，$2\pi\sigma(\lambda)=dz(\lambda)/d\lambda$ を用い，また (8.3.7) 式の右辺の和も分布関数を用いて積分に置き換えてある．$\sigma(\lambda)$ の定義から明らかなように，カットオフ Q は下向きスピンの密度から

$$\frac{M}{L} = \int_{-Q}^{Q}\sigma(\lambda)d\lambda \tag{8.3.12}$$

の関係を用いて決定される．

さて，ゼロ磁場での基底エネルギーを計算するには，エネルギーを下向きスピンの数 M の関数 (あるいは Q の関数) と考え，最低値を与える M を見つければよい．この最低値は $M=L/2$ で与えられ，対応するカットオフは $Q=\infty$ となることが (8.3.11), (8.3.12) よりわかる．この状態の全スピンは $S_z=(L-2M)/2=0$ である．一方，Bethe 仮説法で求められるのは最高スピンウェイトの状態（すなわち $S_z=S$）であることが知られているので，結局，Heisenberg 模型の基底状態は $S=0$ スピン 1 重項状態であることがわかる．この場合，$Q=\infty$ という条件を用いると，(8.3.11) は Fourier 変換で解くことができる．まず，

$$\int_{-\infty}^{\infty} \frac{e^{ix\omega}}{c^2+x^2} dx = \frac{\pi}{c} e^{-c|\omega|}, \qquad c>0 \tag{8.3.13}$$

に注意し，(8.3.11) を用いると

$$\sigma(\lambda) = \frac{1}{2\pi} \int_{-\infty}^{\infty} \frac{e^{-i\lambda\omega} d\omega}{e^{\omega}+e^{-\omega}} = \frac{1}{4} \operatorname{sech}(\pi\lambda/2) \tag{8.3.14}$$

を得る．これを式をエネルギーの式 (8.3.8) に代入し，

$$\int_{-\infty}^{\infty} \frac{d\omega}{1+e^{2|\omega|}} = \ln 2 \tag{8.3.15}$$

を用いると，基底エネルギーは

$$E_g = -2JL \int_{-\infty}^{\infty} \frac{\sigma(\lambda) d\lambda}{1+\lambda^2} + \frac{LJ}{4} \tag{8.3.16}$$

$$= \frac{-JL}{\pi} \int_{-\infty}^{\infty} \frac{d\omega}{e^{\omega}+e^{-\omega}} \int_{-\infty}^{\infty} \frac{e^{-i\lambda\omega} d\lambda}{1+\lambda^2} + \frac{LJ}{4} \tag{8.3.17}$$

$$= -LJ \ln 2 + LJ/4 \simeq -0.443LJ \tag{8.3.18}$$

となる．これが反強磁性 Heisenberg 模型の基底エネルギーであり，**Bethe-Hulthen の解**とよばれている．

8.3.2 励起スペクトル

次に基底状態からの励起として，スピン波励起の分散関係を求めてみる．励起スペクトルを求めるには，量子数 I_j の分布を基底状態の連続的で対称な分布から少しずらす必要がある．これは系の全エネルギーからすると $1/L$ の補正項であり，計算に細心の注意が必要である．詳しい励起スペクトルの計算は，後の章にゆずることにして，ここでは物理的直感にともなった計算方法で，スピン波分散関係を求める．最も簡単な励起として考えられるのは，I_j の連続分布に欠陥をいれ，対応する量子数 I_h は占有されていないとするものである．

今，粒子数 M 一定として，この欠陥を作ってみると，その影響で，図 8.1 に示すように左あるいは右の “Fermi 点” が $1/L$ のオーダーでずれる．このずれは励起エネルギーに対しては重要な問題とはならないが，運動量に大きな影響を及ぼす．これについては後に考察することにし，まず欠陥 I_h ができたことによるエネルギー変化を計算するため，分布関数の変化に注目する．熱力学

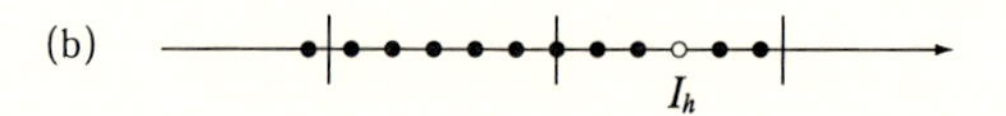

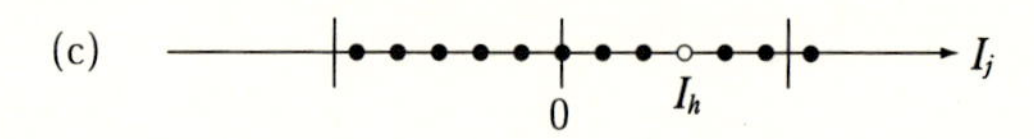

図 8.1　量子数 I_j の分布．(a) は基底状態，(b),(c) は励起状態で，基底状態の分布にホールが 1 個入っている．M を一定とすると，どちらか一方の端に量子数のはみ出しがある（M は偶数とした）．

極限 $L \to \infty$ で $\{I_j/L\}$ の分布は滑らかに変化するが，欠陥 I_h のところで階段関数的な跳びを示す．この階段関数の微分はデルタ関数となるので，分布関数 $\sigma(\lambda)$ は上に導入した関数 $z(\lambda)$ を用いて

$$\frac{dz(\lambda)}{d\lambda} = 2\pi\sigma(\lambda) + \frac{2\pi}{L}\delta(\lambda - \lambda_h) \tag{8.3.19}$$

と表される．ここで λ_h は I_h に対応する擬運動量である．基底状態の分布関数を $\sigma_0(\lambda)$ とかくと，分布関数のずれ $\sigma(\lambda) - \sigma_0(\lambda) = (1/L)\sigma_1(\lambda)$ は

$$\sigma_1(\lambda) + \int_{-\infty}^{\infty} \frac{2/\pi}{4 + (\lambda - \lambda')^2}\sigma_1(\lambda')d\lambda' = -\delta(\lambda - \lambda_h) \tag{8.3.20}$$

で与えられる．この式から分かるように，デルタ関数型の欠陥を作ると，左辺第二項の λ の分布にも影響がでる．これが 2 体の位相シフトによる相関効果である．式 (8.3.20) は，Fourier 変換で解くことができ

$$\sigma_1(\lambda) = -\frac{1}{2\pi}\int_{-\infty}^{\infty} \frac{e^{-i\omega(\lambda - \lambda_h)}}{1 + e^{-2|\omega|}}d\omega \tag{8.3.21}$$

が得られる．これからエネルギー増加分 ϵ を見積もると，

$$\epsilon = -2JL\frac{1}{L}\int_{-\infty}^{\infty} \frac{\sigma_1(\lambda)d\lambda}{1 + \lambda^2} \tag{8.3.22}$$

$$= \frac{1}{2\pi}\int_{-\infty}^{\infty} d\lambda \frac{2J}{1 + \lambda^2}\int_{-\infty}^{\infty} d\omega \frac{e^{-i\omega(\lambda - \lambda_h)}}{1 + e^{-2|\omega|}} \tag{8.3.23}$$

$$= J\int_{-\infty}^{\infty} d\omega \frac{e^{i\omega\lambda_h}}{e^{\omega}+e^{-\omega}} \tag{8.3.24}$$

$$= \frac{\pi J}{2}\operatorname{sech}(\pi\lambda_h/2) \tag{8.3.25}$$

のように λ_h の関数として表される.

最終的な分散関係を求めるためには，上式の λ_h と系の運動量の関係を求める必要がある．そこで (8.3.9) に注意すると，運動量変化 p は

$$p_h = \frac{2\pi I_h}{L} = z(\lambda_h) = \int_{-\infty}^{\lambda_h} \frac{dz(\lambda)}{d\lambda} d\lambda + z(-\infty) \tag{8.3.26}$$

$$= 2\pi\int_{-\infty}^{\lambda_h} \sigma(\lambda)d\lambda - \frac{\pi}{2} \tag{8.3.27}$$

となることが分かる．ここに現れた積分の中では，$\sigma = \sigma_0$ と置くことができるので，(8.3.14) を代入して

$$p_h = 2\pi\int_{-\infty}^{\lambda_h} \frac{1}{4}\operatorname{sech}(\pi\lambda/2)d\lambda - \frac{\pi}{2} \tag{8.3.28}$$

$$= 2\tan^{-1}\left(\tanh\frac{\pi\lambda}{4}\right)\Big|_{-\infty}^{\lambda_h} - \frac{\pi}{2} \tag{8.3.29}$$

$$= 2\tan^{-1}\left(\tanh\frac{\pi\lambda_h}{4}\right) \tag{8.3.30}$$

が得られる．ここで注意したいことは，これまでの計算では Fermi 点の $1/L$ の変化分を無視していることである．この変化分は運動量に関して，図 8.1 の (b),(c) に対応して $\pm\pi/2$ の変化をもたらすので重要である．このことを考慮すると，励起に付随した運動量 p は

$$p = p_h \pm \pi/2 \tag{8.3.31}$$

となる．ただし，p は $[-\pi, \pi]$ の領域で変化する．三角関数の初等的な公式を用いると (8.3.25), (8.3.30), (8.3.31) から λ_h を消去することができ，分散関係の最終的な表式として

$$\epsilon(p) = \frac{1}{2}\pi J|\sin p| \tag{8.3.32}$$

が得られる.

図 8.2 にこれを示した．このスピン励起は des Cloizeaux-Pearson モードと

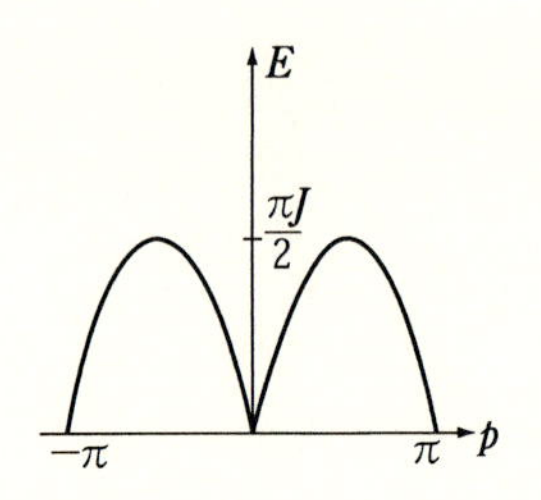

図 8.2　スピン波励起(des Cloizeaux-Pearson モード).

よばれる[*3]. $p=\pm\pi$ でスペクトルがギャップレスになっていることは, 系に反強磁性的な秩序が起きやすくなっていることを示している. しかし序論でもふれたように, 1 次元量子系では大きなゆらぎのため秩序状態は実現しない. また, ここでの計算では明らかではないが, 式 (8.3.32) のスペクトルを持つ励起は, スピン $s=1/2$ を持つキンク的な励起であることも指摘されている. この励起は最近ではスピノンとよばれることもある.

以上の結果を基に, 1 次元反強磁性 Heisenberg 模型についてまとめておくと,

（1）　等方的 $S=1/2$ 模型の場合, 基底状態はスピン 1 重項状態である. 素励起はギャップのない線形分散をもったスピン波である.

（2）　これと対照的に, 整数スピンの場合には等方的モデルでも励起にギャップをもった非磁性の基底状態が実現する. これが Haldane ギャップの問題である.

半整数スピンを持つ量子スピン系に対して Lieb-Schultz-Mattis の定理が知られており[*4], その内容は (1) と基本的に同じである.

この他, 絶対零度のバルク物理量(帯磁率, 磁化曲線など)や有限温度の熱力学も調べられているが, ここでは省略する.

---

*3　J. des Cloizeaux and J. J. Pearson, *Phys. Rev.* **128** (1962) 2131

*4　E. H. Lieb, T. Shultz and D. J. Mattis, *Ann. Phys.* (N.Y.) **16** (1961) 407

1次元相関電子系の厳密解

1次元電子系の性質を厳密に調べることは，低次元電子系の系統的な研究の足がかりともなる重要な課題である．ここでは，前章のBethe仮説法が電子系のような内部自由度を含む系に，どのように一般化されるかを説明する．この方法はBethe仮説法を繰り返し使うので，nested Bethe Ansatzともよばれる．物性物理の分野でこれまでに厳密解が得られている多くの模型は，この方法で解かれている．この章の後半では，具体的な応用例として1次元Hubbard模型の厳密解を導出する．基底エネルギーやHubbardギャップなどを厳密に計算し，1次元系のMott絶縁体について議論する．

9.1　一般化されたBethe仮説法

前章で述べたBethe仮説法は，もともとH.A. Betheによって提案された，スピン内部自由度を含まないボーズ系あるいはフェルミオン系に対するものである．この方法を電子系のような内部自由度のある系に拡張することは1960年代に行われた．特に，C.N.Yangの研究でYang-Baxter方程式とよばれる関数方程式が導入され，厳密解に関する系統的な研究が可能となった．ここでは，内部自由度のある系に対する**一般化されたBethe仮説**（nested Bethe Ansatz）を紹介する．

まず，次のハミルトニアンで記述される電子系を考える．

$$H = -\sum_i \frac{\partial^2}{\partial x_i^2} + 2c\sum_{i<j}\delta(x_i - x_j), \quad c > 0 \tag{9.1.1}$$

スピンの添字は陽に書かれていないが，これが内部自由度として含まれていることを注意しておく．したがって相互作用の効果は，電子波動関数の反対称性を通してスピン自由度にも依存する．

9.1.1　2 電子問題

まず 2 電子問題を考え，スピン内部自由度の果たす役割を具体的に見る．この場合，スピン状態としては，1 重項 ($S=0$) と 3 重項 ($S=1$) が現れる．前章で行ったように，空間座標の領域を $\mathrm{I}(x_\alpha < x_\beta)$ と $\mathrm{II}(x_\alpha > x_\beta)$ で定義し，それぞれの波動関数を

$$\psi_{\mathrm{I}} = a_{ij}(\mathrm{I})e^{i(k_i x_\alpha + k_j x_\beta)} + a_{ji}(\mathrm{I})e^{i(k_j x_\alpha + k_i x_\beta)} \tag{9.1.2}$$

$$\psi_{\mathrm{II}} = a_{ij}(\mathrm{II})e^{i(k_j x_\alpha + k_i x_\beta)} + a_{ji}(\mathrm{II})e^{i(k_i x_\alpha + k_j x_\beta)} \tag{9.1.3}$$

と書く．波動関数に現れた係数は，粒子が同一の点に来たときの境界条件から決定される．前章と同様の計算で，波動関数の連続性と微係数の不連続性を考慮すると，4 つの係数の間の関係式が簡単に求められる．多粒子系への拡張を見通しよくするため，結果を行列形式にまとめると，

$$\begin{pmatrix} a_{ji}(\mathrm{I}) \\ a_{ji}(\mathrm{II}) \end{pmatrix} = \frac{1}{k_i - k_j + ic} \begin{pmatrix} -ic & k_i - k_j \\ k_i - k_j & -ic \end{pmatrix} \begin{pmatrix} a_{ij}(\mathrm{I}) \\ a_{ij}(\mathrm{II}) \end{pmatrix} \tag{9.1.4}$$

となる．1 重項と 3 重項の違いは波動関数の反対称性から導かれ，

$$\begin{pmatrix} a_{ij}(\mathrm{I}) \\ a_{ji}(\mathrm{I}) \end{pmatrix} = \pm \begin{pmatrix} a_{ij}(\mathrm{II}) \\ a_{ji}(\mathrm{II}) \end{pmatrix} \tag{9.1.5}$$

となる．ただしスピン 1 重項(3 重項)のとき，プラス(マイナス)の符号をとる．ここで縦ベクトル

$$\xi_{ij} = \begin{pmatrix} a_{ij}(\mathrm{I}) \\ a_{ij}(\mathrm{II}) \end{pmatrix} \tag{9.1.6}$$

を定義すると，(9.1.4) は

$$\xi_{ji} = Y_{ij}^{\alpha\beta} \xi_{ij} \tag{9.1.7}$$

と簡潔にまとまる．ここで，座標領域 I, II を入れ換える演算子，すなわち x_α と x_β の添字 α と β を置換する演算子 $\widetilde{P}_{\alpha\beta}$ を導入し，さらに

$$Y_{ij}^{\alpha\beta} = \frac{(k_i - k_j)\widetilde{P}_{\alpha\beta} - ic}{k_i - k_j + ic} \tag{9.1.8}$$

と定義した．この演算子を用いると，(9.1.5) は1重項に対して $\widetilde{P}_{\alpha\beta}=1$，また3重項に対して $\widetilde{P}_{\alpha\beta}=-1$ となることを表していると解釈できる．

形式的で分かりにくいので，具体的に係数を書き下してみる．スピン1重項の場合は空間座標の入れ換えに関して波動関数は対称であるので $\widetilde{P}_{\alpha\beta}=1$ を代入すると，

$$a_{ij}(\mathrm{I}) = a_{ij}(\mathrm{II}), \qquad a_{ji}(\mathrm{I}) = a_{ji}(\mathrm{II}) \tag{9.1.9}$$

$$\frac{a_{ji}(\mathrm{I})}{a_{ij}(\mathrm{I})} = \frac{k_i - k_j - ic}{k_i - k_j + ic} \tag{9.1.10}$$

となる．結果はBose系のものと同じである: 一方，3重項の場合は空間座標の入れ換えに関して反対称であるので($\widetilde{P}_{\alpha\beta}=-1$)，

$$a_{ij}(\mathrm{I}) = a_{ji}(\mathrm{II}) = -a_{ji}(\mathrm{I}) = -a_{ij}(\mathrm{II}) \tag{9.1.11}$$

となる．全エネルギーの表式は，どちらの場合も $E=k_i^2+k_j^2$ で与えられるが，その意味あいは1重項と3重項の場合で異なる．1重項の場合にはボゾン系と同じく相互作用の強さ c の関数として E は連続的に変化するが，3重項の場合は c に関係なく一定値をとり，スピンレスのフェルミオンと同じ表式となる．

以上で2電子問題は完全に解くことができた．ここで，式 (9.1.8) の $Y_{ij}^{\alpha\beta}$ は2体散乱を表しており，ユニタリ条件 $Y_{ij}^{\alpha\beta}Y_{ji}^{\alpha\beta}=1$ を満足していることを注意しておく．Bethe仮説法が適用できるためには，さらに散乱の因子化という条件が重要になるが，以下でこれについて議論する．

9.1.2 多電子問題における散乱の因子化

さて，2電子問題の答を参考にして，N 粒子系の散乱を考える．前章のBose系の場合と同じく，座標領域を $Q=[x_{Q_1}<x_{Q_2}<\cdots<x_{Q_N}]$ と定め，Bethe波動関数を

$$\psi = \sum_P a(Q;P)\ \exp\left(i\sum_{j=1}^{N} k_{p_j} x_{Q_j}\right) \tag{9.1.12}$$

と書く．ただし，すべての擬運動量 $k_1,\cdots,k_N$ は互いに異なるものとし，P の和は擬運動量に関する $N!$ 個の置換 $P=[p_1,p_2,\cdots,p_N]$ にわたってとるものとす

る．ここで，空間座標に関する2つの領域 $Q: x_{Q_1} < \cdots < x_{Q_\alpha} < x_{Q_\beta} < \cdots < x_{Q_N}$，と $Q': x_{Q_1} < \cdots < x_{Q_\beta} < x_{Q_\alpha} < \cdots < x_{Q_N}$ は互いに隣接したものとし，$x_{Q\alpha}$ と x_{Q_β} のみが入れ代わっているものとする．2電子の場合と同様に，$x_{Q\alpha} = x_{Q_\beta}$ における波動関数の連続性と微係数の不連続性を用いると式(9.1.4)と同じタイプの関係式が得られる．得られた式を整理するため，係数 $a(Q;P)$ を座標のならび(Q)と運動量のならび(P)に関する $N! \times N!$ の行列とみなして，その列ベクトルを ξ_P と書く．この表記を用いると，係数間の関係は2電子系の(9.1.7)を $N! \times N!$ に拡張した形，

$$\xi_{P'} = Y_{ij}^{\alpha\beta} \xi_P \tag{9.1.13}$$

に求められる．ここで，演算子 $\widetilde{P}_{\alpha\beta}$ は Q_α, Q_β を置換し，また2つの置換 P と P' は $p_1 = p'_1$, $p_2 = p'_2$, …, $p_\alpha = p'_\beta$, $p_\beta = p'_\alpha$, … の関係にあり，(9.1.13)では $p_\alpha = i, p_\beta = j$ となっている．このように，演算子 $Y_{ij}^{\alpha\beta}$ は，係数ベクトル ξ_P に関して，「運動量の配置 k_i と k_j を入れ換える」という作用を持つ．

ここで基本的な問題として，式(9.1.12)の Bethe 波動関数が矛盾なく固有関数になっているかどうかを調べる必要がある．係数間を結びつける変換式(9.1.13)は Q_α と Q_β が常に隣合うので $N! \times (N-1)$ 個あり，これらが $N!$ 個の ξ_P に関して矛盾なく閉じていなければならない．たとえば，多角形の頂点に係数 ξ_P を配置し，辺に沿って $Y_{ij}^{\alpha\beta}$ の作用を繰り返していったとき，最終的に経路によらず同じ係数ベクトルに到着しなければならない．このことを保証するためには，空間座標 $[\alpha, \beta, \gamma]$ のそれぞれについた運動量の並び $[i, j, \ell]$ が2つの経路を通って $[\ell, j, i]$ の配位に変換される際，

$$Y_{j\ell}^{\alpha\beta} Y_{i\ell}^{\beta\gamma} Y_{ij}^{\alpha\beta} = Y_{ij}^{\beta\gamma} Y_{i\ell}^{\alpha\beta} Y_{j\ell}^{\beta\gamma} \tag{9.1.14}$$

が満足されなければならない(図9.1)．この表式から添字 i, j, ℓ を除くと，これは対称群 S_3 の置換演算子としての満たすべき定義関係式 $\widetilde{P}_{\alpha\beta}\widetilde{P}_{\beta\gamma}\widetilde{P}_{\alpha\beta} = \widetilde{P}_{\beta\gamma}\widetilde{P}_{\alpha\beta}\widetilde{P}_{\beta\gamma}$ に他ならない．このことと散乱のユニタリ性 $\widetilde{P}_{\alpha\beta}^2 = 1 = \widetilde{P}_{\beta\gamma}^2$ を用いると，2体散乱の演算子(9.1.13)が(9.1.14)を満足していることは容易に確かめられる．散乱理論の言葉を用いると，(9.1.14)は散乱行列の因子化の条件であり，これが可積分模型に共通の **Yang-Baxter 方程式** とよばれるものに他ならない．すなわち，多体の完全弾性散乱が矛盾なく2体の散乱に分解され，その結果(9.1.12)の Bethe 波動関数が固有関数になりうる．この Yang-Baxter

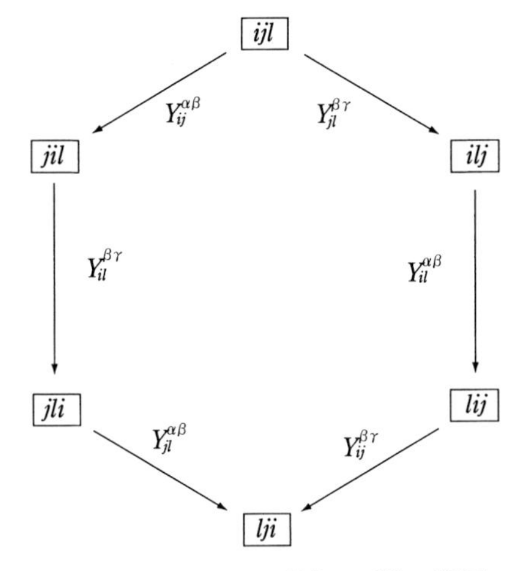

図 9.1 Bethe 波動関数の係数の関係

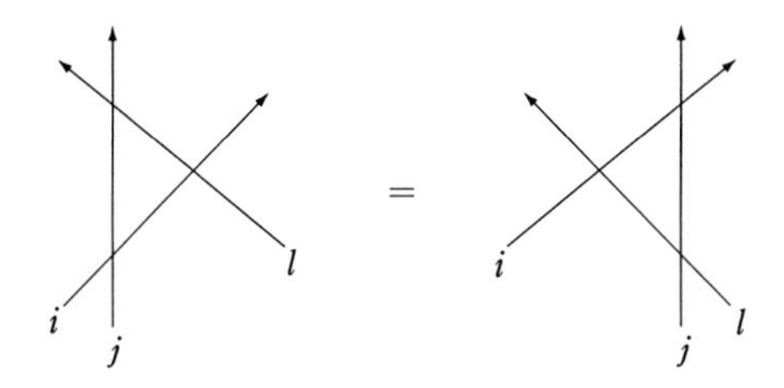

図 9.2 Yang-Baxter 関係式：図の下から上に向かって時間発展しているとし，交点で散乱がおこるものとする．異なった散乱の順序でも結果は同じになる．

関係式は，図 9.2 に示したダイアグラムで表されることが多い．この関係式が成立していれば，$Y_{ij}^{\alpha\beta}$ の演算子を用いて 1 つの係数ベクトル ξ_I から任意の ξ_P が矛盾なく決定される．

さて，形式的ではあるが波動関数が書き下せ，また多体散乱の様子も分かったので，周期境界条件 $\psi(\cdots x_{Qj}\pm L\cdots)=\psi(\cdots x_{Qj}\cdots)$ を課して，系のスペクトルを求める．はじめに，この周期境界条件の意味を少し考えてみる．たとえば $x_1<x_2<\cdots<x_N$ のように粒子が並んだ配位で，x_1 の座標を L だけ動かすと，$x_2<\cdots<x_N<x_1+L$ となって座標の順序がいれ変わる．したがって，周期境界条件を取り扱うためには，運動量の交換演算子 $Y_{ij}^{\alpha\beta}$ だけでなく，座標の順序を

交換する演算子が必要である．そこで，次のような演算子の積

$$S_{ij}=\widetilde{P}_{ij}Y_{ij}^{ij}=\frac{k_i-k_j-ic\widetilde{P}_{ij}}{k_i-k_j+ic} \tag{9.1.15}$$

を導入する．この演算子により運動量のならびだけでなく，$\widetilde{P}_{ij}$ によって Q_i, Q_j が入れ換わり，空間座標の配位も変化する．したがって，j 番目の粒子が1次元鎖上を動いていって最終的に L だけ移動することは，この演算子の積を用いて表現できる．たとえば，ある x_{Q_j} の電子が $-b$ だけ動き，その左の $x_{Q(j-1)}$ の電子と交換すると波動関数 (9.1.12) は

$$\begin{aligned}\psi(\cdots,x_{Q_j}-b,\cdots)&=\sum_P\ a(Q_j<Q_{(j-1)};p_j,p_{(j-1)})\ \exp(\cdots ik_{pj}(x_{Q_j}-b)\cdots)\\&=\sum_P\ (\exp(-ibk_{p_j})\widetilde{P}_{j(j-1)}Y^{ij}_{p_jp_{(j-1)}})\\&\quad\times a(Q_{(j-1)}<Q_j;p_{(j-1)},p_j)\exp(\cdots ik_{p_j}x_{Q_j}\cdots)\end{aligned} \tag{9.1.16}$$

と変化する．この種の移動を繰り返すことで，粒子の入れ換えを行い1次元リングに沿って負の方向に一周したとき $(-L)$ の係数の変化は S_{ij} を用いて容易に書き下せる．得られた結果に簡単な変数変換を行うと，周期境界条件は係数行列 ξ_I（P が恒等置換に対応するもの）と演算子 S_{ij} によって，

$$\exp(ik_jL)\xi_I=S_{(j+1)j}S_{(j+2)j}\cdots S_{(j-2)j}S_{(j-1)j}\xi_I \tag{9.1.17}$$

と表される．右辺は，j 番目の電子が L だけ移動したとき，他の $N-1$ 個の粒子から受ける多体の散乱行列を表している．この右辺の演算子を対角化することが依然として難しい問題として残されており，ここが前章での内部自由度を持たない場合と最も異なる点である．

上式 (9.1.17) の持つ意味を理解するため，2つの簡単な場合を考えてみる．第1の例は，粒子がボゾンの場合である．このとき，波動関数の対称性から $\widetilde{P}_{ij}=1$ とおけるので，(9.1.17) 式の対角化は自明となり，

$$e^{ik_jL}=\prod_{\ell\neq j}\frac{k_\ell-k_j-ic}{k_\ell-k_j+ic} \tag{9.1.18}$$

が得られる．これは，前章のボゾンに対する Bethe 方程式に他ならない．もう1つの簡単な例は，すべての電子が↑スピン（あるいは↓スピン）を持つ多粒子

系である．この場合，波動関数の反対称性より，$\widetilde{P}_{ij}=-1$ とおくことができるので，(9.1.15) と (9.1.17) より

$$\exp(ik_jL)=1 \tag{9.1.19}$$

が得られる．これは，同じスピンを持つ電子は波動関数の反対称性のため，デルタ関数相互作用を感じないという自明な結果を表している．

9.1.3 スピン空間での Bethe 仮説

一般に，↑，↓のスピンを持つ電子が共に存在する場合に式 (9.1.17) を解くことはたいへん難しい．実際，N 個の電子の中で↓電子が 1 個と 2 個の場合（残りは全部↑電子）はこれを何とか解くことができるが，↓スピンを持つ電子が 3 個になると，計算にかなり自信のある人でも絶望的である．これを巧妙にかつ華麗に解く "一般化された Bethe 仮説" 法を以下に紹介する．

まず準備として，電子は座標の入れ換えに関して反対称であることに注意し，(9.1.17) の実空間での散乱問題をスピン空間での問題に置き換える．ここで，座標の交換は空間とスピンの座標をともに入れ換えることを意味しているので，スピンの交換演算子を $\widetilde{P}^{\sigma}_{ij}$ とすると反対称性は $\widetilde{P}_{ij}\widetilde{P}^{\sigma}_{ij}=-1$（波動関数に作用させたとき）で表現できる．この関係を用いると，式 (9.1.18) はスピン空間で次の固有値問題

$$\exp(ik_jL)\psi_\sigma=S^{\sigma}_{(j+1)j}S^{\sigma}_{(j+2)j}\cdots S^{\sigma}_{(j-2)j}S^{\sigma}_{(j-1)j}\psi_\sigma \tag{9.1.20}$$

を解くことと等価であることがわかる．ここで ψ_σ はスピン空間での求めるべき固有関数であり，新しい演算子

$$S^{\sigma}_{ij}=\frac{k_i-k_j+ic\widetilde{P}^{\sigma}_{ij}}{k_i-k_j+ic} \tag{9.1.21}$$

は運動量を置換するとともに，スピン座標も交換する．注意すべき点は，S^{σ}_{ij} は式 (9.1.15) の S_{ij} に比べて分子の符号が逆になっていることで，これは上で述べた波動関数の反対称性に由来している．また，すべての $1\leqq j\leqq N$ に対して方程式が共通の固有関数 ψ_σ を持っていることにも注意する．

このスピン空間に焼き直された固有値問題を，再び Bethe 仮説法で解こうというのが C.N.Yang のアイデアである．これは一般化された Bethe 仮説法，あるいは Bethe 仮説を繰り返し使うので，nested Bethe Ansatz とよばれている．

この方法の概略を紹介する．まず前章で考察したHeisenberg模型からの類推で，すべてのスピンが↑に揃っている状態を真空と考える．したがって，一カ所のみが↓スピンに反転していれば，これがスピン空間での1体問題に対応する．今の場合の1体波動関数は↓スピンの場所が次々と伝搬するスピン波の状態である．ここで↓スピンの電子が左はしから数えて y_n 番目$(1 \leqq y_n \leqq N)$にいると仮定する．(9.1.18) の右辺の固有関数となるスピン波解は

$$F(\lambda, y_n) = \prod_{\ell=1}^{y_n-1} \frac{k_\ell - \lambda + ic/2}{k_{\ell+1} - \lambda - ic/2} \tag{9.1.22}$$

である．ただし $F(\lambda, 1) = 1$ と規格化してある．ここでは，これを導出することはしないで，実際にこの F が固有関数になっていることをチェックしてみる．まず式 (9.1.20) の j が↑スピン電子であると仮定し，右辺の演算子を上記の波動関数に作用させる．この演算により電子は L だけ移動する．この際，↑スピンどうしが交換すると，$\widetilde{P}_{ij}^{\sigma} = 1$ であるため2体散乱は $S_{ij}^{\sigma} = 1$ となるが，↓スピンと出会うと $S_{ij}^{\sigma} = (k_j - \lambda + ic/2)/(k_j - \lambda - ic/2)$ の散乱を受ける．これは，k_j を持つ↑スピンが↓スピンと交換したとき，(9.1.22) において後者の位置が $y_n \to y_n + 1$ にずれるために生ずる．したがって，(9.1.20) は

$$\exp(ik_j L) = \frac{k_j - \lambda + ic/2}{k_j - \lambda - ic/2} \tag{9.1.23}$$

と対角化できる．

さて，次に↓スピン電子を L だけ移動してみる．ここではスピン波は1つしか存在しないと仮定しているので，↓スピンは (9.1.22) の波動関数の形で自由に伝搬できる．したがって，電子が長さ L だけ動き，その↓スピンの位置 y_n が N だけシフトしたときの波動関数 $F(\lambda, y+N)$ はもとの波動関数 $F(\lambda, y)$ に等しくなければならない．したがって，↓スピン電子に関する周期境界条件は

$$\frac{F(\lambda, y+N)}{F(\lambda, y)} = \prod_{j=1}^{N} \frac{k_j - \lambda + ic/2}{k_j - \lambda - ic/2} = 1 \tag{9.1.24}$$

となる．ただし $k_j = k_{j+N}$ とした．通常の場合と異なり，(9.1.23) と (9.1.24) の方程式の組で，この系の1体問題が解けたことになる．ここで導入した λ はスピン波に対する擬運動量 であり，前章のHeisenberg模型で出てきたものと基本的に同じである．

さて，Bethe 仮説法の精神に従い，スピン空間での多体問題を考えてみる．今，↓スピン電子の個数は $N_\downarrow$ であるとする．この場合の多体波動関数を，1体波動関数 (9.1.22) を用いて Bethe 型 (9.1.12) に書く．すなわち $N_\downarrow$ 個の異なるスピンの擬運動量 $\lambda_1<\lambda_2\cdots<\lambda_{N_\downarrow}$ を導入し，一般化された Bethe 波動関数

$$\psi_\sigma=\sum_P B_P\prod_{j=1}^{N_\downarrow}F(\lambda_{p_j},y_j) \tag{9.1.25}$$

を導入する．ただし，↓スピンの位置座標に対して，$y_1<y_2\cdots<y_{N_\downarrow}$ であるとした．ここで，P に関する和を $N_\downarrow!$ 個にわたってとることは，これまでの議論と同様である．

このようなスピン波を基礎とした表示を用いると，2個の↓スピンが隣どうしになったときに有効的な相互作用が働く．例として，$N_\downarrow=2$ の場合を考えてみる．2個のスピンが離れていれば (9.1.25) は (9.1.20) の解となりうるが，隣どうし ($y_1=j-1$, $y_2=j$) に来たときも含めて矛盾がないようにしなければならない．2つの↓スピンが隣り合うときの $S^\sigma_{(j-1)j}$ の作用は自明なもの $S^\sigma_{(j-1)j}=1$ となり，一見何も出てこないようにみえる．しかし，この部分も含めて (9.1.20) の Bethe 波動関数が (9.1.20) の固有関数になる，という条件から B_{12} と B_{21} の関係が決定される．すなわち

$$\frac{B_{12}}{B_{21}}=-\frac{N(\lambda_2,\lambda_1)}{N(\lambda_1,\lambda_2)} \tag{9.1.26}$$

となる．ただし

$$N(\lambda_1,\lambda_2)=F(\lambda_1,j-1)F(\lambda_2,j)-F(\lambda_1,j)F(\lambda_2,j-1)\frac{\Lambda_j(\lambda_2)}{\Lambda_{j-1}(\lambda_1)} \tag{9.1.27}$$

であり，$\Lambda_j(\lambda)$ は (9.1.23) の右辺で与えられる．これは簡単な変形で

$$\frac{B_{12}}{B_{21}}=\frac{\lambda_1-\lambda_2-ic}{\lambda_1-\lambda_2+ic} \tag{9.1.28}$$

となることがわかる．これ自身非自明な結果であるが，さらに著しいことには任意の $N_\downarrow$ の場合で順列 P と P' が番号 α と β のみの入れ換えで一致するとき，$N_\downarrow=2$ の場合と同じ関係式

$$B_{\alpha\beta} = \frac{\lambda_\alpha - \lambda_\beta - ic}{\lambda_\alpha - \lambda_\beta + ic} B_{\beta\alpha} \tag{9.1.29}$$

が成り立つことである．これは，前章で扱ったHeisenberg模型に対する2体散乱と同じ形をしていることがわかる．

9.1.4　Bethe方程式

ここまで準備が整うと，いよいよ多体散乱問題(9.1.17)あるいは(9.1.20)の厳密解を求めることができる．まず，↑スピン電子の場合を考えてみる．電子がLだけ動いたとき，(9.1.23)と同じ理由で1粒子的な位相変化e^{ik_jL}が生じるが，さらに↑電子は$N_\downarrow$個の↓電子によって散乱される．(9.1.17)式において，散乱されるたびに(9.1.23)の因子が現れるので，

$$\exp(ik_jL) = \prod_{\alpha=1}^{N_\downarrow} \frac{k_j - \lambda_\alpha + ic/2}{k_j - \lambda_\alpha - ic/2} \tag{9.1.30}$$

となる．右辺が↓スピンからの散乱の寄与である．一方で，↓スピン電子がLだけ移動すると，1体の位相変化は(9.1.24)の左辺で与えられるが，今の場合$N_\downarrow - 1$個の↓スピンによる散乱を受け，そのつど式(9.1.29)の位相変化を生ずる．したがって↓スピン電子に対して

$$\prod_{j=1}^{N} \frac{k_j - \lambda_\alpha + ic/2}{k_j - \lambda_\alpha - ic/2} = \prod_{\beta \neq \alpha} \frac{\lambda_\alpha - \lambda_\beta - ic}{\lambda_\alpha - \lambda_\beta + ic} \tag{9.1.31}$$

が得られる．相互作用の効果は，電荷とスピンの自由度に関する擬運動量k_jとλ_αを通して現れ，系の全エネルギーは，一体問題と同じ形

$$E = \sum_j k_j^2 \tag{9.1.32}$$

で与えられる．(9.1.30)と(9.1.31)により，系のスペクトルが厳密に計算できる．

以上が，電子系のような内部自由度を持つ多体系に関する一般化されたBethe仮説法である．固体電子論で重要な役割を担っている模型，たとえば1次元Hubbard模型，近藤模型，Anderson模型などは，すべてここで紹介した方法でその厳密解が得られている．

9.2　1次元Hubbard模型の厳密解

この節では，Bethe仮説法の具体的な応用例として，1次元Hubbard模型の厳密解を求める[*1]．序章でもふれたように，強い相関を持つ電子系の研究は固体電子論の基礎的なテーマである．最近では，特に低次元系における電子相関効果が大きな関心を集めている．Hubbard模型はこのような電子相関問題を系統的に扱える，最も単純化されたハミルトニアンである．このHubbard模型は強相関電子系を議論する際の出発点としてよく用いられている．たとえば，Fermi流体論や金属磁性等の研究に加え，最近では高温超伝導物質の電子状態に関連して精力的な研究が行なわれており，この模型は遍歴電子系を扱う際の基本的なハミルトニアンである．

この模型では，結晶中を遍歴する電子どうしが感じるCoulomb相互作用を短距離のものと仮定し，同じ格子点のみでこの相互作用が働くものとする．この模型に対するハミルトニアンは，格子点iにおけるσスピン電子の生成・消滅演算子$c_{i\sigma}^{\dagger}, c_{i\sigma}$を用いて

$$H = -t \sum_{\langle ij\rangle,\sigma} c_{i\sigma}^{\dagger} c_{j\sigma} + U \sum_{i} c_{i\uparrow}^{\dagger} c_{i\uparrow} c_{i\downarrow}^{\dagger} c_{i\downarrow} \tag{9.2.1}$$

と書かれる．すなわち，最近接格子間をtの振幅でホッピングしている↑スピンの電子と↓の電子が，同じ格子点を二重占有するとCoulomb反発$U(>0)$を感じる，というモデルである．この模型に対する模式図を図9.3示した．

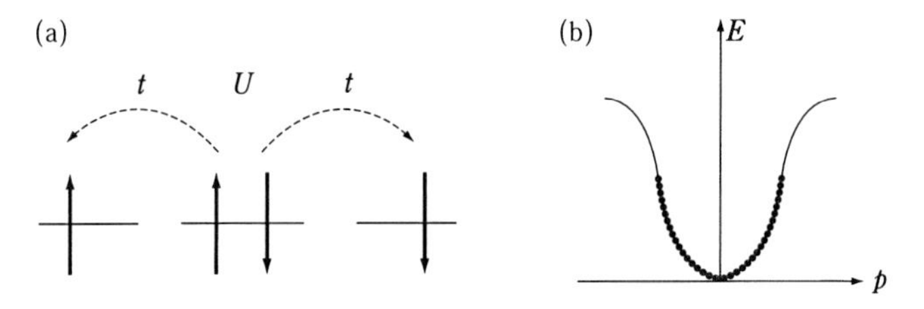

図9.3　(a) Hubbard模型，(b) half-fillingの場合

*1　E. H. Lieb and F. Y. Wu, *Phys. Rev. Lett.* **20** (1968) 1445

まず1次元の場合に関して，いくつかコメントをしておく．この場合，電子相関をつかさどるパラメタは　電子密度 n とホッピング t で規格化した相互作用 U/t のみであり，これに温度や外部磁場が加わると多様な性質がでる．よく使われる half-filling という言葉は，バンドが半分だけ詰まった場合をさし，各格子あたり平均的に1電子が存在する $(n=1)$．相互作用がなければこの状態は金属であるが，相互作用が入ると電子が動きにくくなり絶縁体になると期待される．これは，N.F. Mott の金属・絶縁体転移で，典型的な電子相関効果である．この絶縁体の状態で，相互作用 U を大きくしていくと，Hubbard 模型は連続的に Heisenberg 模型に移行する．また，half-filling で Mott 絶縁体にホールをドープすると，高温超伝導などで話題になっている絶縁体に近い金属相が現れる．以下で Hubbard 模型の厳密解を求め，この点について議論する．

9.2.1　Bethe 仮説による厳密解

前節で導入した一般化された Bethe 仮説法は，1次元 Hubbard 模型にほとんどそのままの形で適用することができる．まず Bethe 状態を真空 $|0\rangle$ から

$$|\psi\rangle = \sum_{(x_1, x_2, \cdots, x_N)} \sum_{(\sigma_1, \sigma_2, \cdots, \sigma_N)} \psi(x_1, \cdots, x_N) c^\dagger_{x_1\sigma_1} \cdots c^\dagger_{x_N\sigma_N} |0\rangle \quad (9.2.2)$$

と作る．この状態に上記のハミルトニアンを作用させると，座標表示での Schrödinger 方程式

$$-\sum_{i=1}^{N} \sum_{s=\pm 1} \psi(x_1, \cdots, x_{i+s}, \cdots, x_N) + U \sum_{i<j} \delta(x_i - x_j) \psi(x_1, \cdots, x_N) = E\psi(x_1, \cdots, x_N) \quad (9.2.3)$$

が得られる．波動関数 ψ はスピン座標にも依存しているが，ここでは陽に書いていない．Hubbard 模型では相互作用がデルタ関数タイプとなっているので，電子が離れているときには波動関数は平面波で記述できる．一方，同じ格子点を逆向きスピンの2電子が占めると Coulomb 相互作用を感じるので，これによる散乱効果を取り込めるように，Bethe 固有関数 (9.1.12) を仮定する．2電子が同じ格子点にきたときも固有値方程式 (9.2.3) が成り立つように係数を求めると，係数間を結びつける演算子は

$$Y_{ij}^{\alpha\beta} = \frac{[\sin k_i - \sin k_j]\widetilde{P}_{\alpha\beta} - i(U/2t)}{\sin k_i - \sin k_j + i(U/2t)} \tag{9.2.4}$$

となる．これは，前節の演算子 (9.1.8) で k_j を $(2t/U)\sin k_j$ と置き換えたものに他ならない．この演算子が Yang-Baxter の因子化条件を満足していることは容易にチェックでき，Hubbard 模型が厳密に解ける模型であることがわかる．

したがって，前節の一般化された Bethe 仮説法が Hubbard 模型にも適用できる．その結果，Hubbard 模型に対する基礎方程式として，(9.1.30), (9.1.31) で $k \to \sin k$, $c \to U/(2t)$ と置き換えたものが得られる．対数をとると

$$k_j L = 2\pi I_j + \sum_{\beta=1}^{N_\downarrow} \eta(\sin k_j - \lambda_\beta), \tag{9.2.5}$$

$$\sum_{j=1}^{N} \eta(\sin k_j - \lambda_\alpha) = 2\pi J_\alpha - \sum_{\beta=1}^{N_\downarrow} \eta((\lambda_\beta - \lambda_\alpha)/2) \tag{9.2.6}$$

ただし L は格子点の数，$\eta(x) = -2\tan^{-1}(2x/c)$ であり無次元の相互作用 $c = U/(2t)$ を導入した．ここで整数(あるいは半整数) I_j と J_α は系の基底および励起状態を特徴づける量子数であり，前者(後者)が電荷(スピン)の自由度を記述する．上記の Bethe 方程式を解いて k_j, λ_α のセットを決め，エネルギー $E = -2t\sum_j \cos k_j$ を計算すればバルク物理量を見積もることができる．

9.2.2　スピン 1 重項の基底状態

熱力学極限を考え，前章と同様に擬運動量 k_j と λ_α に関する分布関数を $\rho(k)$ と $\sigma(\lambda)$ で導入する．基底状態では，k_j と λ_α はともに原点を中心に対称かつ稠密に分布する．Heisenberg 模型と同様に，(9.2.5) と (9.2.6) から $z_c(k_i) = 2\pi I_j/L$ と $z_s(\lambda_\alpha) = 2\pi J_\alpha/L$ を満たす $z_c(k), z_s(\lambda)$ を定義し，これを微分することにより，分布関数 $\rho(k), \sigma(\lambda)$ が得られる．したがって，(9.2.5) と (9.2.6) 式より

$$\rho(k) = \frac{1}{2\pi} + \frac{\cos k}{\pi}\int_{-Q}^{Q} \frac{c/2}{(c/2)^2 + (\lambda - \sin k)^2}\sigma(\lambda)d\lambda\ , \tag{9.2.7}$$

$$\sigma(\lambda)=\frac{1}{\pi}\int_{-D}^{D}\frac{c/2}{(c/2)^2+(\lambda-\sin k)^2}\rho(k)dk-\frac{1}{\pi}\int_{-Q}^{Q}\frac{c}{c^2+(\lambda-\lambda')^2}\sigma(\lambda')d\lambda' \tag{9.2.8}$$

の線形積分方程式が得られる．ここで2種類の変数 D,Q は擬 Fermi 面に対応し，全粒子数と↓スピン数が与えられると

$$n\equiv\frac{N}{L}=\int_{-D}^{D}\rho(k)dk,\qquad n_{\downarrow}\equiv\frac{N_{\downarrow}}{L}=\int_{-Q}^{Q}\sigma(\lambda)d\lambda \tag{9.2.9}$$

より決定される．(9.2.9) 式より容易に分かるように，$D=0$ は電子密度がゼロの場合 ($n=0$)，$D=\pi$ は half-filling ($n=1$) に対応している．一方，$Q=\infty$ はスピン1重項基底状態 ($S=S_z=0$) に対応しており，磁場をかけると Q は減少し，$Q=0$ で磁化が飽和する．

以下では half-filling の場合を考える．この場合電荷の擬運動量 k は $[-\pi,\pi]$ の領域にぎっしり詰まる ($D=\pi$)．また，スピン1重項の状態がエネルギー的に一番低いので，$Q=\infty$ となる．まず，(9.2.7) 式の $\rho(k)$ を (9.2.8) 式に代入し k–積分を実行すると，積分領域が $[-\pi,\pi]$ であるので $1/2\pi$ の項のみが生き残り，$\sigma(\lambda)$ の方程式は

$$\sigma(\lambda)=\frac{1}{\pi}\int_{-\pi}^{\pi}\frac{2\pi(c/2)}{(c/2)^2+(\lambda-\sin k)^2}dk-\frac{1}{\pi}\int_{-\infty}^{\infty}\frac{c}{c^2+(\lambda-\lambda')^2}\sigma(\lambda')d\lambda' \tag{9.2.10}$$

となる．この線形積分方程式は Fourier 空間で代数的に解ける．まず，Fourier 変換の公式 $\int_{-\infty}^{\infty}e^{ix\omega}[c^2+x^2]^{-1}dx=(\pi/c)e^{-c|\omega|}$ $(c>0)$ を用いると，上式は

$$\widetilde{\sigma}(\omega)=\frac{1}{4\pi}\int_{-\pi}^{\pi}\mathrm{sech}\left(\frac{c\omega}{2}\right)e^{i\sin k\omega}dk \tag{9.2.11}$$

の解を持つことが直ちに分かる．逆 Fourier 変換を行うと，

$$\sigma(\lambda)=\frac{1}{2\pi}\int_{-\infty}^{\infty}\widetilde{\sigma}(\omega)e^{-i\lambda\omega}d\omega \tag{9.2.12}$$

$$=\frac{1}{4\pi c}\int_{-\pi}^{\pi}\mathrm{sech}\left[\frac{\pi}{c}(\lambda-\sin k)\right]dk \tag{9.2.13}$$

となり，さらにこれを $\rho(k)$ の式に代入すると

$$\rho(k) = \frac{1}{2\pi}\left[1+\cos k\int_{-\pi}^{\pi} R(\sin k - \sin k')dk'\right] \tag{9.2.14}$$

が得られる．ここで積分核として

$$R(k) = \frac{1}{2\pi}\int_{-\infty}^{\infty} \frac{e^{-ik\omega}}{1+e^{c|\omega|}}d\omega \tag{9.2.15}$$

という関数を導入した．以上の結果をエネルギーの表式に代入すると

$$E_g = -2t\int_{-\pi}^{\pi} \cos k\rho(k)dk \tag{9.2.16}$$

$$= -2t\int_{-\pi}^{\pi} \cos^2 kdk\int_{-\pi}^{\pi} \frac{1}{2\pi}R(\sin k - \sin k')dk' \tag{9.2.17}$$

$$= -2t\int_{-\infty}^{\infty} \frac{J_0(\omega)J_1(\omega)}{\omega(1+e^{c|\omega|})}d\omega\ . \tag{9.2.18}$$

となる．ただし，最後の行ではベッセル関数

$$J_n(x) = \frac{1}{2\pi}\int_{-\pi}^{\pi} \exp(-ix\sin k + ink)dk \tag{9.2.19}$$

を用いて表記した．E_g が Lieb-Wu によって求められた half-filling の場合のスピン 1 重項基底エネルギーである．この基底エネルギーの表式では，$U=0$ が対数分岐の集積点という特異性を示す*2．このことは $U=0$ と $U\neq 0$ で系の物理的性質が本質的に異なっていることを示している．この転移が金属から絶縁体への Mott 転移に他ならないが，エネルギーの表式だけからでは，この点は明らかでない．以下で金属と絶縁体の違いについて調べる．

9.2.3　Mott 絶縁体と Hubbard ギャップ

一般に電子相関によって系が金属相から絶縁相に変化すると，電荷励起にギャップが生じる．このギャップを Hubbard ギャップとよぶことが多い．これを見積もるには化学ポテンシャルを調べればよい．一般に化学ポテンシャルには，系に電子をつけた場合 (μ_+) と，引き去った場合 (μ_-) の二種類があり，それぞれ

$$\mu_\pm = \pm[E(N_\uparrow \pm 1, N_\downarrow) - E(N_\uparrow, N_\downarrow)] \tag{9.2.20}$$

---

*2　M. Takahashi, *Prog. Theor. Phys.* **42** (1969) 1098; **45** (1971) 756

で定義される．ただし，$N_\uparrow = N_\downarrow = N/2$ とする．もちろん金属状態では両者は等しいが，絶縁体になると電荷ギャップのため，$\mu_+ > \mu_-$ となる．このとき Hubbard ギャップは

$$\Delta = \mu_+ - \mu_- = U - 2\mu_- \tag{9.2.21}$$

で定義される．第2式を得るのに，電子・ホールの入れ換え $N_\sigma \to L - N_\sigma$ で，エネルギーが $E(N_\uparrow, N_\downarrow) = -(L - N_\uparrow - N_\downarrow)U + E(L - N_\uparrow, L - N_\downarrow)$ となること用いた．したがって電子を抜き去るときの化学ポテンシャル μ_- が分かれば Hubbard ギャップが計算できる．

ここでも half-filling の場合を考え，Bethe 方程式を用いて電荷を一つ抜き去る励起を調べてみる．このために，電荷励起の量子数 I_j の連続分布の中にホール1つをいれればよい．このホールを I_h とする．これは分布関数でいうと，連続的に $[-\pi, \pi]$ に分布している $\rho(k)$ にデルタ関数型の変化が生じたことになる．したがって，基底状態の分布 (9.2.7) 式の右辺で $1/(2\pi) \to 1/(2\pi) - (1/L)\delta(k - k_h)$ と変えたものが，このタイプの電荷励起を表す．ホールができたことによる変化分は，$1/L$ に比例した項である．この方程式は Fourier 変換で容易に解くことができるので，まず $1/L$ に比例した変化分 $\sigma_1(\lambda)$ 求めると

$$\sigma_1(\lambda) = -\frac{1}{2c}\,\mathrm{sech}\left[\frac{\pi}{c}(\lambda - \sin k_h)\right] \tag{9.2.22}$$

になる．これを $\rho(k)$ の式に代入すると，変化分 $\rho_1(k)$ は

$$\rho_1(k) = -\delta(k - k_h) - \cos k R(\sin k - \sin k_h) \tag{9.2.23}$$

となる．この式を $[-\pi, \pi]$ で積分すれば粒子数変化が -1 となっていることが分かる．この $\rho_1(k)$ をエネルギーの表式に代入すると，励起エネルギーは

$$\epsilon(k_h) = 2t\left[\cos k_h + \int_{-\pi}^{\pi} \cos^2 k R(\sin k - \sin k_h) dk\right] \tag{9.2.24}$$

となる．この励起で一番エネルギーが低いものは $k_h = \pm\pi$ で与えられる．

ここまでの計算では，スピン部分のことは考慮しなかったが，電子を系から取り出せば電荷もスピンも変化するはずである．しかしながら前章の Heisenberg 模型の場合と同様に，スピン励起にはギャップがないのでエネルギー変化ゼロのスピン励起が作り出せる．結局，電子を一つ抜いたとしても，一番低い励起は (9.2.24) 式の $\epsilon(\pm\pi)$ で与えられ，これが化学ポテンシャル μ_- を与える．し

たがって **Hubbard ギャップ**は(9.2.7)式に $\mu_- = \epsilon(\pm\pi)$ を代入して

$$\Delta = U - 4t\left[1 - \int_{-\pi}^{\pi} \cos^2 kR(\sin k)dk\right] \tag{9.2.25}$$

$$= U - 4t\left[1 - 2\int_0^{\infty} \frac{J_1(\omega)}{\omega(1+e^{c|\omega|})}d\omega\right] \tag{9.2.26}$$

となる．このようにして電荷励起の最低エネルギーから Hubbard ギャップを求めることができる．一方，バルク量から Hubbard ギャップを計算するには，化学ポテンシャルを全電子数の関数としてプロットし，そこに現れる不連続なとびを計算すればよい．もちろん結果は同じである．

図 9.4 に示したように，Hubbard ギャップ Δ は $U \neq 0$ である限り有限の値をとる．すなわち，half-filling では相互作用が少しでも入ると系は金属から絶縁体になる．弱相関の領域で Hubbard ギャップは，BCS 理論の超伝導ギャップに似て，指数関数的に小さい値 $\Delta \sim \sqrt{tU}\exp(-2\pi t/U)$ をとる．実際，斥力 Hubbard 模型は↑か↓スピン電子のどちらか一方のみに粒子・正孔の入れ換えを行うと，引力の Hubbard 模型になる．弱相関領域での Mott 絶縁体では，電子と正孔がかなり広い範囲にわたってペアを作って絶縁相を形成している．そのペア相関距離は大まかにいって Hubbard ギャップの逆数 $\xi \sim t/\Delta$（格子間隔を単位）程度である．このときの Mott 絶縁体に関する描像は，1 格子点に 1 電子が局在している状況とはかなり違う．

一方，相互作用がどんどん強くなると，ギャップは U に比例して大きくな

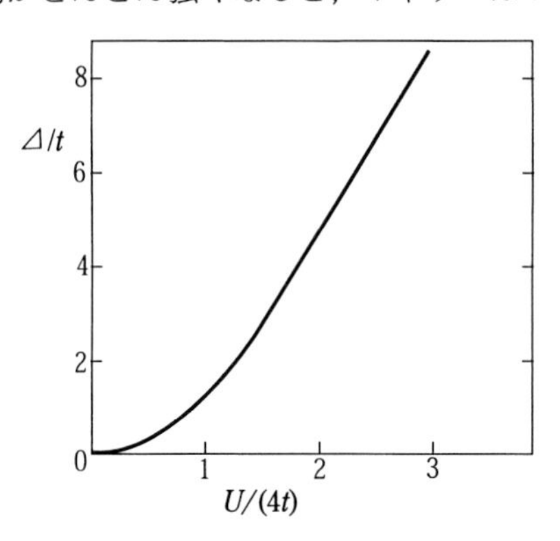

図 9.4　Hubbard ギャップ

る．この $\Delta \sim U$ というのは2電子が同じサイトに来たときのエネルギー増加なので，この場合は各格子点に1個ずつ電子が局在しているという描像が成り立つ．実際に，電子と正孔の相関距離 ξ は相互作用の増加にともない，どんどん短くなって，$U \to \infty$ では $\xi \to 0$ となって電子・正孔ペアが同一格子点に束縛されることになる．この状態が，格子点あたり1個の電子が局在した，強相関の Mott 絶縁体である．このように，弱相関と強相関の Mott 絶縁体では，その様相が異なっており，相互作用の大きさに依存して両者の間にクロスオーバーがおこる．

このように電荷励起にはギャップが存在するが，スピン励起には励起ギャップはない．このスピン励起も，上記の計算にならえば容易に計算できるが，その結果は基本的に前章での Heisenberg 模型のものと同じである．

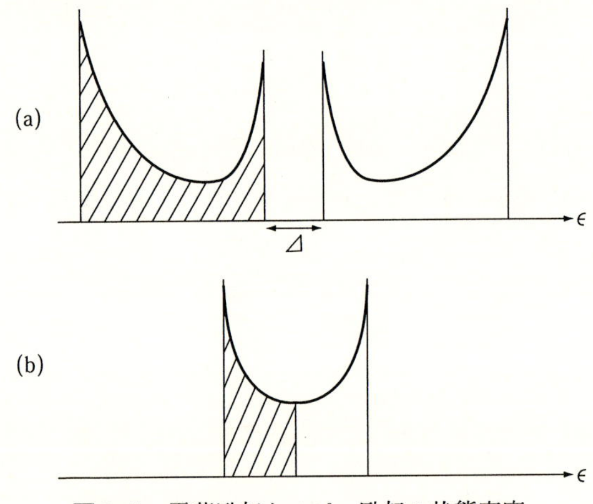

図 9.5　電荷励起とスピン励起の状態密度

図 9.5 に模式的に電荷励起とスピン励起の状態密度を示した．電荷励起では上部 Hubbard バンドと下部 Hubbard バンドの二つの部分からなり，ギャップ付近には状態密度の発散が現れる．一方，スピン励起スペクトルにはギャップがないが，そのバンド幅が電子相関の効果でどんどん狭くなり，大きな U では $1/U$ ぐらいに縮んでしまう．この幅が反強磁性スピンゆらぎの目安 $J \sim 1/U$ を与えている．

9.2.4 金属相での帯磁率および圧縮率

上記の絶縁体に，ホールがドープされ half-filling からずれると，系は金属になる．すなわち，このときは電荷励起もスピン励起もギャップレスになる．金属相での物理量はどのような性質を示すか，以下に簡単にまとめる．スピンおよび電荷の励起の応答を調べるための基本的物理量は帯磁率と圧縮率である．後者は電荷感受率とよばれることもあり，$\chi_c = \partial n/\partial\mu$ で定義される（μ は化学ポテンシャル）．

まず，絶縁相では基底状態はスピン1重項なので，これを反映して帯磁率は有限の値をとり，その値は図 9.5 に示したスピン励起の状態密度に比例している．これにホールをドープしても基底状態はスピン1重項のままであるので，帯磁率はあまり影響を受けず，その値がいくぶん減少するのみである[*3]．一方，圧縮率は電荷励起の性質を直接反映するので，Hubbard ギャップ形成の影響を大きく受ける．half-filling の絶縁相では，系は非圧縮状態であるため圧縮率は常にゼロであるが，金属側から絶縁相に近づけた場合，$\chi_c \sim |1-n|^{-1}$ と発散的に増大する[*4]．このことは Hubbard ギャップ形成のため，図 9.5 に示したようにギャップ付近の電荷励起の状態密度が発散していることを反映している．

このように1次元 Hubbard 模型のバルクな物理量や素励起は，Bethe 仮説法により計算することができる．ここで厳密に分かったことをまとめると

（1） half-filling の場合（格子点の数は偶数とする），相互作用が少しでも入ると金属から絶縁体に転移が起こり，Hubbard ギャップが開く．このとき，スピンの基底状態は非磁性の1重項で，ギャップレスのスピン波励起が存在する．

（2） これにホールをドープすると金属状態になり，スピン励起，電荷励起ともにギャップレスとなる．half-filling に近い金属相では，Hubbard ギャップ形成の影響で圧縮率が発散的に大きくなる．スピン帯磁率は連続的に half-filling の値に近づく．

Hubbard 模型における Bethe 仮説法の応用については，さらに熱力学の定

*3 H. Shiba, *Phys. Rev.* **B6** (1972) 930

*4 T. Usuki, N. Kawakami and A. Okiji, *Phys. Lett.* **135A** (1989) 476

式化(ストリング仮説)[*5]を初めとして，まだまだ多くの話題があるが，ここでは省略する．

∗5　M. Takahashi, *Prog. Theor. Phys.* **47** (1972) 69

朝永-Luttinger流体と共形場の理論

前章までで共形場の理論ならびに厳密解の方法に関する基礎的なことがらを説明した．ここでは，これまでの知識を基にして物性物理において頻繁に顔をだす $c=1$ ガウシアン CFT の応用例として，1 次元量子系の朝永–Luttinger 流体(TL 流体)について解説する．まず，Fermi 流体と比較しながら TL 流体の特徴について説明する．TL 流体の一番簡単な例として，1 次元ボゾン系とスピンレスフェルミオン系を取り上げ，厳密解と CFT に基づいて TL 流体の記述を行う．その際に，CFT の章で学んだ有限サイズスケーリングのアイデアが威力を発揮することをみる．

10.1　朝永–Luttinger 流体(TL 流体)

1 次元量子系といっても，スピン系，ボゾン系，電子系など種々のものがあり，さらには弱相関から強相関までいろいろな物理系が存在する．このような多様さにかかわらず，1 次元量子臨界系の低エネルギー物理は朝永–Luttinger 流体(TL 流体)という概念で包括的に記述される．このように TL 流体は，1 次元の量子臨界系を広く記述する概念であるが，固体電子論においては 1 次元電子系の臨界現象を指すことが多い．最近の低次元系への実験的，理論的な興味が引き金となって，TL 流体が再び活発に研究されている．特に電子系に関しては，メゾスコピック量子細線，量子 Hall 効果のエッジ状態，準 1 次元酸化物など話題が豊富である．

この TL 流体という名前は，7 章で紹介した朝永による先駆的な研究，さらにその後の J.M. Luttinger の研究にちなんでいる．TL 模型はたいへん特殊な模型であるが，多くの1次元量子臨界系の低エネルギーの(固定点としての)性質が本質的にTL模型で記述されるので，このような1次元量子臨界系のクラスをTL流体と総称している．これまでに主にボゾン化法を用いて弱相関のTL流体に関して多くのことが調べられてきた．1980年代の後半からは，強相関を持つTL流体の研究に興味が集中してきた．これは，間接的ではあるが高温超伝導の理論研究に刺激されたものである．高温超伝導の研究で問題とされている低次元強相関電子系の非Fermi流体の代表例がTL流体となっているからである．

以下では，CFTと厳密解の方法を組み合わせて，物性物理に現れる理論模型(たとえばHubbard模型やt–J模型)の量子臨界現象を厳密に解析する．この方法を用いると，相関関数の臨界指数などの重要な物理量を厳密に算出でき，また模型の背後にある対称性と物理量の関係も明らかにすることができる．さらに弱相関，強相関の領域を含めて，ミクロな模型の臨界現象を同一の枠組みで定式化できるという特長がある．

話の見通しをよくするため，TL流体の記述を2章に分けて行う．この章では，まずTL流体とFermi流体との本質的な相違点を，電子系の低エネルギーの性質に注目して概説する．CFTと厳密解による解析の具体例としては，1成分系のTL流体(ボゾン系，スピンレスのフェルミオン系)を取り上げる．電子系のCFTによる記述は少し複雑なので，11章であらためて扱うことにする．

10.2　TL流体とFermi流体

固体中の多電子は，相互作用を通して互いに相関を持ちながら運動している．この電子間の相関効果(電子相関効果とよぶ)が磁性や超伝導などの興味深い物性に深く関係しており，古くから固体電子論の中心課題として研究されてきた．この電子相関の問題を扱う基礎となるものが，L.D. Landauの**Fermi流体論**(あるいは液体論，Fermi liquid theory)とよばれる枠組みである．この考えの基礎になっているのは断熱接続(adiabatic continuation)という概念である．すなわち，互いに相互作用する多電子系を記述する際に，自由電子系から出発して相互作用をゆっくりと断熱的に加えていくと，出来上がった状態は定性的に自由電子と同じ性質を持つというものである．もちろん相互作用によるくり込みの効果のため定量的には変更を受け，たとえば電子の質量は有効的な質量に置き換えられる．L.D. Landau によって提唱されたこの Fermi 流体論は，金属電子論や液体 He^3 などの研究の基礎をなしてきたものである．Fermi 流体論は通常，3次元の物質に対して成り立つと思われているが，低次元になり量子ゆらぎが大きくなるとこの枠組みは必ずしも成立しなくなる．特に，1次元電子系では大きな量子ゆらぎのため Fermi 流体が成り立たず，それに代わって TL 流体という概念が必要であることが知られている．

まず例として，3次元の電子系を考えてみる．この場合，低エネルギー領域での物理は Fermi 流体で記述され，これを特徴づける物理量は Pauli 常磁性や，温度に線形な比熱係数などである．実は，TL 流体である1次元電子系においてもバルクな物理量は Fermi 流体と同じ Pauli 常磁性や線形比熱を示し，バルクな物理量のみで TL 流体と Fermi 流体を区別することはできない．TL 流体と Fermi 流体を明確に区別するものは上記のバルク量ではなく，相関関数の低エネルギー部分の異常なふるまいである．ここで低エネルギー部分というのは，低周波数，長波長領域，またはその Fourier 表示で長時間，長距離の漸近的なふるまいをさす．

ここで，相関関数の例として図10.1に示した運動量分布とよばれる関数を考える．これは，自由電子系の Fermi 分布を相互作用する粒子系に拡張したものであり，Fermi 流体と TL 流体を対比するのに格好の物理量である．まず，自由電子系では，運動量 p が系のよい量子数となっていることに注目する．その分布関数 n_p（これを**運動量分布関数**（momentum distribution function）とよぶ）は Fermi 分布関数に他ならず，Fermi 運動量 p_F で階段関数的に不連続を示す．この系に相互作用を加えていくと Fermi 面付近での粒子・正孔励起が生じ，その結果として運動量分布関数 n_p もぼやけてくるが，Fermi 流体での特徴は，Fermi 運動量で必ず不連続を示すことである．

このことは，エネルギーと運動量で表示した1粒子 Green 関数 $G_\sigma(\omega,p)$ が，依然として極 $\omega=\widetilde{\epsilon}_p$ を持ち，くり込まれた準粒子スペクトル $\widetilde{\epsilon}_p$ を形成することに対応している．したがって，運動量分布の不連続性は Fermi 流体における**準粒子**（quasi particle）の形成を直接反映したもので，Fermi 流体を特徴づける

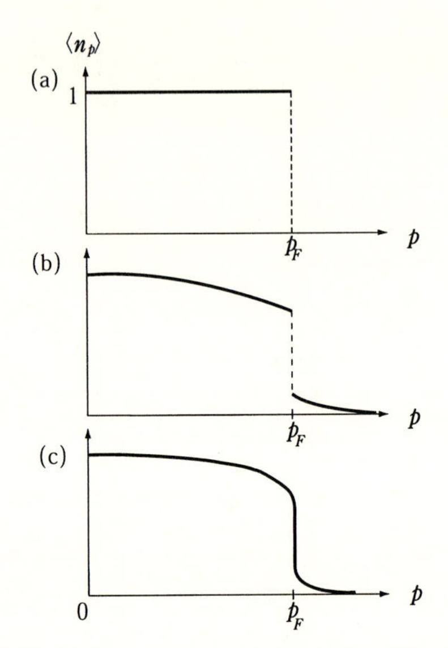

図 10.1 運動量分布関数 : (a) 自由電子，(b) Fermi 流体，(c) TL 流体

ものである．このように Fermi 流体での素励起は，自由電子の場合と同じく，電子型の準粒子で記述されることになる．

一方，1 次元電子系では大きな量子ゆらぎのためにこの不連続性は完全にならされて，Fermi 点 p_F 付近に

$$\langle n_p \rangle = \langle n_{p_F} \rangle - \mathrm{const.} |p - p_F|^{\theta} \mathrm{sgn}(p - p_F) \tag{10.2.1}$$

の形の**べき異常**とよばれるふるまいがみられる．すなわち，運動量分布は Fermi 点で連続となり，その微係数に不連続が生ずる．このべき異常を支配している臨界指数 θ は，一般に相互作用などにより連続的に変化する．この運動量分布関数 $\langle n_p \rangle$ は，上にふれた Green 関数（電子場 c_σ の相関関数）

$$G_\sigma(x,t) = \langle c_\sigma^\dagger(x,t) c_\sigma(0,0) \rangle \tag{10.2.2}$$

の座標 x に関する Fourier 変換（同時刻相関，$t=0$）で与えられる．すなわち $\langle n_p \rangle$ の Fermi 点付近のべき異常は，1 粒子 Green 関数の長距離部分に $G_\sigma(x,0) \sim \cos(p_F x) x^{-\theta-1}$ のタイプのべき異常があることを意味している．これは，エネルギーと運動量の平面上での Green 関数 $G_\sigma(\omega, p)$ の特異点が相互作用のために分岐カットになるためである．このことは，Fermi 流体での極の存在と対照的である．このように，TL 流体では種々の相関関数に 異常臨界指数で支配さ

れるべき異常が現れることが特徴である.

一般に臨界指数が小さいほど，2 粒子の相関が遠くまで(あるいは長時間まで)達し，それに対応する相関が強いということになる．ちなみに，Fermi 流体ではこの臨界指数は整数に固定されていることを指摘しておく．たとえば，電子場の 2 点相関関数の臨界指数 η_F は相互作用に関係なく $\eta_F=1$ である.

このように TL 流体は Fermi 流体と本質的に異なっている．その相違点をもう一度整理してみる.

(1)　まず，TL 流体に現れるべき異常を支配している素励起は，電子的な準粒子ではなく電荷とスピンの集団励起となっている．すなわち，Fermi 流体の本質であるくり込まれた電子という描像は成立しない．このことは，上に述べた Green 関数の特異点が極から分岐カットに変わることに対応している.

(2)　このため，電子型の励起にかわり電荷密度とスピン密度の集団励起が 2 つの独立なモードとなる．"スピンと電荷の分離" としばしばよばれるのは，このことを指しており，1 次元電子系の TL 流体を特徴づけるものである(§11.2 参照)．重要なことは，この分離したモードが massless となり，それぞれが量子臨界現象を示すという点である.

1 次元 Hubbard 模型では，これらの電荷とスピンのモードは厳密解によって記述されること，またこの素励起は前章で述べたボゾン化法に現れるものに他ならないことに注目すると，共形場の理論，ボゾン化法，電子系の厳密解の間に重要な接点が生ずる．次章で詳しく議論するが，これらの 2 つのモードはともに $c=1$ ガウシアン CFT で記述される.

10.3　広い意味での TL 流体

固体電子論においては，Fermi 流体と対比させて 1 次元電子系を TL 流体とよぶことが多いが，一般的にはさらに広い意味で TL 流体という言葉が用いられる．たとえば，1 次元の Heisenberg 模型やボゾン系も TL 流体とよばれることがある．上でふれたように，電子系の TL 流体はスピン励起と電荷励起の量子臨界現象として捉えられ，2 個の独立な $c=1$ のガウシアン CFT で記述される．この意味で，1 成分からなる $c=1$ ガウシアン CFT で記述される臨界現象を広い意味で TL 流体とよぶことがある．このような 1 成分の TL 流体には上に述べた Heisenberg スピン鎖や相互作用のあるボゾン系などが含まれる．また，これを多成分の自由度を持つ系に拡張した TL 流体としては，たとえば $SU(N)$ スピン鎖などがあげられる．

12 章でふれるが，量子 Hall 効果のエッジ状態も 1 次元電子系を形成し TL 流体の典型例となっている．ただし，量子 Hall 効果では 2 次元電子系に強い磁場がかけられ，その影響でエッジには一方向のみにカレントが流れている[*1]．このようなエッジ状態は**カイラル TL 流体**（chiral TL liquid，一方向のみという意味）とよばれる．これに対応するガウシアン場はカイラルボゾン場で与えられる．カイラル TL 流体において，1 成分の場合は Laughlin のシリーズ（すなわち filling 因子 $\nu=1/3, 1/5, \cdots$）のエッジ状態を記述し，また多成分の場合はヒエラルキー構造をもつ分数量子 Hall 効果（たとえば $\nu=2/5, 3/7$ など）のエッ

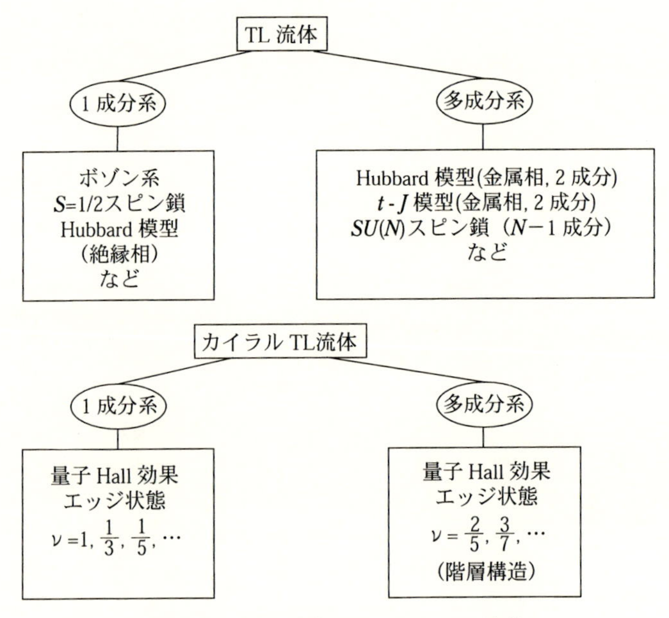

図 10.2　TL 流体とカイラル TL 流体

*1　B. I. Halperin, *Phys. Rev.* **B25** (1982) 2185; X. G. Wen, *Phys. Rev. Lett.* **64** (1990) 2206

ジを記述する．この量子 Hall 系のエッジで起こる現象は，量子細線で起こるものに比べてより理想的な 1 次元系になっている．これについては，12 章でふれることにする．図 10.2 に TL 流体ならびにカイラル TL 流体の分類を示した．

10.4　厳密解と CFT による TL 流体の記述

さて，TL 流体を解析するために必要な事柄はほぼ学んだので，練習問題として 1 成分のモードを持つ TL 流体の解析を行う．電子系の TL 流体の定式化は次章で行うことにする．ここでの目標は，ミクロな模型で $c=1$ CFT が実現されることを，Bethe 仮説の厳密解と CFT を組み合わせて調べることである．その際，CFT の有限サイズスケーリングの方法が本質的な役割を果たす．ここでは 1 成分 TL 流体の例として，以前導入したデルタ関数型の相互作用を持つ N 粒子ボゾン系を考える．ハミルトニアンは，

$$H=-\sum_i \frac{\partial^2}{\partial x_i^2}+2u\sum_{i<j}\delta(x_i-x_j), \qquad u>0 \tag{10.4.1}$$

で与えられる．ここでは相互作用を u と書くことにする．これに対する Bethe 方程式は，長さ L の周期リングに対して以前で求めたが，もう一度 Bethe 方程式を書き下ろしておくと，

$$k_jL=2\pi I_j+\sum_{i\neq j}\phi(k_j-k_i) \tag{10.4.2}$$

ただし，$\phi(k)=-2\tan^{-1}(k/u)$ は 2 体の位相シフトである．ここで右辺の量子数 I_j は整数（粒子数が奇数）かあるいは半整数 (偶数) であり，この選択則は Bose 粒子の統計性を反映したものである．全エネルギー E と全運動量 P は上記の擬運動量 k_j を用いて

$$E=\sum_j k_j^2, \qquad P=\sum_j k_j=\sum_j 2\pi I_j/L \tag{10.4.3}$$

で与えられる．以上の厳密解を用いて，エネルギースペクトルの有限サイズ補正の計算を行い，その結果が CFT から予言されるユニバーサルな形にぴったりと一致していることをみる．基底状態に関しては少し丁寧な計算を行う．

10.4.1　基底エネルギーの有限サイズスケーリング

5 章で Heisenberg 模型に関して行ったように，まず (10.4.2) から

$$z_L(k)=\frac{k}{2\pi}-\frac{1}{2\pi L}\sum_i \phi(k-k_i) \tag{10.4.4}$$

という関数を導入すると，

$$z_L(k_j)=I_j/L, \qquad z_L(Q^{\pm})=I^{\pm}/L \tag{10.4.5}$$

と表すことができる．ただし絶対零度で量子数は原点を中心に連続的に分布しているとし，$I^{\pm}$ はその量子数の中で最大，最小のものを指す．また，それに対応する擬運動量 k の値を $Q^{\pm}$ とおいた．$Q^{\pm}$ は擬運動量の占有・非占有の境目に対応している(図 10.3)．

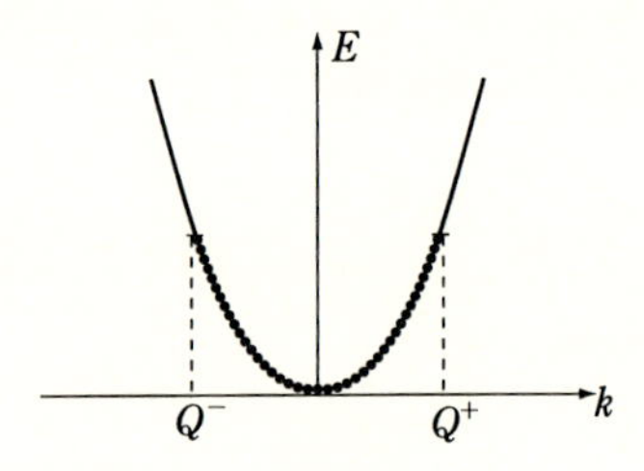

図 10.3　擬運動量 k の分布

擬運動量 k_j の密度分布関数を $\sigma_L(k)=dz_L(k)/dk$ で定義すると，(10.4.4) より

$$\sigma_L(k)=\frac{1}{2\pi}-\frac{1}{2\pi L}\sum_i K(k-k_i) \tag{10.4.6}$$

となる．ここで，

$$K(k)=\frac{d\phi(k)}{dk}=-\frac{2u}{k^2+u^2} \tag{10.4.7}$$

という関数を導入した．熱力学的極限($L\to\infty$)を考え，右辺の和を積分に直す．その際 Euler-Maclaurin の公式

$$\frac{1}{L}\sum_{n=n_1}^{n_2} f\left(\frac{n}{L}\right)=\int_{(n_1-1/2)/L}^{(n_2+1/2)/L} f(x)dx-\frac{1}{24L^2}\left(f'\left(\frac{n_2+1/2}{L}\right)-f'\left(\frac{n_1-1/2}{L}\right)\right) \tag{10.4.8}$$

を用いて(ただしプライムは微分を表す)，$1/L^2$ の補正まで計算を行うと，分布関数は

$$\sigma_L(k)=\frac{1}{2\pi}-\int_{Q^-}^{Q^+}\frac{dk'}{2\pi}K(k-k')\sigma_L(k')+\frac{1}{24L^2}\left[\frac{K'(k-Q^-)}{2\pi\sigma_L(Q^-)}-\frac{K'(k-Q^+)}{2\pi\sigma_L(Q^+)}\right] \tag{10.4.9}$$

となる．ここで 1 と $1/L^2$ のオーダーに分けて整理すると

$$\sigma_L(k)=\sigma(k|Q^\pm)-\frac{1}{24L^2}\left[\frac{f(k|Q^\pm)}{\sigma_L(Q^+)}+\frac{f(-k|-Q^\mp)}{\sigma_L(Q^-)}\right] \tag{10.4.10}$$

となる．ただし，$\sigma(k|Q^\pm)$ は

$$\sigma(k|Q^\pm)=\frac{1}{2\pi}-\int_{Q^-}^{Q^+}\frac{dk'}{2\pi}K(k-k')\sigma(k'|Q^\pm) \tag{10.4.11}$$

で決定される熱力学極限での分布関数であり，また

$$f(k|Q^\pm)=\frac{1}{2\pi}K'(k-Q^+)-\int_{Q^-}^{Q^+}\frac{dk'}{2\pi}K(k-k')f(k'|Q^\pm) \tag{10.4.12}$$

は有限サイズ補正の効果を表す．

以上の結果を用いてエネルギー(k_j^2 の有限和)に対する有限サイズ補正を計算する．まず，化学ポテンシャル μ をくり込んだエネルギーを E と書くと，これは $\sigma_L(k)$ を用いて，

$$E=\sum_j\epsilon_0(k_j) \tag{10.4.13}$$

$$=L\varepsilon-\frac{1}{24L}\frac{e(Q^\pm)}{\sigma_L(Q^+)}-\frac{1}{24L}\frac{e(-Q^\mp)}{\sigma_L(Q^-)} \tag{10.4.14}$$

と書くことができる．ただし，$\epsilon_0(k)=k_j^2-\mu$ である．ここで右辺第 1 項は

$$\varepsilon=\int_{Q^-}^{Q^+}dk\epsilon_0(k)\sigma(k|Q^\pm) \tag{10.4.15}$$

で定義される熱力学極限でのエネルギー密度である．また，第 2 項の有限サイズ補正では

$$e(Q^\pm)=\epsilon_0'(k)+\int_{Q^-}^{Q^+}dk\epsilon_0(k)f(k|Q^\pm) \tag{10.4.16}$$

を導入した．

ここからは簡単のため，基底状態に話を限ることにする．この場合，分布関数は原点に関して左右対称になるので，$Q^{\pm}=\pm Q$ とおくことができる．また，十分大きな系では $\sigma_L(k)=\sigma(k|\pm Q)$ とすることができる．$f(k|Q^{\pm})$ の式 (10.4.12) を逐次代入法で解いて，(10.4.16) に代入すると，有限サイズ項は

$$\lim_{L\to\infty}\frac{|e(\pm Q)|}{\sigma_L(\pm Q)}=\frac{|\epsilon'(Q)|}{\sigma(Q|\pm Q)} \tag{10.4.17}$$

となる．ここで，プライムは微分を表す．上の計算において **dressed energy**

$$\epsilon(k)=\epsilon_0(k)-\int_{-Q}^{Q}\frac{dk'}{2\pi}K(k-k')\epsilon(k') \tag{10.4.18}$$

とよばれる関数を導入した．

このdressed energy (10.4.18) は，ボゾン系での素励起エネルギーに対応していることがわかる．素励起のエネルギーは擬 Fermi 面 $\pm Q$ でゼロとなることに対応して，$\epsilon(k)$ には

$$\epsilon(\pm Q)=0 \tag{10.4.19}$$

の条件がつく．ここで，運動量が $2\pi I_j/L$ の和で与えられること，ならびに $\sigma(k|\pm Q)$ は I_j/L の k 微分であることを考慮すると，素励起の速度が

$$v=\frac{\epsilon'(Q)}{2\pi\sigma(Q|\pm Q)} \tag{10.4.20}$$

であることがわかる．この速度 v でスケールすると，基底エネルギーの有限サイズ補正は

$$E=L\varepsilon_\infty-\frac{\pi v}{6L} \tag{10.4.21}$$

とユニバーサルな表式になる．ただし，$\varepsilon_\infty=\varepsilon|_{Q^{\pm}=\pm Q}$ は基底状態のエネルギー密度である．これを，§3.2 で出てきた有限サイズ補正の式 (3.2.18) と比較すると，セントラルチャージとして $c=1$ が得られる．すなわち，この系は $c=1$ の CFT で記述されることになる．このことは，以下の励起スペクトルの解析でさらに明らかになる．また，ここでは詳細は省略するが，熱力学を定式化して，その低温展開から温度に比例する部分の比熱を計算すると，

$$\frac{C}{T}=\frac{\pi}{3v} \tag{10.4.22}$$

となる．これを CFT の低温比熱の表式 (3.2.19) と比較すると，やはり $c=1$ が得られ，基底エネルギーの有限サイズスケーリングと符合している．

10.4.2　励起スペクトルの有限サイズスケーリング

CFT によってさらに詳しくボゾン系の臨界現象を解析するためには，励起スペクトルを調べて共形タワー構造を解析する必要がある．以下では，励起スペクトルの有限サイズ補正を計算する．励起状態にはいくつかの種類があるが，これは基本的に 3 種類に分類される．まず考えられるものとして，量子数 $\{I_j\}$ を基底状態と同じく連続的にとり，その両はしの値 I^+ と I^- を変化させる励起がある（あるいはそれに対応した擬 Fermi 面 $Q^\pm$ を変化させる）．これによって，2 種類の異なった励起が記述できる．まず，全粒子数

$$N=I^+-I^- \tag{10.4.23}$$

を一定に保ち，I^++I^- を基底状態 $(I^++I^-=0)$ の値から変化させ，その変化分を

$$\Delta D=(I^++I^-)/2 \tag{10.4.24}$$

と書く．ΔD は全粒子数一定のもとで左の Fermi 面から右の Fermi 面に粒子を ΔD 個移動した励起を表している．したがって，この励起は大きな運動量変化 $2p_F\Delta D$ をともなう（$p_F=\pi N/L$ は Fermi 運動量）．他方，I^+-I^- を変化させると，これは粒子数が ΔN だけ変化する励起を記述する．これら 2 種の励起に加えて，左右の Fermi 面付近での粒子・正タイプの励起が考えられる．すなわち，占有されている量子数 I_p にホールを作り空の部分に量子数 I_h をつけると，この I_h と I_p の差の絶対値（左右の Fermi 面に関して n^+ と n^- と表す）が粒子・

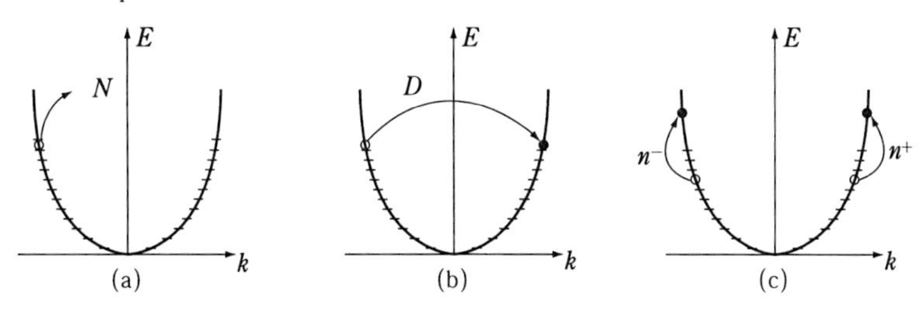

図 10.4　素励起の分類：(a) 粒子数変化を伴うもの，(b) カレントを運ぶもの，(c) 粒子・正孔タイプ

正孔励起の量子数となる．これらを模式的に図 10.4 に示した．

さて，これらの素励起が CFT に現れたプライマリー場やセカンダリー場とどのように関係しているのか，以下に調べてみる．まず，図 10.4(a),(b) のタイプの励起は，式 (10.4.15) の擬 Fermi 面 $Q^{\pm}$ を基底状態のもの $\pm Q$ から少しずらすことによって記述される．そこで，

$$\varepsilon = \varepsilon_{\infty} + \frac{1}{2}(Q^{+}-Q)^{2}\frac{\partial^{2}\varepsilon}{\partial(Q^{+})^{2}} + \frac{1}{2}(Q^{-}+Q)^{2}\frac{\partial^{2}\varepsilon}{\partial(Q^{-})^{2}} \quad (10.4.25)$$

と 2 次まで展開する．ただし，1 次の項は変分原理に従うと自動的に消える．ここで必要な計算は，2 次の微係数を見積もって，さらに $(Q^{\pm}\mp Q)^{2}$ を量子数 ΔN と ΔD を用いて表すことである．このためには，全粒子数 N とカレント ΔD が $Q^{\pm}$ の関数として，

$$\frac{N}{L} = z_{L}(Q^{+}) - z_{L}(Q^{-}) = \int_{Q^{-}}^{Q^{+}} dk\sigma_{L}(k) \quad (10.4.26)$$

$$\frac{\Delta D}{L} = \frac{1}{2}(z_{L}(Q^{+}) + z_{L}(Q^{-})) = \frac{1}{2}\left[-\int_{Q^{+}}^{\infty} dk\sigma_{L}(k) + \int_{-\infty}^{Q^{-}} dk\sigma_{L}(k)\right] \quad (10.4.27)$$

と表されることを用いればよい（$z_{L}(k)$ は (10.4.5) で定義）．計算はいくぶんややこしいが，難しい数学は必要ないのでこれを導出するのはよい演習問題である．その結果を素励起の速度 v でスケールすると，

$$\Delta E = \frac{2\pi v}{L}\left[\frac{1}{4\xi^{2}}\Delta N^{2} + \xi^{2}\Delta D^{2}\right] \quad (10.4.28)$$

となる．ただし，$\xi = \xi(\pm Q)$ は **dressed charge** とよばれる重要な量で

$$\xi(k) = 1 - \int_{-Q}^{Q} \frac{dk'}{2\pi} K(k-k')\xi(k') \quad (10.4.29)$$

の方程式で与えられる．

ここで上に現れた量子数 ΔN，ΔD に対する**選択則**（selection rule）について簡単に触れておく．詳しいことは§10.5 のフェルミオンの所で議論するが，ボゾンの場合 ΔN，ΔD は

$$\Delta N = \text{integer}, \qquad \Delta D = \text{integer} \quad (10.4.30)$$

と任意の整数で与えられる．これとは対照的に，フェルミオンの場合には ΔN

と ΔD の間には異なった制限がつく（§10.5 参照）．このような量子数の選択則はボゾンとフェルミオンの統計性を反映したもので，相関関数を議論する際に重要な役割を果たす．(10.4.30) を Bose 系の量子数に関する選択則とよぶことにする．

この基本的な励起に，量子数 n^+ (n^-) で指定される粒子・正孔タイプの単純な励起が加えられる．以上をまとめると，励起エネルギーは

$$\Delta E = \frac{2\pi v}{L}\left[\frac{1}{4\xi^2}\Delta N^2+\xi^2\Delta D^2+n^++n^-\right] \qquad (10.4.31)$$

の形にまとめることができる．一方，これに対応する運動量は

$$P = 2p_F\Delta D+\frac{2\pi}{L}(\Delta N\Delta D+n^+-n^-) \qquad (10.4.32)$$

となることが (10.4.3) からわかる．ただし，$\Delta N\Delta D$ の項は，粒子数が変化すると，Fermi 波数が $\delta k=\pi\Delta N/L$ だけ変化するため，$2(p_F+\delta k)\Delta D$ という項を通して出てくるものである．以上が，ボゾン模型の励起状態に関する有限サイズスペクトルである．

10.4.3　共形次元と相関関数の臨界指数

さてここで，CFT の有限サイズスケーリングの式を用いて，上記のエネルギースペクトルと運動量から正則 (+) および反正則 (−) 部分の共形次元を求めると，

$$\Delta^{\pm}_{\boldsymbol{m}} = \frac{1}{2}\left(\frac{\Delta N}{2\xi}\pm\Delta D\xi\right)^2+n^{\pm} \qquad (10.4.33)$$

となる．ただし，$\boldsymbol{m}=(\Delta N,\Delta D,n^{\pm})$ は量子数をベクトルで表示したものである．この式は，$c=1$ ガウシアン CFT に対する共形次元と，共形タワー構造も含めてまさしく同じものである．すなわち，(a) 粒子数変化を伴う励起と (b) カレントを運ぶ励起がプライマリー場に寄与しており，共形タワー構造を構成するセカンダリー場には，粒子・正孔タイプの励起が寄与している．プライマリー場の共形次元は ΔN, ΔD を変えることによって得られるので，一般に無限個のプライマリー場が存在することになる．dressed charge ξ は粒子数，相互作用の大きさにより (10.4.29) にしたがって連続的に変化し，$c=1$ 臨界線を

描く．このように，相互作用する1次元ボゾン系の臨界現象は $c=1$ のガウシアン CFT にぴったりとあてはまっていることが，Bethe 仮説のスペクトルを CFT にしたがって解析することにより示された．ちなみに，共形場の理論に出てきたガウシアン理論

$$S=\frac{1}{2\pi}v\int dt\int_0^{2\pi}dx(\partial_\mu\varphi)^2 \tag{10.4.34}$$

とは，自由ボゾン場の周期 R（これは $\varphi(t,x)=\varphi(t,x+2\pi)+2\pi R\times\text{integer}$ で定義した）を $R=\xi$ と置き換えることにより対応がつく．

このように，CFT に基づいて励起スペクトルを分類できると，相関関数の臨界的なふるまいを調べ，その臨界指数を厳密に計算することができる．たとえば，ある演算子 $O(x,t)$ の相関関数の長距離，長時間部分を考える．低エネルギーの漸近領域では，相関関数は種々のプライマリー場あるいはセカンダリー場の相関関数の和に分解できる．すなわち

$$\langle O(r,t)O(0,0)\rangle\sim\sum_{\boldsymbol{m}}a_{\boldsymbol{m}}\frac{\exp(iP_{\boldsymbol{m}}x)}{(x-ivt)^{2\Delta_{\boldsymbol{m}}^{+}}(x+ivt)^{2\Delta_{\boldsymbol{m}}^{-}}} \tag{10.4.35}$$

ただし，$P_{\boldsymbol{m}}$ は量子数 $\boldsymbol{m}$ の運ぶ運動量であり，この項は相関関数の振動する成分を表す．このように，量子数の組 $\boldsymbol{m}=(\Delta N,\Delta D,n^{\pm})$ を正しく指定することにより，相関関数の臨界指数を (10.4.33) から決定することができる．

簡単のため以下では，同時刻相関関数 $(t=0)$ の長距離のふるまいに注目する．ここでボーズ粒子に対する選択則は，$\Delta D,\Delta N$ がともに整数であることに注意する（(10.4.30) 式）．まず，密度相関関数から考えてみる．粒子の密度演算子を $\rho(x)$ とし，その2点相関関数の長距離での臨界的なふるまいを調べる．この演算子は粒子数を変えないことに注目すると，許される量子数は $\Delta N=0$ を満たすものに限られる．この制約のもとで，量子数を小さい方から探すと，プライマリー場の候補として $\Delta D=1,2,\cdots$ が考えられる．これに対する運動量は (10.4.32) 式より $2p_F\Delta D$ であるので，相関関数の漸近形として，

$$\langle\rho(x)\rho(0)\rangle\sim\text{const.}+A_0x^{-2}+A_2\cos(2p_Fx)x^{-\alpha}+\cdots \tag{10.4.36}$$

の形が期待される．ただし，第3項の $2p_F$ 振動の項は $(\Delta N,\Delta D,n^{\pm})=(0,1,0)$ としたプライマリー場からの寄与である．この他に $(\Delta N,\Delta D,n^{\pm})=(0,0,1)$ となる $U(1)$ プライマリー場からの寄与も第2項に示した．$2p_F$ 振動の臨界指

数は，$(\Delta N, \Delta D, n^{\pm})=(0,1,0)$ を (10.4.33) に代入すると

$$\alpha = 2(\Delta_m^+ + \Delta_m^-) = 2\xi^2 \tag{10.4.37}$$

となる．これと対照的に，Bose 場の 1 粒子 Green 関数の漸近形は

$$\langle \psi_B^\dagger(x)\psi_B(0)\rangle \sim B_0 x^{-\eta_B} \tag{10.4.38}$$

の項が主要項となる．というのは，Bose 場演算子 $\psi_B(x)$ は粒子を 1 個消す演算子であるので，選択則を考慮した量子数の候補は $(\Delta N, \Delta D, n^{\pm})=(1,0,0)$ となるからである．これに対応する臨界指数は (10.4.33) より $\eta_B = 1/(2\xi^2)$ となる．この 2 つの相関関数をみると，臨界指数の間に**スケーリング則**

$$\eta_B = 1/\alpha \tag{10.4.39}$$

が成立していることがわかる．このスケーリング則は，1 次元の Bose 臨界系に普遍的に成立するものである．これらの臨界指数は (10.4.29) の方程式を用いて，粒子数および相互作用の関数として厳密に計算できるが，ここでは省略する．

10.5 フェルミオン系の臨界指数

ここまでの解析は，相互作用する Bose 粒子に関するものであるが，スピンを持たない Fermi 粒子(ディラックフェルミオンあるいは複素フェルミオン)の場合はどうであろうか．1 次元系では粒子の統計性は重要でないとしばしばいわれるが，これには注意が必要である．実際，1 次元では粒子の統計性が現れない物理量もあれば，これが重要な役割を演じるものもある．ここで扱っている素励起のスペクトルにも波動関数の対称性は量子数の選択則となって現れる．

そこでボゾン系とフェルミオン系の統計性の違いを見るため，スピンレスの自由フェルミオンとハードコアのボゾン($u=\infty$)を取り上げて比較してみる．単純には，この二つの模型は同じスペクトルを持つと推測されるが，有限系のスペクトルにその違いがはっきり現れる．まず，周期境界条件のもとで，自由フェルミオンのスペクトルは

$$\exp(ik_j L) = 1 \tag{10.5.1}$$

で与えられることはよく知られている．一方，ハードコアのボゾン(対称波動関数)を記述するには，フェルミオンの波動関数に，粒子が交換するごとに

-1 の因子をかければよい．したがって，この場合は上式に $(-1)^{N-1}$ の因子が余分につき

$$\exp(ik_jL)=(-1)^{N-1} \tag{10.5.2}$$

でスペクトルが決定される．どちらの場合も，両辺の対数をとると

$$k_jL=2\pi I_j \tag{10.5.3}$$

となり，熱力学量に関してはまったく同じ答を与えることがわかる．ここで注意すべきことは，フェルミオンでは，I_j が常に整数であるのに対して，ボゾンでは I_j が粒子数に依存し，粒子数が奇数(偶数)であると $I_j=$ 整数($I_j=$ 半整数)となっていることである．この統計性に由来した量子数の選択則は相互作用が出現しても変わらない．(10.4.2) 式に現れた Bose 粒子の I_j に関する選択則，あるいは対応する量子数 ΔN, ΔD の選択則 (10.4.30) 式は，ここで述べた統計性を反映している．

ここで，自由フェルミオン系に相互作用が入った場合を考えてみる．具体的には，短距離相互作用を持つ 1 次元模型を思い浮かべればよい．フェルミオンの全粒子数保存則からわかるように，この系は $U(1)$ 対称性を持っている．したがってこの系の臨界現象は，(10.4.33) の共形次元を持つ $c=1$ CFT で記述されると期待される．このとき，dressed charge はとりあえず理論のパラメタとみなしておく．$c=1$ 理論であるので，共形次元の表式はボゾンの場合と同じになるが，量子数の選択則に本質的な違いが現れる．フェルミオン系に対する選択則は

$$\Delta D=\Delta N/2 \quad \mod \quad 1 \tag{10.5.4}$$

となる．これは $I_j=$ 整数という条件から直接導くことができる：すなわち，N によらず $I_j=$ 整数であるために成り立つ関係式 $D-(N+1)/2=0 \pmod 1$ から得られる．

以上のことを用いて，相互作用するフェルミオン系(スピンレス)の臨界指数を議論する．まず，粒子密度の相関関数 $\langle\rho(x)\rho(0)\rangle$ は $\rho(x)$ の演算子が粒子数変化をおこさないので，選択則はボゾンとフェルミオンで同じものとなる．したがって，相関関数は両者で同じ形 (10.4.36) となり，対応する臨界指数は (10.4.37) 式で与えられる．このように，密度相関関数には，ボゾンとフェルミオンの違いはまったく現れない．一方，Fermi 場は粒子を一つつけ加えたり

消したりするので，Fermi 場の 1 粒子 Green 関数には，(10.5.4) の選択則が重要となる．このことを考慮した量子数として $(\Delta N, \Delta D, n^{\pm})=(1,1/2,0)$ を入れてみる．このとき，運動量変化は (10.4.32) より p_F である．その結果，1 粒子 Green 関数の漸近形は

$$\langle\psi_F^{\dagger}(x)\psi_F(0)\rangle \sim C_1\cos(p_F x)x^{-\eta_F} \tag{10.5.5}$$

となる．これに対応する臨界指数は，$\eta=2(\Delta_m^{+}+\Delta_m^{-})$ に (10.4.33) を代入して，$\eta_F=1/(2\xi^2)+\xi^2/2$ を得る．したがって，臨界指数のスケーリング則はフェルミオンの場合

$$\eta_F=\frac{1}{\alpha}+\frac{\alpha}{4} \tag{10.5.6}$$

となる．このスケーリング則は，1 次元のフェルミオンの臨界系に対して普遍的に成立する．このように 1 次元といえども，ボゾンとフェルミオンの違いは密度相関関数には現れないが，1 粒子 Green 関数にははっきりと現れる．

以上，1 成分系の TL 流体(ボゾン系とフェルミオン系)に関して得られた結果を要約しておくと

（1） 1 次元ボゾン系あるいはフェルミオン系(スピンレス)の臨界的な性質は，$U(1)$ 対称性を持つガウシアン CFT で記述される．その共形次元はともに (10.4.33) 式の形をとる．ボゾンとフェルミオンの統計性を区別するのは量子数の選択則 (10.4.30) と (10.5.4) である．

（2） この選択則の違いによって，臨界指数間のスケーリング則はボゾン (10.4.39) とフェルミオン (10.5.6) で異なるが，これらは個々の模型にはよらない普遍的なものでユニバーサリティ・クラスを特徴づける．ただし，スケーリング則を満足する範囲で，臨界指数は連続的に変化し，$c=1$ の

表 10.1 ボゾン系，フェルミオン系の臨界指数．CDW(電荷密度波)，1 粒子 GF(Green 関数)の略記を用いてある．

	ボゾン系	フェルミオン系
$2p_F$ CDW	α	α
1 粒子 GF	$1/\alpha$	$1/\alpha+\alpha/4$
運動量分布	$1/\alpha-1$	$1/\alpha+\alpha/4-1$

臨界線を描く．表 10.1 にスケーリング則をまとめた．

このように，同じ $c=1$ CFT のクラスに分類されても，スケーリング則は粒子の統計性を反映してボゾン，フェルミオンで異なっている．さらに，このスケーリング則は massless 素励起が何成分あるかにも依存する．標語的にまとめると，TL 流体における臨界指数のスケーリング則は

(a)　$U(1)$ 対称性

(b)　Bose，Fermi 統計性

(c)　素励起の成分数

などによって決定される．

10.6　Haldane の記述法

このように，1 成分の TL 流体は $c=1$ CFT の枠組みにうまくおさまっている．1 成分の TL 流体に関しては，1970 年代のボゾン化法を用いた研究でその特徴的な性質がいろいろな角度から調べられていた．そのような中で，Haldane は 1980 年代初期の研究で，TL 流体が多くの 1 次元量子臨界系を包括する重要な概念であることを，前面に押し出して主張した[*2]．Haldane の主張は，朝永–Luttinger モデル（弱相関のモデル）で成り立っている種々のユニバーサルな関係式が，1 次元の多くの量子流体に対して普遍的に成り立つというもので，くり込み群の精神に基づくものである．

Haldane の記述法はボゾン化法に基づいており，$c=1$ CFT と密接なつながりをもっている．すなわち，ボゾン化されたハミルトニアンの相互作用項が低エネルギー領域で irrelevant であれば，この系の臨界現象は $c=1$ CFT で記述されるからである．Haldane の表記では，量子臨界系の有効ハミルトニアンとして波数ゼロ付近のボゾン型の素励起の他に，粒子数変化 $(N-N_0)$ を伴うものと，カレント (J) を運ぶものが導入される．これらは，一般に異なる 3 種類の速度で特徴づけられる：

*2　F.D.M. Haldane, *Phys. Rev. Lett.* **45** (1980) 1358; *J. Phys.* **C14** (1981) 2585

$$\mathcal{H} = v_S \sum_{q\neq 0} |q| b_q^\dagger b_q + \frac{\pi}{2L}\left[v_N (N-N_0)^2 + v_J J^2 \right] \qquad (10.6.1)$$

この表式は位相ハミルトニアン(7.2.14)を$\partial_x\varphi$とΠのゼロモードに注意して，有限系で書き直したものと解釈できる．ここで大切なことは，これら3種類の速度は互いに独立ではなくて，

$$v_S = (v_J v_N)^{1/2} \qquad (10.6.2)$$

の特別な関係を満足することである．そこで，

$$v_J = \exp(2\psi) v_S\ , \quad v_N = \exp(-2\psi) v_S\ , \qquad (10.6.3)$$

と書くことにすると，$\exp(2\psi)$が無次元の結合定数(あるいは臨界指数)K^*そのものに他ならないことが(7.2.14)との比較で明らかである．これらの性質を持った流体がHaldaneによるTL流体の定義と考えてもよい．もちろん，関係式(10.6.3)が個々の模型，たとえば朝永模型やスピン系などで成立することはすでに知られていた．Haldaneのポイントは，この関係式の普遍性を指摘し，多くの1次元量子系がガウシアンのユニバーサリティ・クラスに分類されることを強調した点である．実際に，彼自身はこのことをHeisenbergモデル等の厳密に解ける1成分系で確かめている．

ここで用いた$c=1$ CFTの表記とHaldaneの表記に

$$\Delta N = N - N_0, \quad \Delta D = J/2, \quad \exp(\psi) = \xi \qquad (10.6.4)$$

という対応関係があることが(10.4.31),(10.6.1)からわかる．このように，Haldaneのアプローチは$c=1$ガウシアンCFTの普遍的な性質を，(10.6.3)の速度に関する具体的な形で表し，そのユニバーサリティ・クラスを表現したものである．

次章では，電子系のTL流体をとりあげ，相関関数などの普遍的な性質について議論する．その場合，速度の異なるmasslessモードが2種類現われ，単純には共形場の理論にのらない．ここに，スピン・電荷の分離という現象が重要な役割を果たすことをみる．

1次元電子系の臨界的性質

前章では1成分の massless 励起を持つ TL 流体の臨界現象を厳密解を用いて調べ，それが $c=1$ ガウシアン共形場の理論で記述されることを示した．ここでは電子系の TL 流体を共形場の理論と厳密解を用いて解析する．電子系では，電荷とスピンに関する2つの励起モードが分離して，2成分から成る TL 流体を実現している．電子系の TL 流体は，量子細線や分数量子 Hall 系のエッジ状態などの擬1次元電子系を通して，固体電子論に重要な研究テーマを提供している．ここでは具体的な模型として Hubbard 模型と t-J 模型を解析し，臨界指数のスケーリング則や物理量のユニバーサルな関係式を議論する．

11.1　強相関領域における朝永–Luttinger 流体

ここで，電子系の朝永–Luttinger 流体(以下，TL 流体とする)に関する研究の進展について簡単に触れておく．朝永の先駆的な研究から1980年代前半までにボゾン化法を中心とした理論が整備され，主に擬1次元伝導体に応用されてきた．このような中で，1986年の高温超伝導体の発見により，低次元電子系における強い電子相関効果の重要性が再認識された．これに刺激され，1次元電子系の TL 流体の研究が再び活発になり，TL 流体の強相関領域での性質に焦点が当てられた．そのころ急速に進歩した計算物理の方法によって，Hubbard 模型を中心に，低エネルギー領域での相関関数の計算が行われた．量子モンテカルロ法を用いたHubbard模型の種々の相関関数の計算[*1]に続き，有限系の数値対角化法を用いて強相関の極限で相関関数が計算され，強相関の極限でもTL流体が実現しうることが示された[*2]．さらに，共形場の理論やHaldane流の解析的な方法を用いてHubbard模型や超対称t-J模型の臨界現象が解析され，任意のfillingに対して臨界指数が厳密に計算された[*3 *4 *5]．

このように，古くから蓄積されてきた弱相関の理論に加えて，計算物理ならびに場の理論の方法によって，強相関領域を含めてTL流体の性質はほぼ完全に理解されている．最近では，量子Hall系やメゾスコピック系への応用を中心とした研究が盛んに行われており，TL流体の研究は固体電子論の大きな研究分野を構成している．

前章で紹介した1成分のTL流体に比べ，電子系のようにスピン内部自由度がある場合は，CFTによる取り扱いはそんなに単純ではない．というのは，電子系ではスピンと電荷の素励起が2種類存在し，一般にそれぞれの速度が異なっているためである．そのため，低エネルギー領域でも系全体としてはLorentz不変性が成立しないので，一見するとCFTは適用できないように思われる．しかし重要な点は，この2つの素励起が低エネルギー領域で分離しており(スピンと電荷の分離)，それぞれが独立にCFTで記述されるということである．このことが電子系に対して実際に成立していることを確かめるためには，Bethe仮説法による電子系の厳密解を用いてスペクトル解析を行い，その結果を共形場の理論に照らし合わせればよい．

以下で，まずスピン・電荷分離について簡単に述べ，その後CFTと厳密解を用いて1次元Hubbard模型の臨界現象を解析し，その普遍的な性質を記述する．同様の考察をt-J模型に対しても行う．

---

*1　M. Imada and Y. Hatsugai, *J. Phys. Soc. Jpn.* **58** (1989) 3752

*2　M. Ogata and H. Shiba, *Phys. Rev.* **B41** (1990) 2326

*3　H. J. Schulz, *Phys. Rev. Lett.* **64** (1990) 2831

*4　N. Kawakami and S.-K. Yang, *Phys. Lett.* **148A** (1990) 359

*5　H. Frahm and V. E. Korepin, *Phys Rev.* **B42** (1990) 10553

11.2　スピンと電荷の分離

まず，前節でふれたスピン・電荷の分離について考察する．これは，Fermi流体には現れない1次元電子系の特徴であることは前章でもふれた．通常，電子は電荷とスピンをもつ粒子であり，それがスピンと電荷に分かれることはないが，1次元系の低エネルギー励起としては，スピン密度の集団励起と，電荷密度の集団励起が独立によいモードとなる．これが，**スピンと電荷の分離**(spin-charge separation)とよばれているものである．このようなスピン・電荷の分離は，朝永模型などの弱相関の模型では古くから知られており，強相関も含めた全領域でこれが成立していることが分かっている．

スピンと電荷の分離の様子を多体論の観点で直感的に把握するには，電子間の反発が非常に強い(強相関)極限を考えると分かりやすい．例として，反強磁性相互作用を持つHeisenbergスピン鎖を考える．この模型では，電子は各格子点に1個ずつ束縛され，局在したスピンを持った絶縁体となっている．このとき，格子上で隣合う電子はスピンの向きを互いに逆にする傾向(反強磁性相互作用)を持つので，格子系は図11.1(a)のように交互にスピンが反転したような配位を好む．ただし，短距離離相互作用をもつ1次元系では，きれいに揃ったスピン秩序を乱す量子ゆらぎが強いため，長距離にわたって図11.1(a)のような配位は実現しない．したがって，このような配位は，ある時刻において1

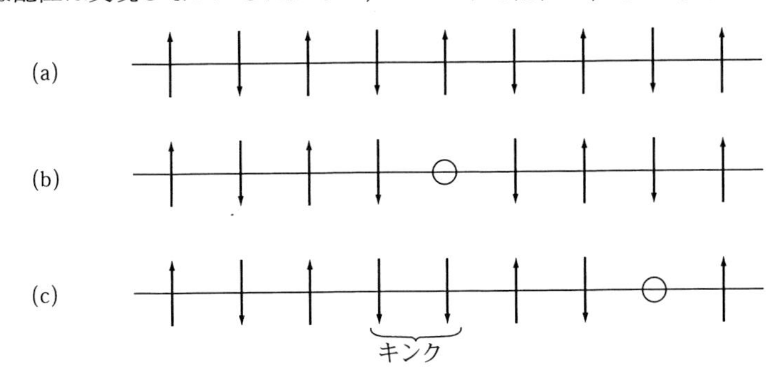

図11.1　スピン・電荷の分離：(a) 絶縁相，(b) ホールの導入，(c) 電荷とスピン(キンク)に分離．

次元格子上で局所的に実現していると考えなければならない．

さて電子が動き回れる金属相を考えるため，Heisenberg 模型から上向き電子を1個取り去ってみる．対応する格子点にはホールができ(図 11.1(b))，このホールは格子上を飛び移り始め電流を運ぶ．この飛び移りの過程でスピンの向きは変化しないので，ホールがいくつかの格子点を飛び跳ねた後の配位は図 11.1(c) のようになる．ホールは上向きスピンの電子と下向きスピンの電子にはさまれている(これをしばしば**ホロン**(holon)とよぶ)．また，ホールから離れたところでは，互いにスピンの向きが揃った電子がいることに注目しよう．さらにスピンの交換相互作用によって，この並行スピンの対の位置も適当にずれる．このようにしてできあがった状態では図 11.1 (b) の初期状態と異なり，ホールは互いに逆向きのスピンで囲まれている．また反強磁性的なスピン並びの中で，1箇所上向きスピンに揃った対ができている．これは，もとの反強磁性的な配位に比べると，余分にスピン 1/2 をもっているドメイン・ウォール(構造的な欠陥)で，これが**スピノン**(spinon)とよばれる励起である．結局，絶縁体から「電子」を1つ取り除いた初期状態から，いくつかのステップのあとに，ホロンとスピノンの対ができ，電荷とスピンが分離したようにみえる．もう少しホールの数を増やした場合にも，考え方は基本的に同じである．

ここで注意すべきことは，たとえ1次元といえどもスピン・電荷の「完全な分離」は一般には起こらないということである．実際，上に述べたような簡単な描像が成り立つのは特別な強相関の模型(たとえば $U \to \infty$ の Hubbard 模型)のみである．一般には，スピン・電荷は低エネルギー(長波長)の素励起が，2種類の独立な集団励起で記述されることを指す．したがって，1次元でのスピン・電荷の分離の概念は低エネルギーの素励起に対するものであり，高エネルギー領域では正確に定義できないことを注意しておく．このようなスピンと電荷の分離は，TL 流体の重要な物理的側面である．絶対零度でのこれらのエネルギースペクトルを調べてみると，どちらも massless 素励起であることがわかる．したがって，電子系の TL 流体を記述するためには，スピン・電荷分離に加えて，それぞれの素励起の示す臨界現象を解析することが不可欠である．これは，以下に見るように厳密解と CFT の有限サイズスケーリングを用いて実行できる．

11.3 Hubbard 模型の相関関数

これまでに述べてきたBethe 仮説法とCFT を用いて，Hubbard 模型と t-J 模型のTL 流体的な性質を調べる．これによって，スピン・電荷の分離とそれに伴う臨界現象を同時に定式化することができる．解析に用いる方法は共通なので，この節ではHubbard 模型の解析を行い，t-J 模型の結果は次節にまとめることにする．

Hubbard 模型のハミルトニアンをもう一度書き下しておくと，

$$\mathcal{H} = -t \sum_{\langle ij \rangle, \sigma} c_{i\sigma}^{\dagger} c_{j\sigma} + U \sum_{i} c_{i\uparrow}^{\dagger} c_{i\uparrow} c_{i\downarrow}^{\dagger} c_{i\downarrow} \tag{11.3.1}$$

である．前にも述べたように，各格子点に電子が平均的に1 個詰まった場合(half-filling, $n=1$) には系は絶縁体で，それ以下の電子密度($n<1$)では金属状態である．以下では主に金属相に焦点をあてることにする．この模型のBethe 仮説解は (9.2.5),(9.2.6) ですでに求めてあるので，それに基づいて有限サイズ補正の計算を行う．その方法はやや煩雑であるが[*6]，前章のボゾン模型のものと基本的に同じである．ここでは1 次元電子系に対して一般的に適用できる形に結果をまとめて紹介する．

11.3.1 基底エネルギーの有限サイズ補正

基底エネルギーの有限サイズ補正を計算するには，9 章のEuler-Maclaurin の公式を (9.2.5),(9.2.6) に用いればよい．まずエネルギーの補正項を直接計算し，それを素励起の速度で規格化すると，有限サイズスケーリング が適用できる．ここで，Hubbard 模型では，電荷の自由度とスピンの自由度の2 種類のmassless 素励起があるので，それぞれの素励起の速度を v_c, v_s と書くことにする．この速度で規格化すると，金属相での基底エネルギーの有限サイズ補正は，

$$E_0 = L\varepsilon_0 - \frac{\pi v_s}{6L} - \frac{\pi v_c}{6L} + O(L^{-2}) \tag{11.3.2}$$

*6 F. Woynarovich, *J. Phys.* **A22** (1989) 4243

のユニバーサルな形にまとまる．ただし，L は格子点の数であり，ε_0 はバルクのエネルギー密度である．この表式を CFT の有限サイズスケーリングの式 (3.2.15) と比べると，スピン励起と電荷励起が分離しており，それぞれが $c=1$ CFT で記述されることがわかる．$c=1$ の詳しい内容は，以下に示す励起状態の有限サイズスケーリングでより明確になる．

11.3.2　励起状態の有限サイズ補正

前項に出てきた電荷とスピンの 2 種類の素励起は，いわゆる擬 Fermi 面を持っており，それに対応する運動量は図 11.2 に示したように，$\pm 2p_F$（電荷）と $\pm p_F$（スピン）であることが厳密解から示される．ただし，p_F は自由電子の Fermi 運動量である．この擬 Fermi 面付近での低エネルギー励起が臨界現象を支配している．これらの素励起は，前章のボゾン系と同じく，それぞれ 3 種類の量子数で特徴づけられる．例として，電荷の自由度に注目してみる．3 つのギャップレスの励起は以下のようなものである．

（1）　擬 Fermi 面付近に ΔN_c 個（$=\Delta N_\uparrow+\Delta N_\downarrow$）の電荷粒子をつける励起.

（2）　左の擬 Fermi 面から右の擬 Fermi 面に粒子が ΔD_c 個移動する励起. これは $2\times 2p_F \Delta D_c = 4p_F \Delta D_c$ の運動量を運ぶ.

（3）　左右の擬 Fermi 面付近での粒子・正孔型の励起（量子数を $n_c^\pm$ とする）.

スピン励起に関しても同じような 3 種類の量子数が存在する：ΔN_s（$=\Delta N_\downarrow$）は↓スピン数の変化，ΔD_s は運動量変化 $2p_F\Delta D_s$ のスピンカレントを運ぶもの，そして $n_s^\pm$ は粒子・正孔タイプのスピン励起である．ここで注意すべきことは，これらの量子数は次の選択則

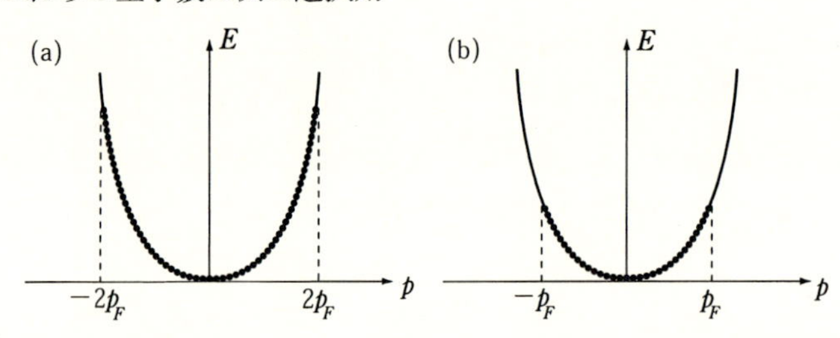

図 11.2　電荷励起 (a) とスピン励起 (b) の模式図：それぞれの擬 Fermi 面は $\pm 2p_F$ と $\pm p_F$ である.

$$\Delta D_c = \frac{\Delta N_c + \Delta N_s}{2} \mod 1, \qquad \Delta D_s = \frac{\Delta N_c}{2} \mod 1 \tag{11.3.3}$$

に従うということである．この選択則は電子の Fermi 統計性を反映したもので，モデルの詳細にはよらない．(11.3.3) は，前章のスピンレスフェルミオンの選択則 (10.5.4) を電子系に拡張したものである．

上に導入した量子数を用いると，励起スペクトルの有限サイズ補正は((3.2.16) 参照)

$$E - E_0 = \frac{2\pi v_c}{L} x_c + \frac{2\pi v_s}{L} x_s + O(L^{-2}) \tag{11.3.4}$$

となり，スピン励起と電荷励起が分離していることが分かる．ここに現れた電荷とスピンのスケーリング次元は

$$x_c = \left(\frac{\Delta N_c}{2\xi_c}\right)^2 + \xi_c^2 \left(\Delta D_c + \frac{\Delta D_s}{2}\right)^2 + n_c^+ + n_c^-, \tag{11.3.5}$$

$$x_s = \frac{1}{2}\left(\Delta N_s - \frac{\Delta N_c}{2}\right)^2 + \frac{1}{2}\Delta D_s^2 + n_s^+ + n_s^- \tag{11.3.6}$$

で定義される．この式から分かるように，量子数は 2 つのセクターで互いに入り交じっている．このことは，スピンと電荷が分離していても，実際の物理量には 2 つの自由度が混じりあって現れることを意味している．上記のスケーリング次元には量子数以外にパラメタが 1 個存在し，それは電荷励起の dressed charge

$$\xi_c(k) = 1 + \int_{-D}^{D} dk' \cos k' G(\sin k - \sin k') \xi_c(k') \tag{11.3.7}$$

である．ただし，$\xi_c = \xi_c(D)$ と定義した．電荷励起のカットオフ D は，Hubbard 模型の厳密解のところでふれたように，電子数密度 n によって一意的に決定されるもので，低密度のとき $D \sim 0$ で，half-filling に近いときは $D \sim \pi$ である（D は n の単調関数）．また，積分核は

$$G(x) = \int_{-\infty}^{\infty} \frac{d\omega}{2\pi} \frac{\exp(-i\omega x)}{1 + \exp(U|\omega|/(2t))} \tag{11.3.8}$$

である．この dressed charge は電荷励起の $U(1)$ 対称性を反映し，連続的に変化できる量である．

他方，運動量変化への補正は前章のボゾン系と同様に

$$P = (2p_{F\uparrow}+2p_{F\downarrow})\Delta D_c + 2p_{F\downarrow}\Delta D_s + \frac{2\pi}{L}\sum_{\alpha=c,s}(\Delta N_\alpha \Delta D_\alpha + n_\alpha^+ - n_\alpha^-) \qquad (11.3.9)$$

となることがわかる．ここで上向き(下向き)スピン電子のFermi運動量は

$$p_{F\uparrow(\downarrow)} = \frac{\pi}{2}(n \pm 2\mathcal{M}) \qquad (11.3.10)$$

で与えられる．ただし，n は電子密度，$\mathcal{M}$ は磁化である(ここではゼロ磁場，すなわち $p_{F\uparrow}=p_{F\downarrow}=p_F$ を考えている)．

11.3.3　共形場の理論による分類

上に得られたHubbard模型の励起スペクトルをCFTに基づいて分析すると，

$$E - E_0 = \frac{2\pi}{L}\sum_{\alpha=c,s} v_\alpha(\Delta_\alpha^+ + \Delta_\alpha^-) + O(L^{-2}), \qquad (11.3.11)$$

$$P - P_0 = (2p_{F\uparrow}+2p_{F\downarrow})\Delta D_c + 2p_{F\downarrow}\Delta D_s + \frac{2\pi}{L}\sum_{\alpha=c,s}(\Delta_\alpha^+ - \Delta_\alpha^-) \qquad (11.3.12)$$

と，右向きおよび左向きの共形次元 $\Delta_\alpha^\pm$ に分解されるはずである．ただし $\alpha=c,s$ は電荷とスピンに対応する．この表式を用いて，有限サイズスペクトルから共形次元を決定すると，

$$\Delta_c^\pm = \frac{1}{2}\left(\frac{\Delta N_c}{2\xi_c} \pm \xi_c\left(\Delta D_c + \frac{\Delta D_s}{2}\right)\right)^2 + n_c^\pm \qquad (11.3.13)$$

$$\Delta_s^\pm = \frac{1}{4}\left(\Delta N_s - \frac{\Delta N_c}{2} \pm \Delta D_s\right)^2 + n_s^\pm \qquad (11.3.14)$$

となることがわかる．

ここで得られた共形次元を $c=1$ CFTのウェイトである(4.1.7)式と比較してみる．まず，電荷部分の次元をみると，これは $c=1$ ガウシアンCFTで期待されるものに他ならないことがわかる．すなわち，プライマリー場には粒子数変化を伴う励起とカレントを運ぶ励起が寄与しており，粒子・正孔タイプの

励起が共形タワー構造を構成している．また，相互作用や粒子密度などを変化させると，電荷励起の dressed charge ξ_c の値が変化し，$c=1$ の臨界線を描く．一方で，スピン励起の共形次元は，$SU(2)$ カレント代数 から予想されるものと同じ形である．すなわち $c=1$ ガウシアン理論で，$\xi=1/\sqrt{2}$ の特別な点に固定されたものになっている．したがって，スピン励起は相互作用の大きさにかかわらず，Heisenberg 模型と同じユニバーサリティ・クラスに属しており，その臨界現象は $c=1$ $SU(2)$ Kac-Moody 代数で記述される．

このように 1 次元電子系では，低エネルギー領域でスピン励起と電荷励起が独立な massless モードを形成し，それぞれが $c=1$ の CFT で記述されている．このような性質を持った流体が**電子系の TL 流体**である．ここで注意すべきことは，この 2 つのモードは素励起としては分離しているが，実際の物理量を計算する際には，電荷とスピンの張り付けを行わなければならないことである．したがって，ある物理量では電荷励起のみが観測されたり，またある物理量では電子が観測されたりする．それには，電子の Fermi 統計性を反映した (11.3.3) 式の選択則が本質的な役割を担う．

以上の解析は金属相に関するものであるが，ここで half-filling の Mott 絶縁体の場合ついて簡単にふれておく．この場合，電荷励起はギャップを持ち，スピン励起のみ臨界的になっているので，低エネルギースペクトルは

$$E-E_0=\frac{2\pi}{L}v_s(\Delta_s^+ + \Delta_s^-) \qquad (11.3.15)$$

とスピンに関する部分のみから成る．このスペクトルから決定される共形次元は

$$\Delta_s^{\pm}=\frac{1}{4}\Big(\Delta N_s \pm \Delta D_s\Big)^2 + N_s^{\pm} \qquad (11.3.16)$$

となり，この臨界現象は Heisenberg スピン鎖と同じく $SU(2)$ Kac-Moody 理論で記述されることが分かる．

11.3.4 相関関数の臨界指数

以上のように，励起スペクトルの CFT による解析を通してユニバーサリティ・クラスが決定されると，種々の相関関数の臨界指数を読みとることができ

る．まず，共形次元 $\Delta^{\pm}$ を持つスケーリング場 $\phi_{\Delta^{\pm}}(x,t)$ の2点相関関数は次のような形を持つ:

$$\langle\phi_{\Delta^{\pm}}(x,t)\phi_{\Delta^{\pm}}(0,0)\rangle$$
$$= \frac{\exp(i(2p_{F\uparrow}+2p_{F\downarrow})\Delta D_c x)\exp(i2p_{F\downarrow}\Delta D_s x)}{(x-iv_c t)^{2\Delta_c^+}(x+iv_c t)^{2\Delta_c^-}(x-iv_s t)^{2\Delta_s^+}(x+iv_s t)^{2\Delta_s^-}} \quad (11.3.17)$$

したがって，励起スペクトルから求めた共形次元を使って，Hubbard 模型の相関関数の臨界指数を決定することができる．以下では，次の相関関数の漸近領域でのふるまいを調べる．

(a) 1電子 Green 関数

$$G_\sigma(x,t) = \langle c_\sigma^\dagger(x,t)c_\sigma(0,0)\rangle, \qquad \sigma = \uparrow \text{ or } \downarrow \quad (11.3.18)$$

(b) 電荷密度相関関数

$$N(x,t) = \langle n(x,t)n(0,0)\rangle, \qquad n(x,t) = n_\uparrow(x,t)+n_\downarrow(x,t) \quad (11.3.19)$$

(c) スピン密度相関関数

$$\chi(x,t) = \langle S_z(x,t)S_z(0,0)\rangle, \qquad S_z(x,t) = \frac{1}{2}(n_\uparrow(x,t)-n_\downarrow(x,t)) \quad (11.3.20)$$

(d) 超伝導ペア相関関数(1重項と3重項)

$$P_s(x,t) = \langle c_\uparrow^\dagger(x+1,t)c_\downarrow^\dagger(x,t)c_\uparrow(1,0)c_\downarrow(0,0)\rangle \quad (11.3.21)$$

$$P_t(x,t) = \langle c_\uparrow^\dagger(x+1,t)c_\uparrow^\dagger(x,t)c_\uparrow(1,0)c_\uparrow(0,0)\rangle \quad (11.3.22)$$

1次元では実際には長距離秩序は形成されないが，どのような相がより安定かは，それに対応する相関がどの程度遠くまで届くかで判断できる．したがって，長距離のべき異常 $x^{-\alpha}$ を決定する臨界指数 α が小さければ小さいほど，これに対応する秩序はより起こりやすいと考えることができる．

さて，上に導入した相関関数の臨界指数を求めるためには，共形次元(11.3.14)に適当な量子数を代入する必要がある．ここで，この量子数は電子の Fermi 統計性を反映した選択則(11.3.3)を満足するものでなければならない．したがって，特別な理由(対称性など)で係数が消えない限り，相関関数の漸近形は次の量子数の組で決定される．

$G_\downarrow(x,t)$:　$(\Delta N_c = 1,\ \Delta N_s = 1,\ \Delta D_c \in \mathbb{Z},\ \Delta D_s \in \mathbb{Z}+1/2)$

$$
\begin{aligned}
G_\uparrow(x,t) &: \quad (\Delta N_c=1,\ \Delta N_s=0,\ \Delta D_c\in\mathbb{Z}+1/2,\ \Delta D_s\in\mathbb{Z}+1/2)\\
N(x,t) &: \quad (\Delta N_c=0,\ \Delta N_s=0,\ \Delta D_c\in\mathbb{Z},\ \Delta D_s\in\mathbb{Z})\\
\chi(x,t) &: \quad (\Delta N_c=0,\ \Delta N_s=0,\ \Delta D_c\in\mathbb{Z},\ \Delta D_s\in\mathbb{Z})\\
P_s(x,t) &: \quad (\Delta N_c=2,\ \Delta N_s=1,\ \Delta D_c\in\mathbb{Z}+1/2,\ \Delta D_s\in\mathbb{Z})\\
P_t(x,t) &: \quad (\Delta N_c=2,\ \Delta N_s=2,\ \Delta D_c\in\mathbb{Z},\ \Delta D_s\in\mathbb{Z})
\end{aligned}
\tag{11.3.23}
$$

このような量子数を選択した理由は，次のようなものである．たとえば，1電子 Green 関数 $G_\downarrow$ では，これに関与する励起は，系から下向き電子を取り去った(あるいはつけた)空間で考えなければならない．下向き電子が1個増えることは，電荷が1個増え($\Delta N_c=1$)，かつ下向きスピンが1個増えることに($\Delta N_s=1$)対応している．これにフェルミオンの選択則 (11.3.3) を組み合わせると，上記の $G_\downarrow(x,t)$ の量子数のセットが得られる．

具体的な例として，同時刻での1電子 Green 関数 $G_\downarrow(x,0)$ を考えてみる．上に述べた選択則をみたすように，臨界指数を小さいものから順に列挙してみる．その結果この長距離部分の主要項は $(\Delta N_c,\Delta N_s,\Delta D_c,\Delta D_s)=(1,1,0,\pm1/2)$ で決定されることがわかる．したがって，

$$
G_\downarrow(x,0)\sim x^{-\eta}\cos p_F x\ , \qquad \eta=\frac{(K_c+1)^2}{4K_c} \tag{11.3.24}
$$

の漸近形が得られ，フェルミオン特有の p_F 振動がみられる．また，$G_\uparrow(x,0)$ は量子数 $(1,0,\pm1/2,\mp1/2)$ で決定されるが，結果は上のものと同じである．この1電子 Green 関数を Fourier 変換すると，運動量分布関数 $\langle n_p\rangle$ が得られる．$G_\sigma(x,0)$ の長距離でのべき依存性を反映して，$\langle n_p\rangle$ には Fermi 点 p_F 付近にべき異常

$$
\langle n_p\rangle=\langle n_{p_F}\rangle-\text{const.}|p-p_F|^\theta \text{sgn}(p-p_F) \tag{11.3.25}
$$

が現れる．これに対する臨界指数は，(11.3.14) より

$$
\theta=\eta-1=\frac{(K_c-1)^2}{4K_c} \tag{11.3.26}
$$

となる．ただし，$K_c=\xi_c^2/2$ と定義した．ξ_c は (11.3.7) 式で定義された電荷の dressed charge であり，厳密に計算できる量であるが，ここでは電荷の $U(1)$

対称性を反映したパラメタであるとする．以下にみるように，K_c は電荷相関の臨界指数に対応している．この運動量分布関数のべき異常は，Fermi 流体と TL 流体を明確に区別するものとして前章で議論したが，まさにその通りになっていることがわかる．

一方，電荷密度演算子は系の粒子数を変化させないので $\Delta N_c=\Delta N_s=0$ とおいて，臨界指数を小さいものから順に列挙してみる．その結果，同時刻相関関数の長距離部分は次のように書くことができる．

$$N(x,0)\sim \text{const.}+A_0x^{-2}+A_2x^{-\alpha_s}\cos 2p_Fx+A_4x^{-\alpha_c}\cos 4p_Fx \qquad (11.3.27)$$

ただし，対数補正は無視し，また零磁場を考えているので，$p_{F\uparrow}=p_{F\downarrow}\equiv p_F$ とおいた．ここで，$4p_F$ の振動項は，量子数 $(\Delta N_c,\Delta N_s,\Delta D_c,\Delta D_s)=(0,0,\pm1,0)$ で，また $2p_F$ 振動の項は $(\Delta N_c,\Delta N_s,\Delta D_c,\Delta D_s)=(0,0,\pm1,\mp1)$ あるいは $(0,0,0,\pm1)$ で決定される．非振動項は，$(\Delta N_c,\Delta N_s,\Delta D_c,\Delta D_s)=(0,0,0,0)$ とした粒子・正孔タイプの励起 $n^{\pm}=1$ で支配されている．したがって，非自明な異常臨界指数として，

$$\alpha_c\equiv 4K_c,\qquad \alpha_s=1+K_c \qquad (11.3.28)$$

が得られる．このように，$4p_F$ 振動の臨界指数を $4K_c$ と定義しておくと，(i) $K_c=1$ が自由電子に，(ii) $K_c>1$ が引力，(iii) $K_c<1$ が斥力の場合に対応するので分かりやすい．一方，スピン密度相関も，対応する量子数を指定することで，

$$\chi(x,0)\sim B_0x^{-2}+B_2x^{-\alpha_s}\cos 2p_Fx \qquad (11.3.29)$$

となり，電荷密度相関の $4p_F$ 振動項がないものと同じ形となっている．

また，1 重項と 3 重項の超伝導相関関数は $(\Delta N_c,\Delta N_s,\Delta D_c,\Delta D_s)=(2,1,\pm1/2,0)$ と $(2,2,0,0)$ で決定される．1 重項ペアリングでは

$$P_s(x,0)\sim x^{-\beta_S}\cos 2p_Fx\ ,\qquad \beta_s=\frac{1}{K_c}+K_c \qquad (11.3.30)$$

であるが，3 重項ペアリングの場合は，

$$P_t(x,0)\sim x^{-\beta_t},\qquad \beta_t=1+\frac{1}{K_c} \qquad (11.3.31)$$

となる．以上で，種々の相関関数の臨界指数が決定できた．同様の方法で，他の相関関数も系統的に求めることができる．

さて，Hubbard 模型に関する臨界指数を実際に計算するためには (11.3.7) の dressed charge を見積もればよい．厳密解を用いて計算された運動量分布関数 (11.3.25) の臨界指数を図 11.3 に示した．この臨界指数 θ は相互作用 U ならびに電子密度の関数として $0 \leqq \theta \leqq 1/8$ の範囲で変化することがわかる．相互作用のないとき ($U=0$) には，電子密度に関係なく $\theta=0$ である（すなわち $K_c=1$）．このとき，運動量分布関数は Fermi 分布関数そのものとなり，$\theta=0$ は Fermi 分布の p_F における不連続性を表している．一方，強相関の極限では，$\theta=1/8$ となる（すなわち $K_c=1/2$，この値は，数値計算によって最初求められた）．この 1/8 の上限値は相互作用が短距離であることを反映しており，長距離相互作用を考慮すると θ は 1/8 より大きくなりうる．このグラフで興味深いことは，低密度と half-filling に近い所では，U がどんなに小さくても ($U>0$)，強相関の $\theta=1/8$ の値になっていることである．低密度の場合には，個々の電子の運動エネルギーがたいへん小さいため，小さな U でも有効的に強相関領域とみなせる．一方，half-filling に近い場合は，金属から Mott 絶縁体への転移が起こるので，このことを反映して θ は強相関の値をとる．したがって，Mott 絶縁体近くの金属相は U が小さくても有効的に強相関の系となっている．

このように，厳密解と CFT を用いることで，1 次元 Hubbard 模型の低エネルギー領域での臨界現象を厳密に解析でき，相関関数の臨界指数を正確に求めることができた．前章で紹介した Haldane の記述法を用いた計算もなされており，同じ臨界指数が得られている．

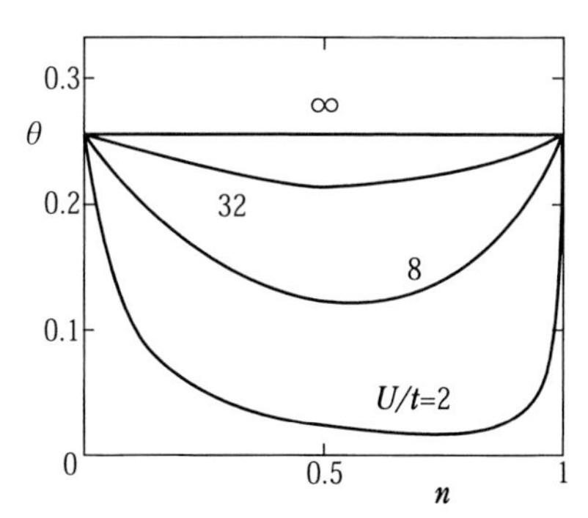

図 11.3 Hubbard 模型に対する運動量分布関数の臨界指数の電子密度依存性

11.4　t–J 模型

強相関電子系の模型として，Hubbard 模型以外に，その性質がよく調べられているものとして t-J 模型がある．この模型は，高温超伝導体における電子相関効果を扱うことのできる簡単な模型と考えられている．1 次元 t-J 模型のハミルトニアンは

$$\mathcal{H} = -t \sum_{\langle ij \rangle, \sigma} c_{i\sigma}^{\dagger} c_{j\sigma} + J \sum_{\langle ij \rangle} \Big[\boldsymbol{S}_i \cdot \boldsymbol{S}_j - \frac{1}{4} n_i n_j \Big], \tag{11.4.1}$$

で与えられる．ここで，i, j に関する和は最近接のものに限るとする．この模型では，同じ格子点に 2 個の電子は詰まらない（強相関）という条件が暗黙のうちについている．したがって，各格子点でとりうる状態は，↑スピン，↓スピン，ホールの 3 種類のみである．以下では，物理的に興味深い反強磁性的相互作用の場合 $(J > 0)$ を考えることにする．

もともと t-J 模型は Hubbard 模型の $U \to \infty$ の極限として導入されたものである．ただし，この極限操作では有効相互作用は $J \sim t^2/U$ を満足しなければならないので，この手続きからでは小さい J の t-J 模型のみしか得られない．しかし，高温超伝導に関する理論では J は自由パラメタとみなされ，$J \sim t$ の領域まで議論されている．この理由は，高温超伝導体に対するより現実的なバンド構造を持つ模型から出発し，その低エネルギー有効理論を書き下すと，J の大きな t-J 模型も得られるからである[*7]．したがって，J の大きな模型も精力的に研究されており，以下に述べる $J = t$ の場合（超対称 t-J 模型とよばれる）も物理的に興味深いことを注意しておく．

11.4.1　t–J 模型の臨界現象と相図

1 次元 t-J 模型は，超対称の条件 $(t = J)$ のもとでは Bethe 仮説法で厳密に解くことができる[*8 *9]．したがって，Hubbard 模型の場合と同様に，厳密スペ

*7　F. C. Zhang and T. M. Rice, *Phys. Rev.* **B37** (1988) 3759

*8　B. Sutherland, *Phys. Rev.* **B12** (1975) 3795

*9　P. A. Bares and G. Blatter, *Phys. Rev. Lett.* **64** (1990) 2567

クトルをCFTによって解析することで，**超対称 t-J 模型**(supersymmetric t-J model)のTL流体的な性質を議論することができる[*10]．その結果得られる臨界指数は，もちろんスケーリング関係式(11.3.28) ～ (11.3.31)を満足する．t-J 模型とHubbard模型との相違点は，$U(1)$ の臨界線を連続的に描くパラメタである臨界指数 K_c の違いに現れる．もちろん，その結果，その他の臨界指数の値もHubbard模型とは当然異なっている．図11.4には，得られている結果の中から運動量分布の臨界指数 θ の電子密度依存性を示した．これは，図11.5に示す相図で $J=t$ の線に沿った変化である．電子密度がhalf-fillingに近いと，$\theta \sim 1/8$ となり，この値は $U\to\infty$ の極限でのHubbard模型と同じ値である．すなわち，half-filling付近では，超対称 t-J 模型は反強磁性相互作用の強さに関係なく，強い相関の模型となっている．

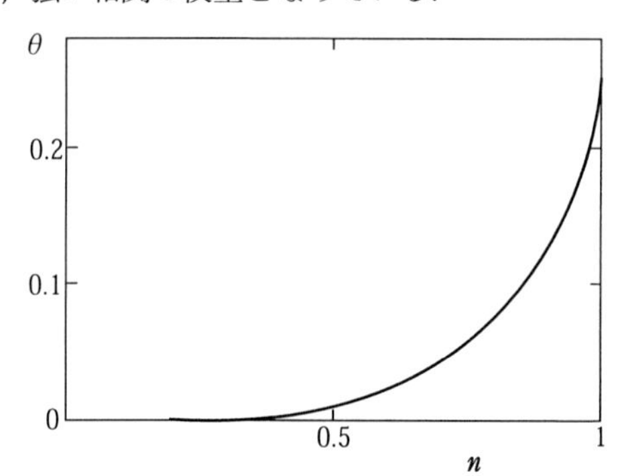

図11.4　超対称 t-J 模型の運動量分布関数の臨界指数の電子密度依存性

一方，ホールのドーピング量を増やして，電子濃度を低くしていくと θ の値はどんどん小さくなり，低密度の極限では $\theta\sim 0$ となる．ここで，$\theta=0$ は自由電子の臨界指数(Hubbard模型の $U=0$ の場合)の値である．したがって，t-J 模型はもともと強い相関の模型として導入されたにもかかわらず，反強磁性相互作用が大きいとこれが引力的に働き，低密度側で有効的に弱相関の系になったようにみえる．このように，超対称($t=J$)の条件下では電子密度に関係なく，t-J 模型はTL流体のクラスに分類されることが厳密に示された．

---

*10　N. Kawakami and S.-K. Yang, *Phys. Rev. Lett.* **65** (1990) 2309

このような$t=J$の結果と$J\sim 0$の結果($U\to\infty$ の Hubbard 模型)を合わせて考えると，$0<J\leqq t$ のパラメータ領域で，1次元 t-J 模型が TL 流体になっていることに間違いはないと思われる．さらに J が大きくなると何が生じるかという問題に関しては，厳密に議論することはできない．この問題に関しては有限系の数値対角化法を用いて相図が得られ，t-J 模型の相図がかなり正確に決定されている[*11]．それによると，J の値が超対称のラインを越えてさらに大きくなっていくと，系に2相分離が生じる(図11.5)．すなわち，ある値より大きな J に対して TL 流体はもはや成り立たず，電子が固まっている部分とホールが固まっている部分が空間的に分離してしまう．

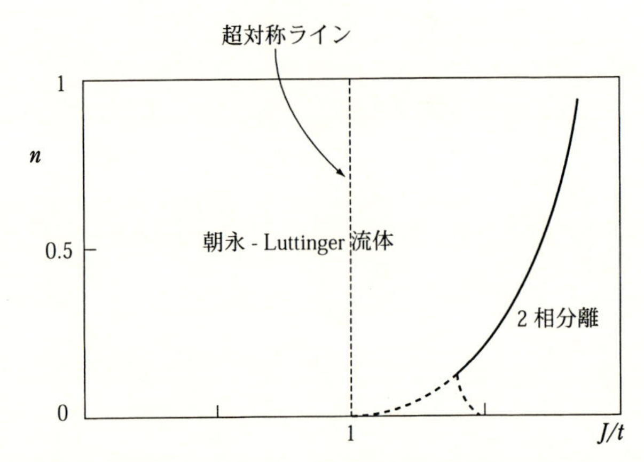

図 11.5　t-J 模型の相図：$J/t=1$ の線が超対称 t-J 模型．相分離の境界線を越えると TL 流体は成立しない．また，低密度部分にある小さな領域では，スピンギャップが開くと考えられている．

この数値計算結果の面白い点は，この相分離に近い TL 流体の領域では超伝導の相関が増大するということである(すなわち $K_c>1$ となる．このような領域は斥力 Hubbard 模型では存在しない)．上にも述べたように，t-J 模型は強相関の模型であるにもかかわらず，大きな反強磁性相互作用 J が有効的に引力的に働き，超伝導相関を増幅していると考えられる．このように，1次元 t-J 模型に関しても厳密解と CFT による解析，さらには計算物理などの方法で，

---

*11　M. Ogata, M. U. Luchini, S. Sorella and F.F. Assaad, *Phys. Rev. Lett.* **66** (1991) 2388

TL 流体的な性質が明らかにされている．

ここで述べた Hubbard 模型，t-J 模型以外に，固体電子論の基礎的な模型として近藤格子模型 がある．これまでに主に数値計算や解析手法を用いて多くのことが分かっているが[*12]，その金属相の TL 流体に関しては，さらに詳しい研究が進められている．

11.5　電子系の TL 流体の普遍的な性質

これまでに見てきたように，1 次元の相関電子は低エネルギー領域で普遍的な臨界現象を示し，電子系の TL 流体というユニバーサリティ・クラスを形成している．その具体的な性質をまとめると：

（1）1 次元電子系では低エネルギー領域でスピン・電荷の分離が生じ，電荷励起は $c=1$ ガウシアン CFT で，またスピン励起は $c=1$ $SU(2)$ CFT で記述される．

（2）これに対応する共形次元は一般に (11.3.13) と (11.3.14) で与えられ，この形は模型の詳細にはよらないユニバーサルなものである．ただし，電荷の自由度に関しては $U(1)$ 対称性の範囲で ξ_c が変化し，$c=1$ 臨界線を描く．

（3）また，臨界指数のスケーリング関係式 (11.3.28) ～ (11.3.31) もユニバーサルなもので，電子系の TL 流体を特徴づける．表 11.1 に，電子系のスケーリング関係式をまとめた．

この電子系の TL 流体の臨界現象を記述する有効理論は，ボゾン化法の表示を用いると

$$H = H_c + H_s, \tag{11.5.1}$$

$$H_\nu = \int dx \left[\frac{\pi v_\nu K_\nu}{2} \Pi_\nu^2 + \frac{v_\nu}{2\pi K_\nu} (\partial_x \varphi_\nu)^2 \right], \quad \nu = c,\, s \tag{11.5.2}$$

で与えられる．ただし，H_c，H_s は，電荷とスピンの励起を記述する有効ハミルトニアンである．K_c $(=\xi_c^2/2)$ は $c=1$ の臨界線を描く一方で，スピン部分は

＊12　上田和夫，常次宏一，日本物理学会誌 **48** (1993) 704

表 11.1 電子系の臨界指数間のスケーリング則．簡単のため，CDW(電荷密度波)，SDW(スピン密度波)，1 粒子 GF(Green 関数)，超伝導 S,T(1 重項，3 重項)の略記を用いてある．

	臨界指数
$2p_F$ SDW	$1+K_c$
$2p_F$ CDW	$1+K_c$
$4p_F$ CDW	$4K_c$
超伝導 (S)	K_c+1/K_c
超伝導 (T)	$1+1/K_c$
1 粒子 GF	$(K_c+1)^2/(4K_c)$
運動量分布	$(K_c-1)^2/(4K_c)$

$SU(2)$ 対称性を反映し $K_s=1$ に固定されている．このように TL 流体で観測される種々の普遍的な関係式は，電荷の $U(1)$ 対称性 とスピンの $SU(2)$ 対称性を反映したものであることがわかる．

上に記したもの以外に，臨界指数とバルク物理量との関係もユニバーサルである．たとえば，圧縮率(あるいは電荷感受率)は電荷ゆらぎの目安を与えるもので，化学ポテンシャルを変化させたときの粒子数変化 $\chi_c=\Delta N_c/\Delta\mu$ で与えられる．(11.3.4) 式の電荷部分のエネルギー変化から圧縮率は容易に計算できて，

$$\chi_c=\frac{\xi_c^2}{\pi v_c}=\frac{2K_c}{\pi v_c} \tag{11.5.3}$$

となる．これも電荷の $U(1)$ 対称性を反映したものである．同様に，スピン帯磁率は (11.3.4) 式のスピン励起部分より

$$\chi_s=\frac{\xi_s^2}{\pi v_s}, \qquad \xi_s=\frac{1}{\sqrt{2}} \tag{11.5.4}$$

となり，スピン部分の $SU(2)$ 対称性を反映している．(ただし，簡単のため $g\mu_B=1$ とおいてある)．一方，低温での電子比熱係数は

$$\gamma=\frac{\pi}{3}\left(\frac{1}{v_c}+\frac{1}{v_s}\right) \tag{11.5.5}$$

で与えられる．以上の式から，(11.3.28) の臨界指数は

$$K_c = \frac{\pi v_c \chi_c}{2} = \frac{\widetilde{\chi}_c}{2\widetilde{\gamma} - \widetilde{\chi}_s} \tag{11.5.6}$$

とバルクな物理量のみで書くこともできる．ただし，最後の式では，自由電子に対して $\widetilde{\gamma} = \widetilde{\chi}_s = \widetilde{\chi}_c = 1$ となるように規格化してある．これらの関係式も TL 流体を特徴づけるユニバーサルなものである．このバルク量を用いた表式は，臨界指数を数値計算で見積もる際にたいへん有用である．というのは，相関関数を直接数値的に見積もるのに比べて，バルク量を計算する方が，一般にやさしいからである．上に述べた関係式以外にも，乱れのない系における電気伝導度 $\sigma(\omega)$ の $\omega = 0$ の成分（dc 電気伝導度）

$$\mathrm{Re}\,\sigma(\omega) = \frac{2\pi e^2}{\hbar} \mathcal{D}\,\delta(\hbar\omega) \tag{11.5.7}$$

も普遍的な式で与えられる．すなわち，charge stiffness とよばれる $\mathcal{D}$ は

$$\mathcal{D} = \frac{1}{\pi} K_c v_c = \frac{\pi}{2} \chi_c v_c^2 \tag{11.5.8}$$

で与えられる．これらすべての関係式が TL 流体のユニバーサリティ・クラスを特徴づける．表 11.2 にバルク物理量のユニバーサルな表式をまとめた．

表 11.2 バルク物理量の表式．

	臨界指数
比熱係数	$\gamma = \frac{\pi}{3}\left(\frac{1}{v_s} + \frac{1}{v_c}\right)$
帯磁率	$\chi_s = 1/(2\pi v_s)$
圧縮率	$\chi_c = 2K_c/(\pi v_c)$
charge stiffness	$\mathcal{D} = K_c v_c/\pi$

以上みてきたように，1 次元電子系の金属相は 2 つの massless 素励起からなる TL 流体となっている．この素励起はともに $c = 1$ CFT で記述されるが，それぞれのセクターの対称性を反映して，電荷の部分は $U(1)$ ガウシアン理論，スピン部分は $SU(2)$ Kac-Moody 理論で記述される．このように TL 流体の基礎概念は，CFT の美しい理論体系にすっぽりとおさまっている．

近藤効果，量子Hall効果のエッジ状態

ここまで述べてきた例以外にも，共形場の理論は低次元量子系の研究に多くの成果をもたらしている．以下に，その顕著な応用例の中から近藤効果と量子 Hall 効果のエッジ状態の 2 つの話題を紹介する．近藤効果のような不純物問題も量子臨界系として定式化することができ，この場合は境界のある共形場の理論が重要な役割を果たす．特に，オーバー・スクリーニング近藤効果に関しては，従来の方法では計算が困難であった抵抗や相関関数の計算が可能となっている．量子 Hall 効果のエッジ状態はカイラルボゾン場で記述されるカイラル TL 流体となっている．これに関しては実験，理論ともに急速な研究の進展をみており，カイラル TL 流体がトンネル効果の実験で実証されるに至っている．ここでは，紙面の都合上これらの話題に関して結果のみを簡単に紹介する．

12.1　近藤効果

まず，近藤効果について簡単に説明する．金属中に微量の磁性不純物が混入している系では，抵抗が低温で対数型の温度依存性を示すことが古くから知られていた(図 12.1)．1964 年に近藤によって，この温度依存性の起源が局在スピンに起因する多体効果であることが示され，それを契機にこの近藤効果が固体電子論の本質にかかわる電子相関問題であることが認識された[*1]．これまでに，摂動論，くり込み群，厳密解などを用いて多くの精力的な研究が展開され，

---

*1　J. Kondo, *Prog. Theor. Phys.* **32** (1964) 37

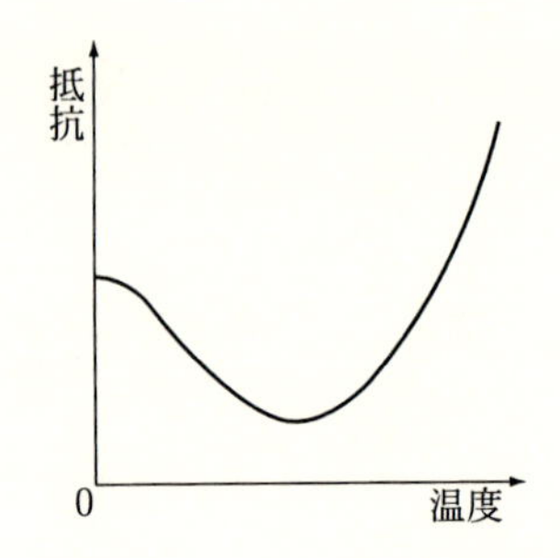

図 12.1　近藤効果における抵抗の温度依存性．通常，抵抗は温度を下げるとフォノン散乱がおさまるので残留抵抗値に近づくが，近藤効果では対数型の増加を示し，さらに低温の局所 Fermi 流体領域で一定値に近づく．

近藤効果に関する本質的なことはほとんど解明されていた．しかし，以下に述べるオーバー・スクリーニングの近藤効果などは，従来の固体電子論の方法では扱いにくいものであった．ここに境界をもつ共形場の理論(boundary CFT)が応用され，それまでに計算できなかった抵抗や相関関数の計算が可能となっている*2．重要なことは，このようなオーバー・スクリーニングの問題が数理的な興味にとどまるのでなく，実際の現象として観測され始めているということである．たとえば，乱れた金属での 2 準位系(2 つのポテンシャルミニマムを持つ系)やウランを含む合金は オーバー・スクリーニング(over-screening)近藤効果を示す例の候補と考えられている．

近藤ハミルトニアンは

$$H = \sum_{k,m,\sigma} \epsilon_k c_{km\sigma}^\dagger c_{km\sigma} + J \sum_{k,k',m,\sigma,\sigma'} c_{km\sigma}^\dagger (\boldsymbol{\sigma}_{\sigma\sigma'} \cdot \boldsymbol{S}) c_{k'm\sigma'} \quad (12.1.1)$$

と一般的に書かれる．ここで，不純物スピンの大きさは $S=1/2, 1, 3/2, \cdots$ であり，これによって伝導電子は反強磁性的な散乱を受ける．伝導電子のスピンは 1/2 とし(σ は Pauli 行列)，k 個の軌道自由度を持つと仮定する($m=1,2,\cdots,k$)．この模型に関して，伝導電子の軌道数により以下の 3 種類の場合が想定される．

---

*2　I. Affleck and A.W.W. Ludwig, *Nucl. Phys.* **B352** (1991) 849; **B360** (1991) 641

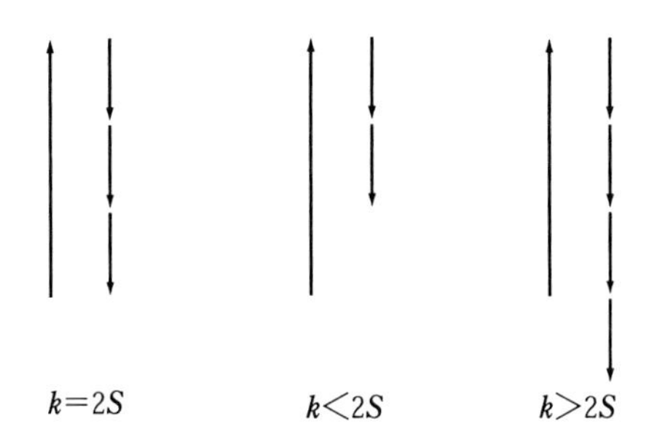

図 12.2 近藤効果における局在スピンのスクリーニング

（1） まず，軌道数がちょうど不純物スピンを遮蔽する場合 $k=2S$ では，通常の近藤効果が観測される（図 12.2）．すなわち，高温で自由な向きを向いている局在スピンは温度が下がるにしたがって，交換相互作用を通して伝導電子により遮蔽され始める．この遮蔽の兆候として種々の物理量に対数の温度依存性が見られる（たとえば抵抗）．さらに低温になると，完全に局在スピンは遮蔽されスピンシングレットの基底状態へと落ちつく（強結合の領域とよぶ）．この場合，種々の物理量は低温で正常な温度依存性を示す．たとえば抵抗は $\rho(T)=\mathrm{const.}-a_0T^2$ である．このような系は，**局所 Fermi 流体**（local Fermi liquid）とよばれている．これが，いわゆる**近藤効果**である．くり込み群の言葉使いでは，高温側が弱結合の固定点，低温側が強結合の固定点に対応しており，そのあいだのクロスオーバーが温度とともに生じる．

（2） $k<2S$ の場合（アンダー・スクリーニング）にも，不純物スピンは温度の低下にともなって伝導電子に遮蔽され，絶対零度で強結合の領域に入る．ただし，この場合，伝導電子が完全に局在スピンを遮蔽できないので，残った局在スピン $S-k/2$ が自由スピンのようにふるまうことになる．いずれにせよ，多体効果としての遮蔽の本質は (1) の場合と同じである．

（3） 一方，伝導電子の遮蔽チャンネルが多い**オーバー・スクリーニング**の場合には $(k>2S)$，局所 Fermi 流体とまったく異なる基底状態が実現する*3．この場合には，図 12.2 に示したように，伝導電子の軌道数が多いた

*3 P. Nozières and A. Blandin, *J. Phys.* **41** (1980) 193

め局在スピンの遮蔽しすぎが起こり，この部分をさらに残りの伝導電子が遮蔽し，ということを繰り返すことで奇妙な基底状態が実現する．たとえば，この基底状態は縮退しているが，その縮重度は非有理数となる(たとえば，$S=1/2$, $k=2$ のとき，縮重度は $\sqrt{2}$)．この基底状態は (1),(2) の強結合のものと異なり，非自明な固定点(**非 Fermi 流体**)で特徴づけられる．その結果，種々の物理量にべき型の異常な温度依存性がみられる．上にも述べたように，このような非自明な現象(非 Fermi 流体)が，実際の物理現象でも観測されるような状況になっており，この問題の重要性がクローズアップされてきている．

近藤効果のような不純物問題を共形場の理論で扱うためには，次のようなステップが必要である．まず，不純物による散乱がデルタ関数的なものと仮定し，伝導電子を部分波表示すると，s–波のみが散乱に寄与する(図 12.3(a))．したがって，その動径座標を 1 次元軸とみなすと原点 O に近藤不純物がある半無限の 1 次元問題に焼き直すことができる(図 12.3(b))．さらに，低エネルギーのふるまいには Fermi 面付近のみの電子が関与するので，伝導電子のエネルギー分散をその付近で線形化する．

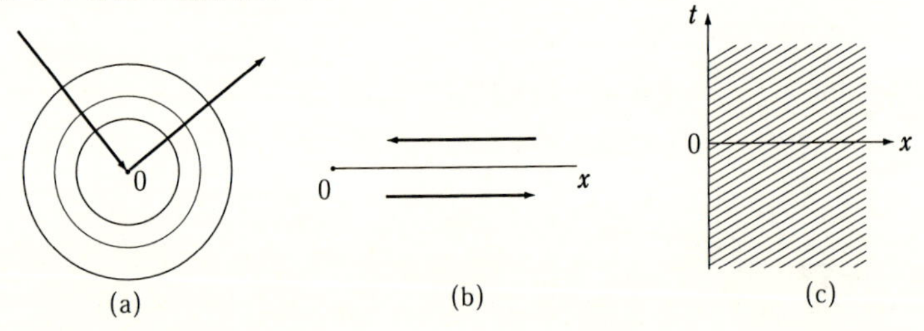

図 12.3　(a) 近藤散乱，(b) 1 次元系，(c) 境界のある 2 次元世界面

このようにして得られたハミルトニアンは量子臨界現象を示すが，原点に近藤不純物が存在するため境界を含む共形場の理論が必要である．実際，この半無限の 1 次元系が時間発展すると半無限の平面が得られ，この境界を持つ世界面での共形不変な臨界現象を扱うことになる(図 12.3(c))．これまでのバルクな CFT と異なり，境界があることによってそれに特有の境界オペレータとそれに対応する表面スケーリング次元が新たに現われ，これらが近藤効果の種々の特性を決定する．

12.1.1 局所 Fermi 流体

まず，局所 Fermi 流体となる通常の近藤効果 ($k=2S$) から考えてみる．簡単のため，$S=1/2$, $k=1$ の近藤模型を扱う．CFT を用いた解析を行うため，Bethe 仮説法による厳密解を用いて励起エネルギーの有限サイズスペクトルを計算してみる．その結果は $\Delta E=E_1/L+E_2/L^2$ の形にまとまる．まず，$1/L$ の項は

$$\frac{1}{L}E_1=\frac{2\pi v_F}{L}\left[\frac{1}{4}\left(\Delta N-2\frac{\delta_F}{\pi}\right)^2+n_c^+\right]+\frac{2\pi v}{L}[(\Delta S)^2+n_s^+] \quad (12.1.2)$$

となる（定数のシフト量は省略した）．ただし，v_F は Fermi 速度，ΔN (ΔS) は粒子数変化（スピンの変化），δ_F は近藤散乱による位相シフトである．この項の特徴として，この有限サイズスペクトルが $c=1$ カイラルボソン理論で記述されるものであること，さらに電荷の量子数が $2\delta_F/\pi$ だけシフトしていることが挙げられる．このことは，強結合の固定点において近藤散乱は位相シフトのみを通して伝導電子のスペクトルに影響を与えるという，よく知られた結果に対応している．通常の相関関数を考える際には，この位相シフトの項は量子数を再定義 ($\Delta N-2\delta_F/\pi\to\Delta\widetilde{N}$) することにより消去できる．その結果として得られる種々の臨界指数は自由電子系とまったく同じものになる．これが Fermi 流体としての臨界指数を与える．このように書くと，近藤効果が通常の不純物散乱と同じように感じられるが，近藤効果の非自明なくり込みは $1/L^2$ のスピン励起の項に

$$\frac{1}{L^2}E_2=\frac{2\pi v}{L^2}\frac{\chi_s^{imp}}{\chi_s^h}[(\Delta S)^2+n_s^+] \quad (12.1.3)$$

の形で現れる．ただし，χ_s^{imp}, χ_s^h は不純物，ホスト部分のスピン帯磁率である．実験で観測される不純物部分の寄与はこの項である．一般に χ_s^{imp}/χ_s^h はくり込みの効果で大きな値をとる．

12.1.2 オーバー・スクリーニング近藤効果

このように通常の近藤効果の固定点におけるふるまいはたいへんシンプルであるが，オーバー・スクリーニングの場合には非 Fermi 流体が実現し，様相が

かなり複雑となる．この問題を CFT で扱うためには，非 Abel 型のボゾン化法が必要となる．まず，伝導電子の自由ハミルトニアンをこの表示で書き換える．今の場合，k 個の軌道自由度と↑，↓スピンのあわせて $2k$ 個の自由度がある．(12.1.1) の自由電子の部分は連続極限で，

$$H_K = v_F \sum_{(m\sigma)} \int dx \left[\psi^{\dagger}_{(m\sigma)+}(x) \left(-i\frac{d}{dx} \right) \psi_{(m\sigma)+}(x) + \psi^{\dagger}_{(m\sigma)-}(x) \left(i\frac{d}{dx} \right) \psi_{(m\sigma)-}(x) \right] \tag{12.1.4}$$

となる．これはカレント演算子を用いて菅原形式に書くと

$$H_0 = v_F \sum_{\alpha=\pm} \int dx \left[\frac{1}{4k} J_\alpha J_\alpha(x) + \frac{1}{k+2} \boldsymbol{J}_\alpha \cdot \boldsymbol{J}_\alpha(x) + \sum_{A=1}^{k^2-1} \frac{1}{k+2} J^A_\alpha J^A_\alpha(x) \right] \tag{12.1.5}$$

となる．すなわち電荷，スピン，軌道(フレーバー)に自由度を分解したことになる(これはスピン・電荷分離の拡張である)．ただし

$$J_\alpha = \sum_{(m\sigma)} \psi^{\dagger}_{(m\sigma)\alpha} \psi_{(m\sigma)\alpha} \tag{12.1.6}$$

$$\boldsymbol{J}_\alpha = \sum_{(m\gamma\delta)} \psi^{\dagger}_{(m\gamma)\alpha} \frac{1}{2} \sigma^{\delta}_{\gamma} \psi_{(m\delta)\alpha} \tag{12.1.7}$$

$$J^A_\alpha = \sum_{(ml\sigma)} \psi^{\dagger}_{(m\sigma)\alpha} \frac{1}{2} (T^A)^l_m \psi_{(l\sigma)\alpha} \tag{12.1.8}$$

は $U(1)$, $SU(2)_k$, $SU(k)_2$ の Kac-Moody 代数 に従うカレントである(T^A は $SU(k)$ 生成子)．ただし，$SU(m)_n$ は 5 章で導入したレベル n の $SU(m)$ Kac-Moody 代数を表す．式 (5.2.9) を用いると，この分解に対応してセントラルチャージは

$$\begin{aligned} c &= 2k \\ &= 1 + \frac{3k}{k+2} + \frac{2(k^2-1)}{k+2} \end{aligned} \tag{12.1.9}$$

とそれぞれのカレント代数のセントラルチャージに分解される．ここまでは自由電子のボゾン化であるので，このような非 Abel 型ボゾン表示をとっても，

臨界指数は自由電子に対応する整数値をとるはずである．すなわち，自由電子のスペクトルは3つのセクターに分離されるが，分離した3つのセクターは完全に独立ではなく，電荷，スピン，フレーバーの量子数(n_c, j_s, j_f)の間に特別な選択則があることを意味している．すなわち，この選択則による張り合わせで自由電子が表現される．

この自由電子系にオーバー・スクリーニングの近藤結合を入れると，スピン部分のスペクトルのみが影響を受けるが，これにより臨界現象は本質的な変更を受ける．Affleck と Ludwig は局在スピンが伝導電子に吸収される過程は，共形場の理論における fusion rule（これはスピン合成則の一般化）に従うはずであるという仮説を設けた．$k>2S$の場合には，この fusion によって上記の量子数(n_c, j_s, j_f)の選択則が自由電子のものから変更され，その結果として境界次元として異常な臨界指数が現れうる．ここではこの合成則の詳細には立ち入ることができないが，この仮説によってオーバー・スクリーニングの近藤効果の異常はことごとく説明される．たとえば，比熱は低温でべき型の異常

$$C_{\rm imp} \sim a_0 T^{2\Delta} \tag{12.1.10}$$

を示し，また帯磁率も

$$\chi_{\rm imp} \sim {\rm const.} - b_0 T^{2\Delta-1} \tag{12.1.11}$$

のようにべき依存性を示す．ただし，$k=2$の場合は特別で，$C_{\rm imp} \sim T\ln T$, $\chi_{\rm imp} \sim \ln T$と対数依存性が付加される．ここで，$\Delta=2/(k+2)$は，レベル$k$の$SU(2)$カレント代数から決定される境界オペレータの共形次元である．このように，自由電子では見えなかった共形次元Δが，近藤相互作用による選択則の変化によって，境界次元として物理量に陽に現れている．上記の CFT による結果は，Bethe 仮説の厳密解で得られていたものと一致している*4．したがって CFT を通した解析によって，種々のべき異常が不純物スピンの吸収の結果生じた境界演算子によって支配されていることが示された．

一方，抵抗や相関関数（オーバー・スクリーニングの場合）は従来の方法では計算が難しかったが，共形場の理論によってこの問題も解決された．その結果，抵抗の温度依存性は

---

*4　A. M. Tsvelick and P. B. Wiegmann, *J. Stat. Phys.* **38** (1985) 125; N. Andrei and C. Destri, *Phys. Rev. Lett.* **52** (1984) 364

$$\rho(T) \sim c_0 - c_1 T^{\Delta} \qquad (12.1.12)$$

のべき異常を示すことがわかった．ただし，c_0, c_1 は正の定数である．ここでも，異常な温度依存性を支配しているのは，$SU(2)$ カレント代数の境界次元 Δ である．

このように，共形場の理論を用いることで，近藤効果を境界のある量子臨界現象として統一的に定式化し，今まで求めることが困難であった抵抗や相関関数を計算することが可能となっている．境界のある共形場の理論は，近藤効果に限らず 1 次元量子系での欠陥の問題やトンネル効果，さらには X 線吸収端異常など種々の問題に応用されている．これらも共形場の理論の物性物理への応用として著しいものであり，今後ともメゾスコピック系に関する話題を中心として進展していくものと思われる．

12.2　量子 Hall 効果のエッジ状態

量子 Hall 効果とは強磁場中にある 2 次元電子系で Hall 伝導率 σ_{xy} が

$$\sigma_{xy} = -\nu \frac{e^2}{h} \qquad (12.2.1)$$

のように e^2/h の整数倍あるいは分数倍に量子化されるという著しい現象である（ν は整数あるいは分数）．特に整数量子 Hall 効果では，驚くことに 10^{-8} の精度で量子化がおこる．例として，整数量子 Hall 効果の量子化の様子を模式

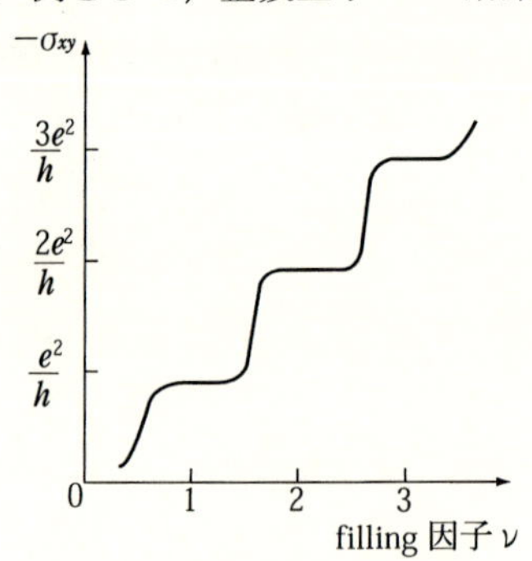

図 12.4　整数量子 Hall 効果

的に図 12.4 に示した．

不純物や乱れの効果が重要である輸送係数にこのような普遍的性質が現れるということは注目すべき現象であり，量子 Hall 効果の発見は物理学に大きなインパクトを与えた*5．さらには R.B. Laughlin によって指摘されたように，分数量子 Hall 効果においては，それまでにはなかった新しいタイプの強相関電子系の量子状態が実現している*6．現在，量子 Hall 効果は物性物理の大きな研究分野を形成している．

特に最近では量子 Hall 系の**エッジ状態**(edge state)に関する研究が，実験，理論ともに盛んである．エッジ状態の研究からバルク系の情報を得ることはもちろん大きな目標であるが，エッジに特有の多体効果を探求することも大きなテーマを提供している．このエッジ状態に登場するのは，ここまでに述べた TL 流体とは異なり，カイラル TL 流体とよばれる 1 次元系である．カイラル TL 流体は現在エッジ状態を解析するスタンダードな模型として定着し，多くの研究がなされている．通常の 1 次元電子系に対する TL 流体では，1 次元にそって右と左に進む電子が存在している．一方，量子 Hall 効果のエッジ状態では，強磁場の影響で電子は右向き(あるいは左向き)にのみ進むことができる．このような一方向のみのカレントからなる TL 流体が**カイラル TL 流体**とよばれているものである．

量子 Hall 系のエッジはバルクと以下のような関係にある．まず，Hall 抵抗が量子化されるためには，2 次元電子系で素励起にエネルギーギャップが存在することが本質的であることが知られている．一方，有限の大きさを持つ系で量子 Hall 効果を考えるとその縁に 1 次元電子系が実現され(図 12.5(a))，ここではバルク内と異なり，縁に近いポテンシャルの影響を受けて素励起はギャップレスの臨界的なものとなる(図 12.5(b))．

また分数量子 Hall 効果における基底状態は，強い相関を持った量子流体であるので，そのエッジには 1 次元の相関電子系が実現される．このように量子 Hall 系のエッジには一方向にカレントの流れる相関電子系，すなわちカイラル

---

*5　K. von Klitzing, G. Gorda and M. Pepper, *Phys. Rev. Lett.* **45** (1980) 494; S. Kawaji and J. Wakabayashi, *Physics in High Magnetic Fields*, p.284 (Springer-Verlag, 1981)

*6　R. B. Laughlin, *Phys. Rev. Lett.* **50** (1983) 1395

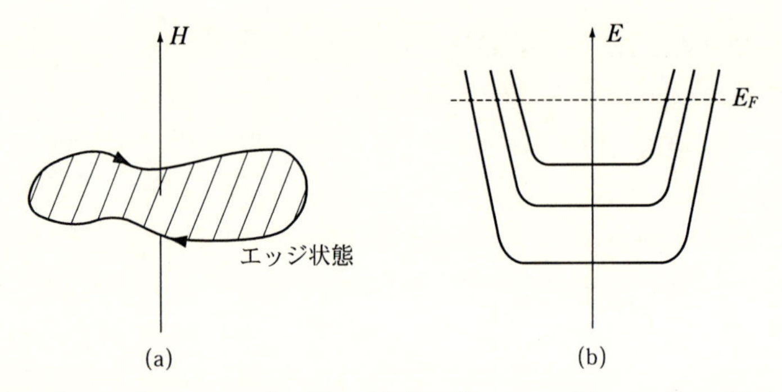

図 12.5　(a) 量子 Hall 系のエッジ状態．(b) エネルギーレベルの模式図．エッジ付近では閉じこめポテンシャルの影響でギャップレスの 1 次元系が実現される

TL 流体が実現することになる．

このエッジに関する理論は，片側だけの $c=1$ 共形場の理論で与えられ*7，そのハミルトニアンは，$c=1$ ガウシアン模型にカイラルの条件(すなわち片方のカレントをゼロとおく)を課したもので与えられる．すなわち，エッジ状態は以前導入したカイラルボゾン場で記述されることになる．以下では，簡単のため filling 因子が $\nu=1/p$ (ただし p は奇数，Laughlin のシリーズ)となる量子 Hall 系を考える．この場合にはエッジ状態は 1 種類のボゾン場で記述される．5 章で導入したように，作用が

$$S=\frac{1}{2\pi}\int_{-\infty}^{\infty}dt\int_{0}^{2\pi}d\sigma[(\partial_t\varphi)^2-(\partial_\sigma\varphi)^2] \tag{12.2.2}$$

で与えられるような自由ボゾン場を考える．ただし，今の場合カイラルの条件

$$(\partial_t-\partial_\sigma)\varphi=0 \tag{12.2.3}$$

が課せられているので，$\varphi=\frac{1}{2}(\phi(z)+\overline{\phi}(\overline{z}))$ に対する $U(1)$ Kac-Moody 代数において正則部分

$$[\alpha_m,\alpha_n]=m\delta_{m+n,0} \tag{12.2.4}$$

のみを扱えばよい．ここで，filling 因子 ν の場合のエッジの電流密度は上記のボゾン場を用いて

*7　X. G. Wen, *Phys. Rev.* **B41** (1990) 12838

$$j^\alpha = \frac{\sqrt{\nu}}{2\pi}\epsilon^{\alpha\beta}\partial_\beta\phi(z) \tag{12.2.5}$$

となるので，電荷はこれを積分して

$$Q = \sqrt{\nu}\,\alpha_0 \tag{12.2.6}$$

となる（素電荷は $e=1$ としてある）．ただし，α_0 は $\phi(z)$ のゼロモードで $U(1)$ チャージを計る演算子である．さて，ここで電子場の演算子を構成するが，そのためには以前導入したバーテックス演算子

$$\psi(z) =: e^{iq\phi(z)}: \tag{12.2.7}$$

が重要な役割をする．この演算子は§5.1.4 で示したように，α_0 の固有値として q という値を持つので，電荷 Q が 1 となるような電子場の演算子は

$$q = \frac{1}{\sqrt{\nu}} \tag{12.2.8}$$

でなければならない．さらに電子場は反交換関係を満たさなければならないが，これは $\nu=1/p$ において p が奇数であれば自動的に満たされる（Laughlin のシリーズ）．このように構成された電子場に対する相関関数は

$$\langle\psi^\dagger(z)\psi(z')\rangle \simeq (z-z')^{-1/\nu} \tag{12.2.9}$$

となることがわかる．

この電子場の演算子も含めて，カイラル TL 流体に対応する共形次元は一般に

$$\Delta = \frac{1}{2K}(\Delta N)^2+n, \qquad K=\nu \tag{12.2.10}$$

の形で与えられ，通常の TL 流体の場合 (10.4.33) に比べてカレントを運ぶ項がなくなっている．ただし ΔN は粒子数の変化である．たとえば，上記の 1 粒子 Green 関数の臨界指数は (12.2.10) で $\Delta N=1$ とおくことによって得られる．また，密度相関関数では粒子数変化はないので $\Delta N=0$ とおくと，整数の臨界指数のみが可能となる．

(12.2.10) で注意すべきことは，結合定数 K が Landau 準位 filling 因子 ν のみで $K=\nu$ と決定されていることである．これは，量子 Hall 効果のエッジ状態としての重要な特徴である．このカイラル TL 理論は，上に述べた boundary CFT と直接関係しており，(12.2.10) は表面臨界指数の例である．

以上，エッジ状態としてのカイラル TL 流体についてまとめてみると

（1） カイラル TL 流体はカイラルボゾン場で記述され，粒子数を固定している限り通常の Fermi 流体との区別がつかない．すなわち，相関関数の臨界指数は整数値をとる．

（2） 異常臨界指数は粒子数変化をともなうような相関関数にのみに現れる．たとえば，1 粒子 Green 関数など．

（3） 異常臨界指数の値は連続的に変化することはできず，filling 因子 ν により決定される．

ここまでの話は，Laughlin のシリーズ $\nu=1/p$ に対するものであるが，これ以外の分数量子 Hall 効果に対しては，一般に複数のボゾン場が必要となる．たとえば，filling が $\nu=N/(1+mN)=2/5, 3/7, \cdots$（$m$ は偶数，N は整数）となる階層構造の場合には N 個のボゾン場が必要であり，その臨界現象は $U(1)\times SU(N-1)$ の CFT で記述される．このときの $U(1)$ 部分はやはりカイラルボゾン場で記述され，その結合定数 K は m, N によって決定される．また，$SU(N-1)$ の部分はレベル 1 の $SU(N-1)$ Kac-Moody 理論で記述される．

以上の特徴的な性質を念頭におくと，エッジ状態の研究にはいくつかの大きな利点があることがわかる．まず，エッジ状態にはバルク量子 Hall 効果の基本的な情報が含まれている点である．たとえば，filling が $\nu=1/3, 1/5, 1/7, \cdots$ で与えられる分数量子 Hall 効果の場合，そのエッジ状態の 1 電子 Green 関数は (12.2.9) で与えられ，臨界指数が filling ν のみで決定される．このことは，通常の TL 流体において共形次元が相互作用などにより変化するのと対照的である．

さらに重要な点は，エッジ状態がカイラル TL 流体となっていることで，そのため電子は後方散乱の影響を受けず，系の乱れや不純物による局在の問題が生じない．このことは，実験的に TL 流体を観測するにはたいへん有利な条件となっている．というのは，これまで準 1 次元物質として，有機導体や量子細線などが研究されてきたが，上記の局在の問題がべき異常の観測を困難にしていたからである．このように，量子 Hall 系のエッジ状態は，理想的な 1 次元量子系の研究舞台となっている．

量子 Hall 系のエッジ状態ではこのような理想的な状況が実現されるので，

TL 流体に特有のべき異常が実験的に観測可能であると考えられる．最近，2 つのエッジ間の**トンネルコンダクタンスの実験**で，このようなべき依存性がきれいに測定されている*8．量子 Hall 系の 2 つのエッジを近づけると，エッジ間にトンネル電流が流れると期待される．理論的には，トンネルコンダクタンスの温度依存性は

$$G(T) \sim T^{2/\nu - 2} \tag{12.2.11}$$

となる*9．トンネルコンダクタンスを計算するためには，粒子を消したりつけたりするプロセスが必要なので，このべき異常は基本的に (12.2.9) 式の 1 粒子 Green 関数のべき依存性を反映している．たとえば，$\nu = 1/3$ の場合にはトンネル伝導度は，温度の関数として T^4 に比例して減少し，$T = 0$ でゼロとなる．実験はこの T^4 則を再現し，Wen らの理論が正しいことを示唆している．

この実験結果は，いくつかの大きなインパクトを与えた．まず，この結果から分数量子 Hall 効果のエッジ状態がカイラル TL 流体になっていることの証が与えられたことになる．すなわち，Fermi 流体と本質的に異なる TL 流体の性質がきれいに観測されたわけである．Fermi 流体では，低温で Fermi 面付近に準粒子が存在するため，絶対零度でも 1 電子トンネルが可能であるが，TL 流体の場合にはこのような準粒子が存在できないためトンネルはゼロとなる．そのゼロに向かって行く関数形に TL 流体特有のべき依存性が見えたことになる．また，この実験により分数量子 Hall 効果のユニバーサルな性質は Hall 抵抗のみならず，エッジ間のトンネルなどでも観測できることが明らかになった．

本書で述べてきた TL 流体では，純粋な 1 次元系に乱れがないと仮定した，いわば理想的な TL 流体である．カイラル TL 流体の場合には，幸運にも乱れの効果が本質的ではなかったが，量子細線などの性質を解析するには，乱れの効果を取り扱うことが重要となる*10．また，不純物を介したトンネル効果などに関しても，量子ドットなどの実験とあいまって急速な勢いで研究が進展して

---

*8 F. P. Miliken, C. P. Umbach, and R. A. Webb, *Solid State Commun.* **97** (1996) 309

*9 C. L. Kane and M.P.A. Fisher, *Phys. Rev.* **B46** (1992) 15233

*10 W. Apel and T. M. Rice, *Phys. Rev.* **B26** (1982) 7063; Y. Suzumura and H. Fukuyama, *J. Phys. Soc Jpn.* **52** (1983) 2870; T. Giamrachi and H. J. Schulz, *Phys. Rev.* **B37** (1988) 325

いる[*9*11]．TL 流体の応用に関してはまだまだ多くの面白い問題が残っており，実験と理論が協力しながら，この分野はますます広がりをみせていくものと思われる．

---

*11　A. Furusaki and N. Nagaosa: *Phys. Rev.* **B47** (1993) 4631

参考文献

まず，2次元共形場の理論を含む場の理論と統計力学についての全般的な教科書として

[1] C. Itzykson and J.-M. Drouffe, *Statistical Field Theory*, vols.1,2 (Cambridge Univ. Press, 1989)

をあげよう．共形場の理論に関するものとして

[2] C. Itzykson, H. Saleur and J. B. Zuber 編，*Conformal Invariance and Applications in Statistical Mechanics*, (World Scientific, 1988)

は1984年以降1988年1月までの共形場の理論と統計力学についての定評ある論文選集である．1988年のLes Houches夏の学校の講義録

[3] E. Brezin and J. Zinn-Justin 編，*Fields, Strings and Critical Phenomena*, (North-Holland, 1990)

の中で，Affleck, Cardy, Ginspargの講義が本書と共通の話題を扱っており，読みやすくまとまっている．また，講義録

[4] A. B. Zamolodchikov, *Exact Solutions of Conformal Field Theory in Two Dimensions and Critical Phenomena*, 素粒子論研究 **77** (1988) 93

も優れている．ただし，レベルが高い．共形場の理論の臨界現象への応用について

[5] J. Cardy, in *Phase Transitions and Critical Phenomena* **11**, (Academic Press, 1987), p.55

は，初学者には若干敷居が高いが共形場の理論の基礎をマスターした頃に読むと大いに勉強になる．また，最近の教科書

[6] P. Christe and M. Henkel, *Introduction to Conformal Invariance and Its Applications to Critical Phenomena*, (Springer, 1993)

も便利である．

くり込み群に関する基本文献として

[7] F. J. Wegner, in *Phase Transitions and Critical Phenomena* **6**, (Academic Press, 1976), p.8

[8] D. J. Wallace and R. K. P. Zia, Rep. Prog. Phys. 41 (1978) 1

は，どちらもよく知られたレビューである．また，最近の教科書として

[9] N. Goldenfeld, *Lectures on Phase Transitions and the Renormalization Group*, (Addison-Wesley, 1992)

[10] J. Cardy, *Scaling and Renormalization in Statistical Physics*, (Cambridge Univ. Press, 1996)

をあげておく.

2 次元の可解格子模型については

[11] B. M. McCoy and T. T. Wu, *The Two-Dimensional Ising Model*, (Harvard Univ. Press, 1973)

[12] R. J. Baxter, *Exactly solved models in statistical mechanics* (Academic Press, 1982)

が有名である.

次に, 強相関電子系や近藤効果等の解説を含む固体電子論全般にわたる定評ある教科書として

[13] 芳田奎, 磁性(岩波書店, 1991 年)

[14] 山田耕作, 電子相関(岩波講座 現代の物理学 16, 1993 年)

[15] 斯波弘行, 固体の電子論(パリティ物理学コース, 丸善, 1996 年)

が知られている.

ボゾン化法についての総説として

[16] J. Solyom, *Adv. Phys.* **28** (1979) 201

は標準的な文献で, また

[17] V. J. Emery, in *Highly Conducting One-Dimensional Solids*, J. T. Devreese 他編 (Plenum, New York, 1979), p.247

[18] H. Fukuyama and H. Takayama, in *Electronic Properties of Inorganic Quasi-One-Dimensional Compounds*, P. Monceau 編 (D. Reidel Publishing Company, 1985), p.41

[19] H. J. Schluz, *Int. J. Mod. Phys.* **B5** (1991) 57

がある. 最近の場の理論と物性論に関する教科書

[20] 永長直人, 物性論における場の量子論(岩波書店, 1995 年)

も薦められる.

Bethe 仮説法の標準的なレビューとしては

[21] H. B. Thacker, *Rev. Mod. Phys.* **53** (1981) 253

[22] N. Andrei, N. Furuya and J. H. Lowenstein, *Rev. Mod. Phys.* **55** (1983) 331

[23] A. M. Tsvelick and P. Wiegmann, *Adv. Phys.* **32** (1983) 453

をあげておく．特に後の二つは近藤効果の厳密解を導いた本人による解説で，どちらも読みごたえがある．また

[24] B.S. Shastry 他編，*Exactly Solvable Problems in Condensed Matter and Relativistic Problems, Lecture Notes in Physics* **242** (Springer-Verlag, 1985)

には Sutherland, Faddeev, Korepin 等による分かりやすい入門がある．詳細なテキストとしては

[25] V.E. Korepin, A.G. Izergin and N.M. Bogoliubov, *Quantum Inverse Scattering Method and Correlation Functions* (Cambridge Univ. Press, 1993)

がある．厳密解についての日本語の教科書はあまりないが

[26] 近藤淳，金属電子論(裳華房，物理学選書 16，1983 年)

には近藤効果の Bethe 仮説法による計算が丁寧に示されているので参考になる．また，

[27] 和達三樹，非線形波動(岩波講座 現代の物理学 14，1992 年)

には低次元可積分系の数理物理的側面がコンパクトにまとめられている．

共形場の理論の朝永–Luttinger 流体への応用に関する専門的解説として

[28] N. Kawakami and S.-K. Yang, *Prog. Theor. Phys. Suppl.* **107** (1992) 59
[29] 物理学論文選集 VI：物性物理における場の理論的方法(青木秀夫，川上則雄，永長直人編集，日本物理学会，1995 年)

がある．

また，計算物理を用いた朝永–Luttinger 流体の研究については総合報告

[30] H. Shiba and M. Ogata, *Prog. Theor. Phys. Suppl.* **108** (1992) 265

を見られたい．

索　引

数　字

G

H

I

J

K

L

M

N

O

P

R

S

■岩波オンデマンドブックス■

新物理学選書
共形場理論と１次元量子系

1997年11月25日　第１刷発行
2003年５月６日　第４刷発行
2016年１月13日　オンデマンド版発行

著　者　川上則雄（かわかみのりお）　梁　成　吉（やん　そん　きる）

発行者　岡本　厚

発行所　株式会社　岩波書店
〒101-8002 東京都千代田区一ツ橋2-5-5
電話案内 03-5210-4000
http://www.iwanami.co.jp/

印刷／製本・法令印刷

ISBN 978-4-00-730344-9　　Printed in Japan